新编农技员丛书

池塘养鱼配套技术手册

朱 健 主编

U0381019

中国农业出版社

本书编写人员

主　编　朱　健

编著者（按姓名笔画排序）

王建新　朱　健　刘　波

何　杰　何义进　胡庚东

近年来，我国渔业快速发展，产业结构进一步优化，产量持续增长，质量明显提高，养殖效益和渔民收入稳步提高，渔业已发展成为农业经济的重要产业。淡水养殖作为渔业的主要组成部分，在我国渔业和国民经济中占有重要的地位。2011 年，全国淡水养殖产量 2 471.93万吨，占淡水产品产量的 91.72%；淡水养殖面积8 592.86万亩，占水产养殖总面积的 73.12%。淡水养殖在保障国家粮食安全、促进农业产业结构调整、提高农产品竞争力、增加农民收入和优化国民膳食结构等方面发挥着重要作用。

我国主要的淡水养殖种类有 120 多种，其中鱼类约100 种，是淡水养殖的主体。2011 年，全国淡水鱼类养殖产量 2 185.41 万吨，占淡水养殖产量的 88.4%。淡水鱼类是我国国民消费的大众品种，食物构成中主要的动物蛋白质来源，在国民食物结构中占有重要的位置。保证淡水鱼类的稳定生产，就是对粮食安全保障体系的重要贡献。

淡水鱼类养殖方式，可分为池塘养殖、水库养殖、湖泊养殖和河沟养殖等，主要以池塘养殖方式为主。池塘养殖作为淡水养殖最主要的生产方式，2011 年全国淡水池塘养殖产量 1 743.5 万吨，占淡水养殖总产量的 70.53％；全国淡水池塘养殖面积 3 674.87 万亩，占淡水养殖总面积的 42.76％。池塘养殖产量和养殖面积逐年增长，池塘养殖成为水产品产量增长的主要来源。

但是，我国现有的池塘养殖仍然采用传统生产方式，普遍存在资源环境利用方式粗放、良种覆盖率低、病害问题突出、养殖基础设施老化落后、养殖水平偏低和养殖效益下降等问题，影响水域生态安全，容易引发质量安全问题，难以满足高效健康养殖要求，制约水产养殖业的快速稳定发展。迫切需要通过对传统池塘养殖模式的提升和改造，选择优良养殖种类，应用池塘生态环境调控、饲料优化配制和精准投喂、疾病生态防控和质量安全控制技术，建立规范的高产、优质、高效、环保的池塘生态健康养殖新模式，为实现技术集成示范以及与产业化各环节的有效衔接提供核心技术，不断增强产业的市场竞争力，实现淡水养殖业的可持续发展。

为了促进池塘高效健康养殖技术的发展，满足水产养殖业可持续发展的需求，国内外水产品消费市场的需求，水生生物资源利用和环境保护的需求，以及促进农村经济发展的需求，我们组织有关方面的专家编写了《池塘养鱼配套技术手册》一书。本书以我国淡水池塘养殖鱼类为主体，全面系统地反映大宗淡水鱼类、优质淡水鱼类、国外引进鱼类和人工培育的鱼类品种的养殖生物学、人工繁殖、苗种培育和成鱼养殖、饲料配制和投喂、病害的生态防控以及池塘养殖设施建设与改造关键技术、实用技术，供广大水产养殖技术人员、推广人员、养殖户和相关管理人员参考。

　　本书的编写过程中，多位专家参与了编写工作。其中，第一章由胡庚东编写；第二章由朱健编写；第三章由何杰编写；第四章和第五章由王建新编写；第六章由刘波编写；第七章由何义进编写。此外，戈贤平研究员对编写工作给予了指导，赵永锋、谢婷婷等参与了资料的收集和校对工作，在此一并表示感谢。

　　由于时间匆忙，加上水平有限，书中会有错误或不当之处，敬请广大读者批评指正。

编著者

2013 年 3 月

■ 目 录

前言

第一章

池塘养殖设施建设与改造

第一节 池塘养殖的选址

一、规划要求

在新建池塘养殖场时，应首先了解当地政府的区域发展规划，了解拟建区域是否被纳入当地渔业发展规划、是否允许开展池塘养殖，若规划中不允许进行池塘养殖，则不考虑在此地建场；对于已存在于区域内的、不在当地渔业发展规划中的池塘养殖场，应考虑转变生产方式或停产。对于可开展池塘养殖的地区，要认真调研当地社会、经济、环境发展的需要，合理确定池塘养殖场的规模和养殖品种等。

二、自然条件

新建池塘养殖场，要充分考虑建设地区的水文、水质、气候等因素。养殖场的建设规模、建设标准以及养殖品种和养殖方式，也应结合当地的自然条件来决定。

在规划设计养殖场时，要充分勘查了解规划建设区的地形、水利等条件。有条件的地区，可以充分考虑利用地势自流进、排水，以节约动力提水所增加的电力成本。

规划建设养殖场时，还应考虑洪涝、台风等灾害因素的影响。在设计养殖场进排水渠道、池塘塘埂、房屋等建筑物时，应注意考虑排涝、防风等问题。

北方地区在规划建设水产养殖场时，需要考虑寒冷、冰雪等对养殖设施的破坏，在建设渠道、护坡、路基等应考虑防寒措施。

南方地区在规划建设养殖场时，既要考虑夏季高温气候对养殖设施的影响，又要考虑突发冰雪灾害天气对养殖设施的影响。

三、水源、水质条件

新建池塘养殖场要充分考虑养殖用水的水源、水质条件。水源分为地面水源和地下水源，无论是采用哪种水源，一般应选择在水量丰足、水质良好的地区建场。水产养殖场的规模和养殖品种，要结合水源情况来决定。采用河水或水库水作为养殖水源，要设置防止野生鱼类进入的设施，以及周边水环境污染可能带来的影响。使用地下水作为水源时，要考虑供水量是否满足养殖需求，供水量的大小一般要求在 10 天左右能够把池塘注满为宜。

选择养殖水源时，还应考虑工程施工等方面的问题，利用河流作为水源时需要考虑是否筑坝拦水，利用山溪水流时要考虑是否建造沉沙排淤等设施。

水产养殖场的取水口应建到上游部位，排水口建在下游部位，防止养殖场排放水流入进水口。

水质对于养殖生产影响很大，养殖用水的水质必须符合《渔业水质标准》（GB 11607—1989）规定。对于部分指标或阶段性指标不符合规定的养殖水源，应考虑建设源水处理设施，并计算相应设施设备的建设和运行成本。

四、土壤、土质条件

在规划建设养殖场时，要充分调查了解当地的土壤、土质状况。不同的土壤和土质，对养殖场的建设成本和养殖效果影响很大。

池塘土壤要求保水力强，最好选择黏质土或壤土、沙壤土的场地建设池塘，这些土壤建塘不易透水渗漏，筑基后也不易坍塌。

沙质土或含腐殖质较多的土壤，保水力差，做池埂时容易渗漏、崩塌，不宜建塘。含铁质过多的赤褐色土壤，浸水后会不断释放出赤色浸出物，对鱼类生长不利，也不适宜建设池塘。pH低于5或高于9.5的土壤地区不适宜挖塘（表1-1）。

表1-1　土壤分类

基本土名	黏粒含量	亚类土名
黏土	＞30％	重黏土、黏土、粉质黏土、沙质黏土
壤土	30％～10％	重壤土、中壤土、轻壤土、重粉质壤土、轻粉质壤土
沙壤土	10％～3％	重沙壤土、轻沙壤土、重粉质沙壤土、轻粉质沙壤土
沙土	＜3％	沙土、粉沙
粉土	黏粒＜3％，沙粒＜10％	
砾质土	沙粒含量10％～50％	

注：黏粒：粒径＜0.005毫米；沙粒：粒径0.005～2毫米。

五、其他条件

水产养殖场需要有良好的道路、交通、电力、通讯、供水等基础条件。新建、改建养殖场最好选择在"三通一平"的地方建场，如果不具备以上基础条件，应考虑这些基础条件的建设成本，避免因基础条件不足影响到养殖场的生产发展。

第二节　池塘养殖场的布局

一、基本原则

水产养殖场的规划建设，应遵循以下原则：

1. 合理布局　根据养殖场规划要求合理安排各功能区，做到布局协调、结构合理，既满足生产管理需要，又适合长期发展需要。

2. 利用地形结构　充分利用地形结构规划建设养殖设施，

做到施工经济，进、排水合理，管理方便。

3. 就地取材，因地制宜　在养殖场设计建设中，要优先考虑选用当地建材，做到取材方便、经济可靠。

4. 搞好土地和水面规划　养殖场规划建设要充分考虑养殖场土地的综合利用问题，利用好沟渠、塘埂等土地资源，实现养殖生产的循环发展。

二、场地布局

水产养殖场应本着"以渔为主、合理利用"的原则来规划和布局，养殖场的规划建设既要考虑近期需要，又要考虑到今后发展。

三、布局方式

养殖场的布局结构，一般分为池塘养殖区、办公生活区、水处理区等（图1-1）。养殖场的池塘布局一般由场地地形所决定。

图1-1　一种水产养殖场布局图

狭长形场地内的池塘排列一般为非字形；地势平坦场区的池塘排列一般采用围字形布局。

第三节 养殖池塘的结构、类型

一、养殖池塘的结构

1. 池塘形状 主要取决于地形、养殖品种等要求。一般为长方形，也有圆形、正方形、多角形的池塘。长方形池塘的长宽比一般为（2～4）：1。

长宽比大的池塘，水流状态较好，管理操作方便；长宽比小的池塘，池内水流状态较差，存在较大死角和死区，不利于养殖生产。

池塘的朝向应结合场地的地形、水文、风向等因素，尽量使池面充分接受阳光照射，满足水中天然饵料的生长需要。池塘朝向也要考虑是否有利于风力搅动水面，增加溶氧。在山区建造养殖场，应根据地形选择背山向阳的位置。

2. 池塘面积、深度 池塘的面积取决于养殖模式、品种、池塘类型、结构等。面积较大的池塘，建设成本低，但不利于生产操作，进排水也不方便；面积较小的池塘，建设成本高，便于操作，但水面小，风力增氧、水层交换差。在南方地区，成鱼池一般为5～20亩*，鱼种池一般为2～5亩，鱼苗池一般为1～2亩；在北方地区，养鱼池的面积有所增加。

池塘水深是指池底至水面的垂直距离，池深是指池底至池堤顶的垂直距离。养鱼池塘有效水深不低于1.5米，一般成鱼池的深度在2.5～3.0米，鱼种池在2.0～2.5米。北方越冬池塘的水深应达到2.5米以上，池埂顶面一般要高出池中水面0.5米左右。

---

* 亩为非法定计量单位，1亩＝1/15公顷。——编者注

水源季节性变化较大的地区，在设计建造池塘时应适当考虑加深池塘水深，维持水源缺水时池塘有足够水量。

深水池塘一般是指水深超过 3.0 米以上的池塘，深水池塘可以增加单位面积的产量，节约土地，但需要解决水层交换、增氧等问题。

3. 池埂 池埂是池塘的轮廓基础，池埂结构对于维持池塘的形状、方便生产以及提高养殖效果等有很大的影响。

池塘塘埂一般用匀质土筑成，埂顶的宽度应满足拉网、交通等需要，一般在 1.5～4.5 米。

池埂的坡度大小取决于池塘土质、池深、护坡与否和养殖方式等。一般池塘的坡比为 1：（1.5～3），若池塘的土质是重壤土或黏土，可根据土质状况及护坡工艺适当调整坡比，池塘较浅时坡比可以为 1：（1～1.5）（图 1-2）。

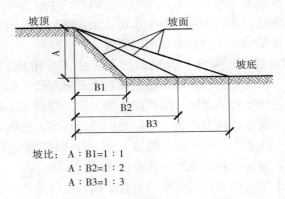

坡比：A：B1=1：1
　　　A：B2=1：2
　　　A：B3=1：3

图 1-2　坡比示意图

4. 护坡 护坡具有保护池形结构和塘埂的作用，但也会影响到池塘的自净能力。一般根据池塘条件不同，池塘进排水等易受水流冲击的部位应采取护坡措施，常用的护坡材料有水泥预制板、混凝土、防渗膜等。采用水泥预制板、混凝土护坡的厚度应不低于 5 厘米，防渗膜或石砌坝应铺设到池底。

（1）水泥预制板护坡　水泥预制板护坡是一种常见的池塘护坡方式，护坡水泥预制板的厚度一般为 5～15 厘米，长度根据护坡断面的长度决定。较薄的预制板一般为实心结构，5 厘米以上的预制板一般采用楼板方式制作。

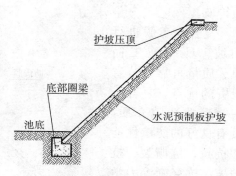

图 1-3　水泥预制板护坡示意图

水泥预制板护坡需要在池底下部 30 厘米左右建一条混凝土圈梁，以固定水泥预制板，顶部要用混凝土砌一条宽 40 厘米左右的护坡压顶（图 1-3）。

水泥预制板护坡的优点是施工简单，整齐美观，经久耐用，缺点是破坏了池塘的自净能力。一些地方采取水泥预制板植入式护坡，即水泥预制板护坡建好后把池塘底部的土翻盖在水泥预制板下部，这种护坡方式既有利于池塘固形，又有利于维持池塘的自净能力。

（2）混凝土护坡　混凝土护坡是用混凝土现浇护坡的方式，具有施工质量高、防裂性能好的特点。采用混凝土护坡时，需要对塘埂坡面基础进行整平、夯实处理。混凝土现浇护坡一般用素混凝土，也有用钢筋混凝土形式。混凝土护坡的坡面厚度一般为 5～8 厘米。无论用哪种混凝土方式护坡，都需要在一定距离设置伸缩缝，以防止水泥膨胀。

（3）地膜护坡　一般采用高密度聚乙烯（HDPE）塑胶地膜或复合土工膜护坡。HDPE 膜具抗拉伸、抗冲击、抗撕裂、强度高和耐静水压高的特点，在耐酸碱腐蚀、抗微生物侵蚀及防渗漏方面也有较好性能，且表面光滑，有利于消毒、清淤和防止底部病原体的传播。HDPE 膜护坡既可覆盖整个池底，也可以周边护坡。

复合土工膜进行护坡，具有施工简单、质量可靠、节省投资的优点。复合土工膜属非孔隙介质，具有良好的防渗性能和抗拉、抗撕裂、抗顶破、抗穿刺等力学性能，还具有一定的变形量，对坡面的凹

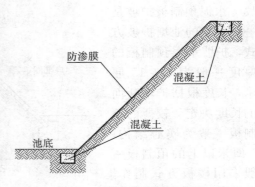

图1-4 塑胶膜护坡示意图

凸具有一定的适应能力，应变力较强，与土体接触面上的孔隙压力及浮托力易于消散，能满足护坡结构的力学设计要求。复合土工膜还具有很好的耐化学性和抗老化性能，可满足护坡耐久性要求（图1-4）。

（4）**砖石护坡** 浆砌片石护坡具有护坡坚固、耐用的优点，但施工复杂，砌筑用的片石石质要求坚硬，片石用作镶面石和角隅石时还需要加工处理。

浆砌片石护坡一般用坐浆法砌筑，要求放线准确，砌筑曲面做到曲面圆滑，不能砌成折线面相连。片石间要用水泥勾缝成凹缝状，勾出的缝面要平整光滑、密实，施工中要保证缝条的宽度一致，严格控制勾缝时间，不得在低温下进行，勾缝后加强养护，防止局部脱落。

5. 池底 池塘底部要平坦，为了方便池塘排水、水体交换和捕鱼，池底应有相应的坡度，并开挖相应的排水沟和集水坑。池塘底部的坡度一般为1：（200～500），在池塘宽度方向，应使两侧向池中心倾斜。

面积较大且长宽比较小的池塘，底部应建设主沟和支沟组成的排水沟（图1-5）。主沟最小纵向坡度为1：1 000，支沟最小

纵向坡度为 1：200。相邻的支沟相距一般为 10～50 米；主沟宽一般为 0.5～1.0 米，深 0.3～0.8 米。

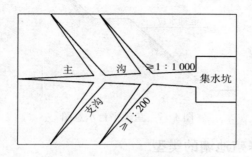

图 1-5　池塘底部沟、坑示意图

面积较大的池塘可按照回形鱼池建设，池塘底部建设有台地和沟槽（图 1-6）。

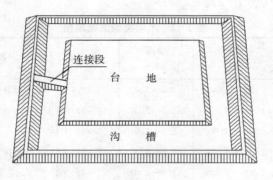

图 1-6　回形鱼池示意图

台地及沟槽应平整，台面应倾斜于沟，坡降为 1：（1 000～2 000），沟、台面积比一般为 1：（4～5），沟深一般为 0.2～0.5 米。

在较大的长方形池塘内坡上，为了投饵和拉网方便，一般应修建 1 条宽度约 0.5 米平台（图 1-7），平台应高出水面。

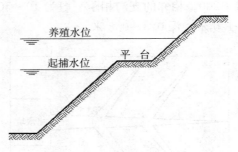

图 1-7　鱼池平台示意图

二、养殖池塘的类型

池塘是养殖场的主体部分。按照养殖功能分，有亲鱼池、鱼苗池、鱼种池和成鱼池等。池塘面积一般占养殖场面积的65％～75％。各类池塘所占的比例一般按照养殖模式、养殖特点、品种等来确定（表1-2）。

表1-2　不同类型池塘规格

类　　型	面积 （米²）	池深 （米）	长：宽	备　　注
鱼苗池	600～1 300	1.5～2.0	2：1	可兼作鱼种池
鱼种池	1 300～3 000	2.0～2.5	(2～3)：1	
成鱼池	3 000～10 000	2.5～3.5	(3～4)：1	
亲鱼池	2 000～4 000	2.5～3.5	(2～3)：1	应接近产卵池
越冬池	1 300～6 600	3.0～4.0	(2～4)：1	应靠近水源

第四节　池塘养殖场进排水系统的设计

一、池塘的进排水设施

1. 池塘的进水闸门、管道　池塘进水一般是通过分水闸门控制水流，通过输水管道进入池塘，分水闸门一般为凹槽插板的方式（图1-8），很多地方采用预埋PVC弯头拔管方式控制池塘进水（图1-9）。这种方式防渗漏性能好，操作简单。

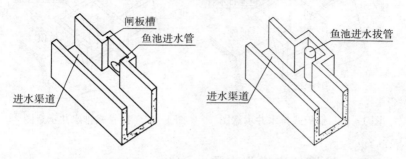

图1-8 插板式进水闸门示意图   图1-9 拔管式进水闸门示意图

池塘进水管道一般用水泥预制管或PVC波纹管，较小的池塘也可以用PVC管或陶瓷管。池塘进水管的长度应根据护坡情况和养殖特点决定，一般在0.5～3米。进水管太短，容易冲蚀塘埂；进水管太长，又不利于生产操作和成本控制。

池塘进水管的底部一般应与进水渠道底部平齐，渠道底部较高或池塘较低时，进水管可以低于进水渠道底部。进水管中心高度应高于池塘水面，以不超过池塘最高水位为好。进水管末端应安装口袋网，防止池塘鱼类进入水管和杂物进入池塘。

2. 池塘排水井、闸门 每个池塘一般设有1个排水井。排水井采用闸板控制水流排放，也可采用闸门或拔管方式进行控制。拔管排水方式易操作，防渗漏效果好。排水井一般水泥砖砌结构，有拦网、闸板等凹槽（图1-10、图1-11）。池塘排水通过排水井和排水管进入排水渠，若排水渠水汇集到排水总渠，排水总渠的末端应建设排水闸。

排水井的深度一般应到池塘的底部，可排干池塘全部水为好。有的地区由于外部水位较高或建设成本等问题，排水井建在池塘的中间部位，只排放池塘50%左右的水，其余的水需要靠动力提升，排水井的深度一般不应高于池塘中间部位。

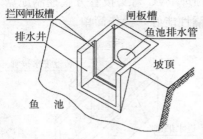

图 1-10 插板式排水井示意图　　图 1-11 拔管式排水井示意图

二、池塘的进排水沟渠

淡水池塘养殖场的进排水系统是养殖场的重要组成部分，进排水系统规划建设的好坏，直接影响到养殖场的生产效果。水产养殖场的进排水渠道一般是利用场地沟渠建设而成，在规划建设时应做到进排水渠道独立，严禁进排水交叉污染，防止鱼病传播。设计规划养殖场的进排水系统，还应充分考虑场地的具体地形条件，尽可能采取一级动力取水或排水，合理利用地势条件设计进排水自流形式，降低养殖成本。

养殖场的进排水渠道一般应与池塘交替排列，池塘的一侧进水、另一侧排水，使得新水在池塘内有较长的流动混合时间。

1. 泵站、自流进水　池塘养殖场一般都建有提水泵站，泵站大小取决于装配泵的台数。根据养殖场规模和取水条件选择水泵类型和配备台数，并装备一定比例的备用泵，常用的水泵主要有轴流泵、离心泵和潜水泵等。

低洼地区或山区养殖场，可利用地势条件设计水自流进池塘。如果外源水位变换较大，可考虑安装备用输水动力，在外源水位较低或缺乏时，作为池塘补充提水需要。自流进水渠道一般采取明渠方式，根据水位高程变化选择进水渠道截面大小和渠道坡降，自流进水渠道的截面积一般比动力输水渠道要大一些。

2. 进水渠道　分为进水总渠、进水干渠和进水支渠等。进水总渠设进水总闸，总渠下设若干条干渠，干渠下设支渠，支渠连接池塘。总渠应按全场所需要的水流量设计，总渠承担一个养殖场的供水，干渠分管1个养殖区的供水，支渠分管几口池塘的供水。

进水渠道大小必须满足水流量要求，要做到水流畅通，容易清洗，便于维护。

进水渠道系统包括渠道和渠系建筑物两个部分。渠系建筑物包括水闸、倒虹吸管、涵洞、跌水与陡坡等。按照建筑材料不同，进水渠道分为土渠、石渠、水泥板护面渠道、预制拼接渠道、水泥现浇渠道等。按照渠道结构，可分为明渠、暗渠等。

（1）明渠结构　明渠具有设计简单、便于施工、造价低、使用维护方便、不易堵塞的优点；缺点是占地较多，杂物易进入等。池塘养殖场一般采用明渠进排水，对于建设困难的地方，可以采用暗管和明渠相结合的办法。明渠一般采用梯形断面，用水泥预制板、水泥现浇或砖砌结构。

（2）明渠的设计要点　明渠在开挖过程中以地形不同可分为三类：一是过水断面全部在地面以下，由地面向下开挖而成，称为挖方明渠；二是过水断面全部在地面以上，依靠填筑土堤而成的，称为填方明渠；三是过水断面部分在地面上，部分在地面以下，称为半填半挖明渠。不管建设哪种明渠，都要根据实际情况进行选择建设。

明渠断面的设计应充分考虑水量需要和水流情况，根据水量、流速等确定断面的形状、渠道边坡结构、渠深、底宽等。明渠断面一般有三角形、半圆形、矩形和梯形四种形式，一般采用水泥预制板护面或水泥浇筑，也有用水泥预制槽拼接或水泥砖砌结构，还有沥青、块石、石灰、三合土等护面。建设时可根据当地的土壤情况、工程要求、材料来源等灵活选用。

（3）渠道的引水量计算　各类进水渠道的大小应根据池塘用

水量、地形条件等进行设计。渠道过大会造成浪费，渠道过小会出现溢水冲损等现象。渠道水流速度一般采取不冲不淤流速（表1-3）。进水渠的湿周高度应在 60%～80%，进水干渠的宽在 0.5～0.8 米，进水渠道的安全超高一般在 0.2～0.3 米。

进水渠道所需满足的流量计算方法为：

$$流量（米^3/小时）＝池塘总面积（米^2）\times 平均水深（米）/计划注水时数（小时）$$

表 1-3　不同明渠的最大允许平均流速

土壤及护面种类	允许平均流速（米/秒）			
	平均水深（米）			
	0.4	1.0	2.0	3.0 以上
松黏土及黏壤土	0.33	0.40	0.46	0.50
坚实黏土	1.00	1.20	0.85	1.50
草皮护坡	1.50	1.80	2.00	2.20
水泥砌砖	1.60	2.00	2.30	2.50
水泥砌石	2.90	3.50	4.00	4.40
木槽	2.50			

（4）渠道的坡度　进水渠道一般需要有一定的比降，尤其是较长的渠道，其比降是设计建设中必须考虑的。渠道比降的大小取决于场区地形、土壤条件、渠道流量、灌溉高程、渠道种类等。支渠的比降一般为 1/500～1 000；干渠的比降一般为 1/1 000～2 000；总渠的比降一般为 1/2 000～3 000。

（5）暗渠结构　进水渠道也可采用暗管或暗渠结构。暗管有水泥管、陶瓷管和 PVC 波纹管等；暗渠结构一般混凝土或砖砌结构，截面形状有半圆形、圆形、梯形等。

铺设暗管、暗渠时，一定要做好基础处理，一般是铺设 10 厘米左右的碎石作为垫层。寒冷地区水产养殖场的暗管应埋在不冻土层，以免结冰冻坏。为了防止暗渠堵塞，便于检查和维修，暗渠一般每隔 50 米左右设置 1 个竖井，其深度要稍深于渠底。

3. 分水井 又叫集水井，设在鱼塘之间，是干渠或支渠上的连接结构，一般用水泥浇筑或砖砌。

分水井一般采用闸板控制水流（图 1 - 12），也有采用预埋 PVC 拔管方式控制水流（图 1 - 13）。采用拔管方式控制分水井结构简单，防渗漏效果较好。

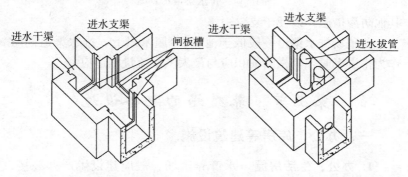

图 1 - 12　闸板控制的分水井　　　图 1 - 13　拔管控制的分水井

4. 排水渠道 排水渠道是养殖场进排水系统的重要部分。水产养殖场排水渠道的大小深浅，要结合养殖场的池塘面积和地形特点、水位高程等。排水渠道一般为明渠结构，也有采取水泥预制板护坡形式。

排水渠道要做到不积水，不冲蚀，排水通畅。排水渠道的建设原则是：线路短，工程量小，造价低，水面漂浮物及有害生物不易进渠、施工容易等（图 1 - 14）。

养殖场的排水渠一般应设在场地最低处，以利于自流排放。排水渠道应尽量采用直线，减少弯曲，缩短流程，力求工程量小，占地少，水流通畅，水头损失小。排水渠道应尽量避免与公路、河沟和其他沟渠交叉，在不可避免发生交叉时，要结合具体情况，选择工程造价低、水头损失小的交叉设施。排水渠线应避免通过土质松软、渗漏严重地段，无法避免时应采用砌石护渠或

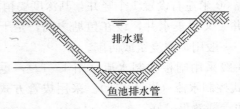

图 1-14　排水渠道示意图

其他防渗措施，以便于支渠引水。

养殖场排水渠道一般低于池底 30 厘米以上，排水渠道同时作为排洪渠时，其横断面积应与最大洪水流量相适应。

第五节　养殖场的配套设施

一、办公、库房等建筑设施

1. 办公、生活房屋　水产养殖场一般应建设生产办公楼、生活宿舍、食堂等建筑物。生产办公楼的面积应根据养殖场规模和办公人数决定，适当留有余地，一般以 1∶667 的比例配置为宜。办公楼内一般应设置管理、技术、财务、档案、接待办公室和水质分析与病害防治实验室等。

2. 库房　水产养殖场应建设满足养殖场需要的渔具仓库、饲料仓库和药品仓库。库房面积根据养殖场的规模和生产特点决定，库房建设应满足防潮、防盗、通风等功能。

3. 值班房屋　水产养殖场应根据场区特点和生产需要，建设一定数量的值班房屋。值班房屋兼有生活、仓储等功能，面积一般为 30～80 米^2。

4. 大门、门卫房　水产养殖场一般应建设大门和门卫房。大门要根据养殖场总体布局特点建设，做到简洁、实用。

大门内侧一般应建设水产养殖场标示牌。标示牌内容包括水产养殖场介绍、养殖场布局、养殖品种、池塘编号等。

养殖场门卫房应与场区建筑协调一致，一般在 20～50 米²。

二、生产建筑设施

1. 围护设施　水产养殖场应充分利用周边的沟渠、河流等构建围护屏障，以保障场区的生产、生活安全。根据需要可在场区四周建设围墙、围栏等防护设施，有条件的养殖场还可以建设远红外监视设备。

2. 供电设备设施　水产养殖场需要稳定的电力供应，供电情况对养殖生产影响重大，应配备专用的变压器和配电线路，并备有应急发电设备。

水产养殖场的供电系统应包括以下部分：

（1）变压器　水产养殖场一般按每亩 0.75 千瓦以上配备变压器，即 100 亩规模的养殖场，需配备 75 千瓦的变压器。

（2）高、低压线路　高、低压线路的长度取决于养殖场的具体需要，高压线路一般采用架空线，低压线路尽量采用地埋电缆，以便于养殖生产。

（3）配电箱　配电箱主要负责控制增氧机、投饲机、水泵等设备，并留有一定数量的接口，便于增加电气设备。配电箱要符合野外安全要求，具有防水、防潮、防雷击等性能。水产养殖场配电箱的数量，一般按照每 2 个相邻的池塘共用 1 个配电箱，如池塘较大较长，可配置多个配电箱。

（4）路灯　在养殖场主干道路两侧或辅道路旁应安装路灯，一般每 30～50 米安装路灯 1 盏。

3. 生活用水　水产养殖场应安装自来水，满足养殖场工作人员生活需要。条件不具备的养殖场可采取开挖可饮用地下水，经过处理后满足工作人员生活需要。自来水的供水量大小应根据养殖小区规模和人数决定，自来水管线应按照市政要求铺设施工。

4. 生活垃圾、污水处理设施　水产养殖场的生活、办公区要建设生活垃圾集中收集设施和生活污水处理设施。常用的生活污水处理设施有化粪池等。化粪池大小取决于养殖场常驻人数，三格式化粪池（图1-15）应用较多。水产养殖场的生活垃圾要定期集中收集处理。

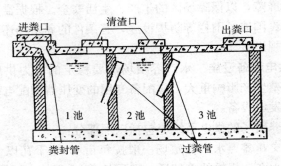

图1-15 三格式化粪池结构示意图

三、产卵、孵化设施

1. 越冬设施 鱼类越冬、繁育设施是水产养殖场的基础设施。根据养殖特点和建设条件不同，越冬温室有面坡式日光温室、拱形日光温室等形式。

水产养殖场的温室，主要用于一些养殖品种的越冬和鱼苗繁育需要。水产养殖场温室建设的类型和规模，取决于养殖场的生产特点、越冬规模、气候因素以及养殖场的经济情况等。水产养殖场温室一般采用坐北朝南方向，这种方向的温室采光时间长，阳光入射率高，光照强度分布均匀。温室建设应考虑不同地区的抗风、抗积雪能力。

（1）面坡式温室 一种结构简单的土木结构或框架结构温室，有单面坡温室、双面坡温室等形式。单面坡温室在北方寒冷地区使用较多，一般为土木结构，左右两侧及后面为墙体结构，顶面向前倾斜，棚顶一般用塑料薄膜或日光板铺设。单面坡日光温室具有保温效果好、防风抗寒、建造成本低的特点，缺点是空间矮，操作不太方便。双面坡日光温室一般为金属或竹木框架结构，顶部一般用塑料薄膜或采光板铺设。双面坡日光温室具有建设成本低、生产操作方便、适用性广的特点，适合于各类养殖品种的越冬需要。

（2）拱圆形日光温室　一种广泛使用的越冬温室，依据骨架结构不同，分为竹木结构温室、钢筋水泥柱结构温室、钢管架无柱结构温室等。按照室顶所用材料不同，又可分为塑料薄膜拱形日光温室和采光板拱形日光温室（图1-16、图1-17）。

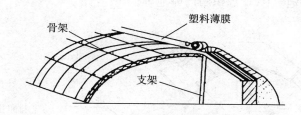

图1-16　一种塑料薄膜拱形日光温室

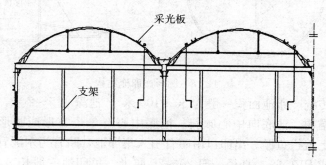

图1-17　一种采光板拱形日光温室

采光板拱形日光温室一般采用镀锌钢管拱形钢架结构，跨度10～15米，顶高3～5米，肩高1.5～3.5米，间距4米。采光板温室的特点是结构稳定，抗风雪能力强，透光率适中，使用寿命长。塑料薄膜拱形日光温室的塑料薄膜主要有聚乙烯薄膜、聚氯乙烯薄膜等。聚乙烯薄膜对红外光的穿透率较高，增温性能强，但保温效果不如聚氯乙烯薄膜。

2. 繁育设施 鱼苗繁育是水产养殖场的一项重要工作，对于以鱼苗繁育为主的水产养殖场，需要建设适当比例的繁育设施。鱼类繁育设施主要包括产卵设施、孵化设施、育苗设施等。

（1）产卵设施 一种模拟江河天然产卵场的流水条件建设的产卵用设施。产卵设施包括产卵池、集卵池和进排水设施。产卵池的种类很多，常见的为圆形产卵池（图 1-18）。目前，也有玻璃钢产卵池、PVC 编织布产卵池等。

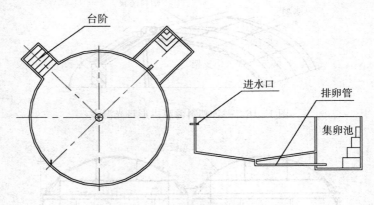

图 1-18 圆形产卵池结构

传统产卵池面积一般为 50～100 米^2，池深 1.5～2 米，水泥砖砌结构，池底向中心倾斜。池底中心有 1 个方形或圆形出卵口，上盖拦鱼栅。出卵口由暗管引入集卵池，暗管为水泥管、搪瓷管或 PVC 管，直径一般 20～25 厘米。集卵池一般长 2.5 米、宽 2 米，集卵池的底部比产卵池底低 25～30 厘米。集卵池尾部有溢水口，底部有排水口。排水口由阀门控制排水。集卵池墙一边有阶梯，集卵绠网与出卵暗管相连，放置在集卵池内，以收集鱼卵。

产卵池一般有 1 个直径 15～20 厘米进水管，进水管与池壁成 40°角左右切线，进水口距池顶端 40~50 厘米。进水管设有可调节水流量的阀门，进水形成的水流不能有死角，产卵池的池壁要光滑，便于冲卵。

玻璃钢产卵池和 PVC 编织布材料产卵池，是用玻璃钢或 PVC 编织布材料制作产卵池，这种产卵池对土建和地基要求低，具有移动方便、便于组装、操作简便等特点，适合于繁育车间和临时繁育的需要。

（2）孵化设施　鱼苗孵化设施是一类可形成均匀的水流，使鱼卵在溶氧充足、水质良好的水流中孵化的设施。鱼苗孵化设施的种类很多，传统的孵化设施主要有孵化桶（缸）、孵化环道和孵化槽等，也有矩形孵化装置和玻璃钢小型孵化环道等新型孵化设施系统。

近年来，出现了一种现代化的全人工控制孵化模式。这种模式通过对水的循环和控制利用，可以实现反季节的繁育生产。鱼苗孵化设施一般要求壁面光滑，没有死角，不堆积鱼卵和鱼苗。

①孵化桶：一般为马口铁皮制成，由桶身、桶罩和附件组成。孵化桶一般高 1 米左右，上口直径 60 厘米左右，下口直径 45 厘米左右，桶身略似圆锥形。桶罩一般用钢筋或竹篾做罩架，用 60 目的尼龙纱网做纱罩，桶罩高 25 厘米左右。孵化桶的附件一般包括支持桶身的木、铁架，胶皮管以及控制水流的开关等（图1-19）。

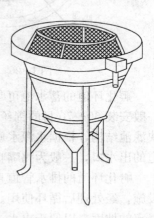

图 1-19　常用孵化桶

②孵化缸：孵化缸是小规模育苗情况下使用的一种孵化工具，一般用普通水缸改制而成，要求缸形圆整，内壁光滑。孵化缸分为底部进水孵化缸和中间进水孵化缸。孵化缸的缸罩一般高 15~20 厘

米，容水量 200 升左右。孵化缸一般每 100 升水放卵 10 万粒。

③孵化环道：设置在室内或室外利用循环水进行孵化的一种大型孵化设施。孵化环道有圆形和椭圆形两种形状，根据环数多少又分为单环、双环和多环几种形式。椭圆形环道水流循环时的离心力较小，内壁死角少，在水产养殖场使用较多。

孵化环道一般采用水泥砖砌结构，由蓄水、过滤池、环道、过滤窗、进水管道、排水管道等组成（图 1-20）。

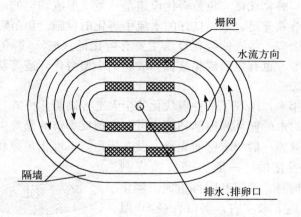

图 1-20　椭圆形孵化环道结构图

孵化环道的蓄水池可与过滤池合并，外源水进入蓄水池时，一般安装 60～70 目的锦纶筛绢或铜纱布过滤网。过滤池一般为快滤池结构，根据水源水质状况配置快滤池面积、结构。孵化环道的出水口，一般为鸭嘴状喷水头结构。

孵化环道的排水管道直接将溢出的水排到外部环境或水处理设施，经处理后循环使用。出苗管道一般与排水管道共用，并有一定的坡度，以便于出水。

滤过纱窗一般用直径 0.5 毫米的乙纶或锦纶网制作，高25～30 厘米，竖直装配，略往外倾斜。环道宽度一般为 80 厘米。

④矩形孵化装置：一种用于孵化黏性卵和卵径较大的沉性卵

的孵化装置。矩形孵化池一般为玻璃钢材质或砖砌结构，规格有 2.0 米×0.8 米 ×0.6 米和 4.0 米×0.8 米×0.6 米等形式（图 1-21）。

⑤玻璃钢小型孵化环道：一种主要用于沉性和半沉性卵脱黏后孵化的设施（图 1-22）。孵化池有效直径为 1.4 米、高 1.0 米、水体约 0.8 米^3。采用

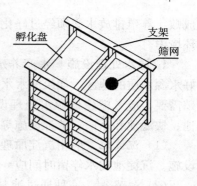

图 1-21　矩形孵化装置

上部溢流排水、底部喷嘴进水。其结构特点是环道底部为圆弧形，中间为向上凸起的圆锥体，顶部有一进水管，锥台形滤水网设在圆池上部池壁内侧。

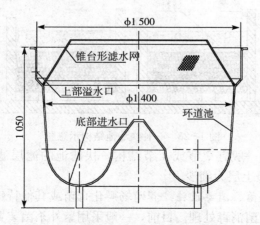

图 1-22　小型玻璃钢环道孵化装置

四、水处理设施

　　水产养殖场的水处理，包括源水处理、养殖排放水处理、池塘水处理等方面。养殖用水和池塘水质的好坏直接关系到养殖的

成败，养殖排放水必须经过净化处理达标后，才可以排放到外界环境中。

1. 源水处理设施　水产养殖场在选址时，应首先选择有良好水源水质的地区。如果源水水质存在问题或阶段性不能满足养殖需要，应考虑建设源水处理设施。源水处理设施一般有沉淀池、快滤池和杀菌、消毒设施等。

（1）沉淀池　应用沉淀原理，去除水中悬浮物的一种水处理设施。沉淀池的水停留时间应一般大于2小时。

（2）快滤池　一种通过滤料截留水体中悬浮固体和部分细菌、微生物等的水处理设施（图1-23）。对于水体中含悬浮颗粒物较高或藻类寄生虫等较多的养殖源水，一般可采取建造快滤池的方式进行水处理。

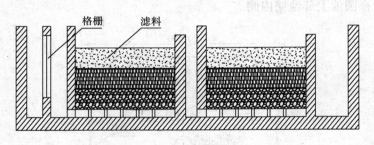

图1-23　一种快滤池结构示意图

快滤池一般有2节或4节结构，快滤池的滤层滤料一般为3~5层，最上层为细沙。

（3）杀菌、消毒设施　养殖场孵化育苗或其他特殊用水需要进行源水杀菌消毒处理。目前，一般采用紫外杀菌装置或臭氧消毒杀菌装置，或臭氧-紫外复合杀菌消毒等处理设施。杀菌消毒设施的大小，取决于水质状况和处理量。

①紫外杀菌装置：利用紫外线杀灭水体中细菌的一种设备和设施，常用的有浸没式、过流式等。浸没式紫外杀菌装置结构简单，使用较多，其紫外线杀菌灯直接放在水中，既可用于流动的

动态水，也可用于静态水。

②臭氧杀菌消毒设施：一般由臭氧发生机、臭氧释放装置等组成。臭氧是一种极强的杀菌剂，具有强氧化能力，能够迅速广泛地杀灭水体中的多种微生物和致病菌。淡水养殖中臭氧杀菌的剂量一般为每立方米水体 1~2 克，臭氧浓度为 0.1~0.3 毫克/升，处理时间一般为 5~10 分钟。在臭氧杀菌设施之后，应设置曝气调节池，去除水中残余的臭氧，以确保进入鱼池水中的臭氧低于 0.003 毫克/升的安全浓度。

2. 排放水处理设施　养殖过程中产生的富营养物质，主要通过排放水进入到外界环境中，已成为主要的面源污染之一。对养殖排放水进行处理回用或达标排放，是池塘养殖生产必须解决的重要问题。

目前，养殖排放水的处理一般采用生态化处理方式，也有采用生化、物理、化学等方式进行综合处理的案例。

养殖排放水生态化处理，主要是利用生态净化设施处理排放水体中的富营养物质，并将水体中的富营养物质转化为可利用的产品，实现循环经济和水体净化。养殖排放水生态化水处理技术有良好的应用前景，但许多技术环节尚待研究解决。

（1）生态沟渠　利用养殖场的进排水渠道构建的一种生态净化系统，由多种动植物组成，具有净化水体和生产功能（图1-24）。

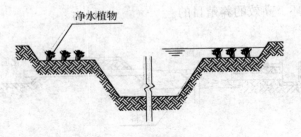

图 1-24　生态沟示意图

生态沟渠的生物布置方式，一般是在渠道底部种植沉水植物、放置贝类等，在渠道周边种植挺水植物，在开阔水面放置生物浮床、种植浮水植物，在水体中放养滤食性、杂食性水生动物，在渠壁和浅水区增殖着生藻类等。

有的生态沟渠是利用生化措施进行水体净化处理。这种沟渠主要是在沟渠内布置生物填料，如立体生物填料、人工水草和生物刷等，利用这些生物载体附着细菌，对养殖水体进行净化处理。

（2）人工湿地 人工湿地是模拟自然湿地的人工生态系统，它类似自然沼泽地，但由人工建造和控制，是一种人为地将石、沙、土壤、煤渣等一种或几种介质按一定比例构成基质，并有选择性地植入植物的水处理生态系统。人工湿地的主要组成部分为人工基质、水生植物、微生物等。人工湿地对水体的净化效果是基质、水生植物和微生物共同作用的结果。人工湿地按水体在其中的流动方式，可分为表面流人工湿地和潜流型人工湿地（图1-25）。人工湿地水体净化包含了物理、化学、生物等净化过程。当富营养化水流过人工湿地时，沙石、土壤具有物理过滤功能，可以对水体中的悬浮物进行截流过滤；沙石、土壤又是细菌的载体，可以对水体中的营养盐进行消化吸收分解；湿地植物可以吸收水体中的营养盐，其根际微生态环境，也可以使水质得到净化。利用人工湿地构筑循环水池塘养殖系统，可以实现节水、循环、高效的养殖目的。

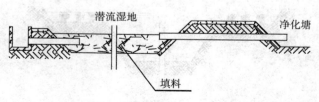

图1-25 潜流湿地立面图

（3）生态净化塘　一种利用多种生物进行水体净化处理的池塘。塘内一般种植水生植物，以吸收净化水体中的氮、磷等营养盐；通过放置滤食性鱼、贝等，吸收养殖水体中的碎屑、有机物等。

生态净化塘的构建要结合养殖场的布局和排放水情况，尽量利用废塘和闲散地建设。生态净化塘的动植物配置要有一定的比例，要符合生态结构原理要求。生态净化塘的建设、管理、维护等成本比人工湿地要低。

3. 池塘水体净化设施　利用池塘的自然条件和辅助设施构建的原位水体净化设施，主要有生物浮床、生态坡、水层交换设备和藻类调控设施等。

（1）生物浮床　生物浮床净化是利用水生植物或改良的陆生植物，以浮床作为载体，种植在池塘水面，通过植物根系的吸收、吸附作用和物种竞争相克机理，消减水体中的氮、磷等有机物质，并为多种生物生息繁衍提供条件，重建并恢复水生态系统，从而改善水环境。生物浮床有多种形式，构架材料也有很多种。在池塘养殖方面应用生物浮床，需注意浮床植物的选择、浮床的形式、维护措施和配比等问题。

（2）生态坡　生态坡是利用池塘边坡和堤埂修建的水体净化设施。一般是利用砂石、绿化砖、植被网等固着物铺设在池塘边坡上，并在其上栽种植物，利用水泵和布水管线，将池塘底部的水提升并均匀地布撒到生态坡上，通过生态坡的渗滤作用和植物吸收截流作用，去除养殖水体中的氮、磷等营养物质，达到净化水体的目的。

第六节　养殖池塘的维护

一、池塘的防渗措施

池塘防渗，是为了防止和减少鱼池渗漏损失而实施的维护措施。池塘渗漏不仅增加了生产成本，还可以造成当地的水位上升，出现冷底地、泛酸地等现象。常见的池塘防渗漏维护措施，主要有以下几种方法：

1. 压实法 一种采用机械或人工夯压池塘表层，增加土壤密实度来减少池塘渗漏的方法，有原状土压实和翻松土压实两种。原状土压实，主要用于沙壤土池塘，在池塘成型后，先去除表面的碎石、杂草等杂物后，通过机械或人工夯实的办法进行压实；翻松土压实，是将池塘底部和坡面的土层挖松耙碎后进行压实的一种方法。土壤湿度是影响压实质量的一个重要因素（表1-4）

表1-4 不同土壤压实的湿度

沙壤土	壤 土			黏 土
	轻壤土	中壤土	重壤土	
12%～15%	15%～17%	21%～23%	20%～23%	20%～25%

2. 覆盖法 即利用黏性土壤在池塘表面覆盖一层一定厚度的覆盖层，以达到防渗漏的方法。覆盖土壤一般为黏土，覆盖厚度一般要超过5厘米。覆盖法施工的工序包括挖取黏土，拌和调制用料，修正清理池塘覆盖区，铺放黏土，碾压护盖层等。

3. 填埋法 即利用池塘水体中的细沙粒填充池塘土壤缝隙，达到降低池塘土壤透水性和防渗漏的一种方法。一般情况下填埋的深度越大，防渗漏效果越好，厚度2～10厘米的填埋层，可以减少50%～85%的渗漏。填埋法可在净水或动水中进行，池塘的不同部位填埋厚度不同。

4. 塑膜防渗法 利用塑膜覆盖在池塘表面，防止池塘渗漏的一种方法。目前，常用的防渗塑膜主要有聚氯乙烯和聚乙烯地膜、HEPE塑胶防渗膜，土工布等。塑膜的厚度一般为0.15～0.5毫米，抗拉强度超过20兆帕。塑膜覆盖防渗法施工简单，防渗效果好，有表面铺设和铺设埋藏两种形式。施工时要注意平整池塘底面，清除碎石、树枝等杂物；铺设后应注意防止利器刮破塑膜，并定期检查接缝出是否破裂，发现破裂应及时黏结。

二、池塘的清淤整形

1. 清淤　淤泥的沉积使池塘变浅，使池塘有效养殖水体减少，产量下降。淤泥较多的池塘一定要进行清淤，一般精养池塘至少 3 年清淤 1 次。一般草鱼、鲂、鲤鱼池池底淤泥厚度应小于15 厘米；鲢、鳙、罗非鱼池在 20～30 厘米为宜。

2. 池塘整形　池塘的塘埂等部位因经常受到雨水、风浪等的冲蚀出现坍塌，若不及时修整维护，会影响到池塘的使用寿命。一般每年冬春季节，应对池塘堤埂进行 1 次修整。

3. 进排水设施维护　池塘的进排水管道、闸门等设施因使用频繁，常常会出现进水管网破裂、排水闸网损坏、进排水管道堵塞等现象。在养殖过程中，应定期检查池塘的进排水设施，发现问题及时维修更换，确保养殖生产的正常运行。

第七节　养殖池塘的改造

一、池塘的改造原则

鱼池经过多年的使用后，池底会出现淤积坍塌等现象，不能满足养殖生产需要，还有的养殖池塘因布局结构不合理，无法满足养殖需要，就必须对池塘进行改造。池塘改造的原则主要有以下几个方面：

1. 池塘规格要合理　旧池塘的面积不符合养殖需要，不利于生产操作，需要对鱼池进行重新建设。池塘的规格一定要与养殖特点相结合，在南方地区，成鱼池一般 5～20 亩，鱼种池一般 2～5 亩，鱼苗池一般 1～2 亩；在北方地区养鱼池的面积有所增加。

2. 池塘深度要符合养殖需要　一般情况下养鱼池塘有效水

深不应低于 1.5 米，成鱼池的深度在 2.5～3.0 米，鱼种池在 2.0～2.5 米。北方越冬池塘的水深应达到 2.5 米以上。池埂顶面一般要高出池中水面 0.5 米左右。

3. 进排水通畅　池塘进排水设施要保障进排水通畅，排水闸门最好建到池塘底部，以能排干全部水体为好。进水管一般应高于池塘最高水面，防止鱼类进入进水渠道。

4. 塘埂宽度、坡度要符合生产要求　池塘塘埂一般用匀质土筑成，埂顶的宽度应满足拉网、交通等需要，一般在 1.5～4.5 米。池埂的坡度大小，取决于池塘土质、池深、护坡与否和养殖方式等。一般池塘的坡比为 1∶（1.5～3），若池塘的土质是重壤土或黏土，可根据土质状况及护坡工艺适当调整坡比，池塘较浅时坡比可以为 1∶（1～1.5）。

5. 池底平坦、有排水的沟槽和坡度　池塘底部的坡度一般为 1∶（200～500）。在池塘宽度方向，应使两侧向池中心倾斜。面积大的池塘，底部应建设主沟和支沟组成的排水沟。主沟最小纵向坡度为 1∶1 000；支沟最小纵向坡度为 1∶200。相邻的支沟相距一般为 10～50 米；主沟宽一般为 0.5～1.0 米，深 0.3～0.8 米。

二、池塘改造的措施

1. 小塘改大塘、大塘改小塘　根据养殖要求，把原来面积较小的池塘通过拆埂、合并，改造成适合成鱼养殖的大塘；把原来面积较大的池塘通过筑埂、分割，成适合育苗养殖的小塘。

2. 浅水池塘挖深　通过清淤疏浚，把池塘底部的淤泥挖出，加深池塘，使能达到养殖需要。

3. 进排水渠道改建　进排水渠道分开，减少疾病传播和交叉污染；通过暗渠改明渠，有利于进排水和管理。

4. 塘埂加宽　随着养殖生产的机械化程度越来越高，池塘塘埂的宽度应满足一般动力车辆进出的需要；同时，加宽塘埂还有利于生产操作和增加塘埂的寿命。

5. 增加排放水处理设施　养殖排放水污染问题已成为重要的面源污染问题，引起了社会的关注，严重制约了水产养殖业的发展。通过池塘改造建设人工湿地、生态沟渠等生态化处理设施，可以有效地净化处理养殖排放水。

三、养殖池塘的生态循环水改造方法

循环水养殖系统是一种新工艺，流程中水体经过处理能够实现部分回用。该工艺能够减少水资源使用、改善废物管理和实现营养物再循环。这种精养生长方式与环境可持续发展相协调。该工艺的发展与逐渐增加的环境管制相呼应，多发生在土地和水资源受限制的国家。循环水工艺系统存在以下优点：节水，为废物管理、营养盐循环利用、卫生和疾病管理以及生物污染控制提供改良机会。

循环水工艺生产系统正在许多国家推广并应用于不同的养殖品种。饵料、生产、废物和能源，是解释该工艺生态效应的主要成分。关于循环水工艺的发展趋势主要有两点：①工艺流程内的技术改进；②通过技术集成实现营养物的循环利用。关于工艺流程的技术改进研究，主要集中在反硝化器、污泥浓缩技术和臭氧利用方面。朝集成方向发展的新工艺系统，包括湿地和藻类控制系统的整合。

1. 淡水养殖池塘常用生态水质净化技术

（1）人工湿地　人工湿地是由人工建造和控制运行的与沼泽地类似的地面，将污水、污泥有控制地投配到经人工建造的湿地上，污水与污泥在沿一定方向流动的过程中，主要利用土壤、人工介质、植物、微生物的物理、化学、生物三重协同作用，对污水、污泥进行处理的一种技术。其作用机理包括吸附、滞留、过滤、氧化还原、沉淀、微生物分解、转化、植物遮蔽、残留物积累、蒸腾水分和养分吸收及各类动物的作用。将水源水或养殖废水经人工湿地处理后，水体中的有毒、有害物质被人工湿地吸收利用，从而使水体得以净化（图1-26）。

图1-26　人工湿地

①生态沟渠：由人工湿地衍生而来的一种池塘养殖环境生态修复的方法。人工湿地流出的水经一段比较长的生态沟渠二次净化，达到对水质的处理目的。

生态沟渠的简易建造：可以利用池塘的进水系统和出水系统建造生态沟渠（图1-27）。

②氧化塘：其实也是人工湿地的一种类型。养殖池塘的水自然流到氧化塘中，在氧化塘中经一段时间净化除理后，再经动力提升进入养殖池塘。

氧化塘的构建：要有一定的面积，大量种植水生植物，也可以采用固定化微生物技术进行对水质的处理，同时最好有暴气设

图 1-27　生态沟渠

施（图 1-28）。为了充分利用水体，氧化塘中还可以养殖一些非必需投饵的鱼类。

图 1-28　氧化塘

（2）水上农业　采用的是一种原位生态修复的方法。水上农业就是利用生物浮床技术，在浮床上种植各种各样的植物，利用植物的根系来吸收水体中的有害物质，达到净化水质的目的（图1-29）。同时，还利用植物的化感作用，来抑制养殖水环境中有害藻类的生长。

图1-29　生物浮床

水上农业有使用泡沫板和不使用泡沫板两种方法。试验证明，不使用泡沫板不但可以节约成本，还可以改善池塘的溶氧状况，是一种比较实用的方法。

优点：①不占用养殖面积；②成本低，便于推广；③如选择价值较高的经济植物，可以提高单位养殖面积的收成，一举多得；④高温季节，可以为鱼类提供栖息、隐蔽的场所。

（3）固定化微生物　固定化微生物技术，是指利用化学或物理手段，将游离的微生物定位于限定的空间区域，并使之成为不悬浮于水仍保持生物活性、可反复利用的方法。

这里的微生物主要是人为选定的特效降解菌的优势菌种，应满足3个基本条件：①投加的菌体活性高；②菌体可快速降解目标污染物；③在系统中不仅能竞争生存，而且可维持相当数量。

固定化载体为微生物创造了更不易解体的生存环境，所以，一个理想的固定化载体的选择也很重要。适合于废水处理的固定化载体，应具有以下性能：①对微生物无毒，生物滞留量高；②传质性能好；③性质稳定，不易被生物降解；④机械强度高，使用寿命长；⑤固定化操作简单；⑥对其他生物的吸附小；⑦价格低廉。

池塘固定化微生物技术选用的固定化材料：弹性生物填料

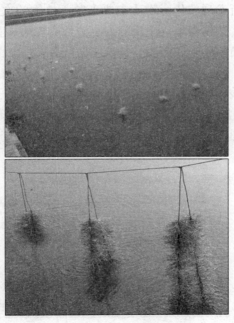

图1-30　固定化微生物

（生物刷，长度1米，每立方米44根）。

微生物的来源：土著微生物；外源性微生物采用固体浓缩型，以芽孢杆菌和乳酸菌为主。

固定方法是以池塘宽度为1排，用绳子固定，每隔0.5米左右挂1根生物刷，每根生物刷下用重物系住。

池塘固定化微生物技术的优点：①操作简单，使用方便；②既可以使用在池塘中，也可以使用在氧化塘或生态沟渠中；③固定化材料（生物刷）可以重复使用，成本低（图1-30）。

（4）植物化感物质控藻的方法　化感作用（又称他感作用、异株克生作用）包括抑制和促进两个方面，就是植物（含微生物）通过释放化学物质到环境中，而产生的对其他植物直接或间接的有益、有害和自毒作用。

植物中所发现的化感物质主要来源于植物的次生代谢产物，分子量较小，结构简单，主要分为水溶性有机酸、直链醇、脂肪族醛和酮，简单不饱和内脂，长链脂肪酸和多炔，醌类，苯甲酸及其衍生物，肉桂酸及其衍生物，香豆素类，类黄酮类，单宁，内萜，氨基酸和多肽，生物碱和氰醇，硫化物和芥子油苷，嘌呤和核苷等14类。其中，低分子量有机酸、酚类和内萜类化合物最为常见（图1-31）。

图1-31　植物化感

（5）利用底栖生物改良池塘底质的技术 这里的底栖生物，主要指的是日常生活中常见的贝类、螺类。在池塘底部投放一定量的贝类、螺类，一方面可以作为鱼类的鲜活饵料，另一方面可以起到改善池塘底质的目的（图1-32）。

图1-32 底栖生物

缺点：消耗池塘溶氧；易传播疾病。

优点：简单实用，具有很强的可操作性。

2. 人工湿地基质、植物筛选及高效生态滤池的构建

（1）高效生态滤池的构建 滤池大小应因地制宜，每个滤池设立独立的进出水管道，出水管道设置多个不同高度出水口，可根据需要调节滤池中水位高度。滤池要控制一定的运行水力负荷，栽种植物为再力花、美人蕉、芦苇（图1-33），填埋基质分别为碎石、陶粒、煤渣，基质深度1米。

图 1-33　构建的高效生态滤池

　　该高效生态滤池可构建在养殖池塘周围，占地面积小，构建和运行成本低，易于管理。受污染的养殖水源水经生态滤池净化后进入养殖池塘，作为最初的养殖用水，保证了养殖原水的良好水质。同时在高温季节，变差的池塘水也可抽提进入生态滤池，使养殖废水经净化后循环利用，无需从外界换水，达到了节水和养殖安全的目的。

　　（2）高效生态滤池基质选择　见表1-5。通过分别研究煤渣、陶粒、碎石3种基质生态滤池对养殖废水的净化效果，各不同基质生态滤池对 NH_4^+-N、TN、TP、COD 等物质的去除率，分别达到 4%～23.9%、12.3%～26.1%、20.0%～61.5%、11.4%～29.5%。方差分析表明，煤渣基质生物滤池对 NH_4^+-N、TN、TP 的去除率，显著高于陶粒和碎石生态滤池，陶粒基质生态滤池对 COD 的去除效果最好（$P<0.05$）（表1-6）。同时，对不同基质滤池中基质酶活性的研究结果显示，3种基质脲酶活性大小排序为煤渣＞陶粒＞碎石，而各基质中磷酸酶的活性差异不显著（$P<0.05$）（图1-34）。基质脲酶活性，可作为生态滤池和人工湿地基质选择的评价指标。

表 1-5　基质的孔隙率

基质	孔隙率
煤渣	0.325
陶粒	0.400
碎石	0.382
土壤	0.134

表 1-6　不同基质生态滤池的净化效果

		$NH_4^+ - N$	TN	TP	COD
进水浓度（毫克/升）		1.57±0.04	5.45±0.16	0.38±0.15	35.0±1.5
出水浓度（毫克/升）	煤渣	1.20±0.05	4.03±0.75	0.15±0.03	31.0±1.0
	陶粒	1.24±0.09	4.45±0.32	0.23±37.75	24.7±4.2
	碎石	1.51±0.22	4.77±0.34	0.30±0.11	29.0±2.6
去除率（%）	煤渣	23.9±3.3[a]	26.1±13.9[a]	61.5±8.3[a]	11.4±2.9[b]
	陶粒	20.9±5.6[a]	18.2±5.9[b]	37.8±2.0[b]	29.5±11.9[a]
	碎石	4.0±0.2[b]	12.3±0.3[b]	20.0±0.1[c]	17.1±3.0[b]

因此，煤渣基质对各污染物的去除效果最好，最适宜作为处理养殖废水的生态滤池的基质材料；陶粒基质生物滤池净化效果次之，也较适宜构建生态滤池。同时，在构建生态滤池时，对滤池基质选择还应根据基质的成本、净化效果、颗粒的大小（以防止堵塞）及在当地的可得性等各因素综合起来确定。

（3）高效生态滤池植物选择　通过分别研究美人蕉、再力花、芦苇等 3 种植物生态滤池对养殖废水的净化效果，各不同植物生态滤池对 $NH_4^+ - N$、TN、TP、COD 等物质的去除率，分别达到 0.1%～4%、2.7%～12.3%、6.2%～12.4%、2.9%～

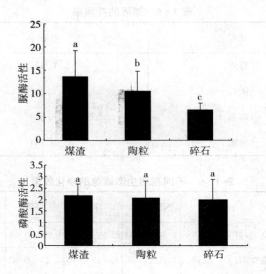

图 1-34　不同基质生态滤池基质脲酶和磷酸酶活性

17.1%（表 1-7）。方差分析表明，美人蕉生物滤池对 NH_4^+ - N、TN、TP、COD 等物质的去除率，均显著高于再力花和芦苇滤池（$P < 0.05$）。

表 1-7　不同植物生态滤池的净化效果

		NH_4^+ - N	TN	TP	COD
进水浓度（毫克/升）		1.57±0.04	5.45±0.16	0.38±0.15	35.0±1.3
出水浓度（毫克/升）	美人蕉	1.51±0.22	4.77±0.34	0.30±0.11	31.0±1.0
	再力花	1.53±0.11	4.94±0.21	0.32±0.20	34.0±2.2
	芦苇	1.57±0.48	5.30±0.50	0.35±0.25	29.0±2.6
去除率（%）	美人蕉	4.0±0.2[a]	12.3±0.3[a]	19.4±0.1[a]	17.1±3.5[a]
	再力花	2.5±0.1[b]	9.2±0.2[b]	13.6±0.2[b]	11.4±5.9[b]
	芦苇	0.1±0.5[b]	2.7±0.5[c]	6.2±0.3[c]	2.9±3.0[c]

　　三种植物的株高和根长生长曲线结果表明，再力花和美人蕉的地上和地下部分均生长最快，株高和根长均高于芦苇，芦苇在生态滤池中生长缓慢（图1-35）。同时，对不同植物滤池中基质酶活性的研究结果显示，3种植物生态滤池中基质脲酶和磷酸酶活性均没有显著差异（$P > 0.05$）（图1-36）。植物根系活力研究结果显示，3种植物生态滤池中美人蕉根系活力显著大于再力花和芦苇（$P < 0.05$）（图1-37）。

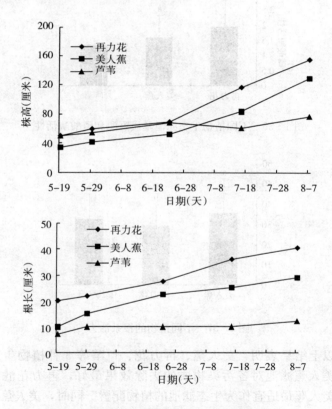

图1-35　三种植物的株高和根长生长曲线

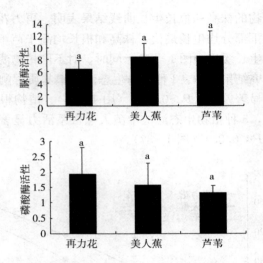

图 1-36　不同植物生态滤池基质脲酶和磷酸酶活性

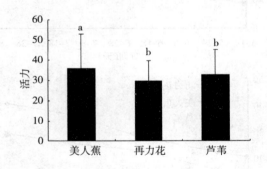

图 1-37　不同植物的根系活力

　　以上结果表明，美人蕉、再力花、芦苇等 3 种植物生态滤池，美人蕉滤池对各污染物质的去除效果最好，再力花滤池次之，美人蕉最适宜作为生态滤池的植物配置。同时，美人蕉通过较高的根系活力保持其高净化效果，植物根系活力可作为生态滤池和人工湿地中植物筛选的指标。

3. 沟渠湿地-鱼塘循环水养殖模式的构建 利用池埂构建一组四级串联的沟渠式潜流湿地系统，利用人工湿地的净化功能调控养殖池塘水质，实现水的循环利用，建立池塘活水养殖模式。系统中人工湿地前三级栽种湿生挺水植物，分别为再力花、花叶芦竹和花叶芦苇，最后一级湿地填充基质较浅，栽种沉水植物狐尾藻用于对含氧量较低的湿地出水进行复氧（图1-38）。

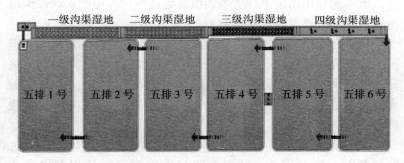

图1-38 系统工艺流程图

系统运行结果表明：①湿地对 $NH_4^+ - N$、TN、TP、COD_{Mn}、BOD 及 Chl-a 存在显著去除作用；②湿地出水溶氧及其饱和度显著降低，但出水溶氧仍在3毫克/升以上；③循环塘营养状态较对照塘有所降低；④就主养品种鲫和草鱼养殖效果循环塘高于对照塘；⑤影响草鱼养殖效果的关键环境因子是溶氧。

4. 农田湿地-池塘循环水养殖模式的构建 通过构建农田湿地-生态沟渠-池塘养殖复合系统，解决以养分流失控制减轻水环境负荷的田间渗流控制技术，以氮磷吸收利用为主的农田氮/磷汇体系构建技术以及兼顾满足水产养殖水质标准及农作物水肥需求的水管理方案等关键问题。

（1）利用池塘养殖肥水灌溉的条件下，按常规施肥量的

80%进行施肥，可获得 600 千克/亩以上的产量。另一方面，利用池塘养殖肥水灌溉不施肥时，仅在作物需肥旺盛期喷施一定叶面肥，也能获得较高产量（530 千克/亩），在经济上无疑是最划算的，亦具有实际生产的推广价值。

（2）在分蘖期以后，植株比较高大，将池塘肥水放进田间滞留 8 小时以上，就有一定净化效果，对氮磷的去除率在 10%～40%，对 COD_{Mn} 的去除率在 10%～30%。在稻田施肥 10 天以后，可考虑利用稻田进行适当表面流处理池塘养殖肥水，以满足池塘水循环所要求的水交换量。

（3）在利用稻田净化池塘养殖废水中，通过控制渗流大小提高去除率有两种思路：一是以较小的渗流提高单次水循环的去除率，但必须考虑池塘健康养殖对循环水量的要求；二是以较大的渗流量通过加快水循环次数来提高累计去除量，但必须考虑能耗问题。

（4）利用稻田参与池塘水分养分的循环利用时，除了要进行科学的水肥管理外，还要在防虫治病时避免使用有农药残留、对养殖有害的药剂，注意使用低残留、无毒、无公害的农药。

5. 生物塘-生态沟-池塘养殖复合模式的构建 将鱼塘与生物塘通过暗管联通，各养殖塘的养殖废水经暗管汇集生物塘，经净化后再通过生态沟渠回流鱼塘，构成了生物塘-生态沟渠-池塘养殖复合生态养殖模式（图 1-39）。

（1）**生物塘及浮床构建** 所构建的浮床面积有 $4×2.5$ 米^2、$4×2$ 米^2、$5×2$ 米^2 3 种，水面覆盖率为 32%。每个浮床均由楠竹、竹片、网片三部分组成，其中，浮床框架为直径约 10 厘米的楠竹，浮床中间每 50 厘米用竹片间隔、固定，浮床底部用网目大小为 4 厘米^2 的网片兜底，网底与浮床框架距离约为 50 厘米。将所有浮床用铁丝相连，呈回字形置于池塘中。浮床栽植水生植物选择生物量大、对水质具有较好净化作用的空心菜、水葫

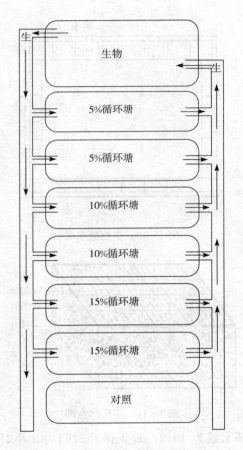

图 1 - 39 系统整体平面图

芦两种。当植物进入生长盛期，移入生态浮床，置于生物塘内（图 1 - 40、图 1 - 41）。

生物塘对养殖尾水中氨氮、总氮、总磷、磷酸盐、BOD、COD、叶绿素的去除率，可达到 20.8%、10.8%、27.1%、26.7%、31.3%、19.2%、37.7%。养殖尾水经过生物塘处理，基本满足渔业用水要求；水体理化指标相对稳定；鱼体增重明

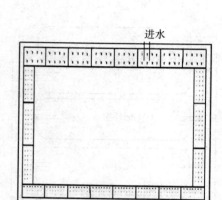

图 1-40　生物塘布局

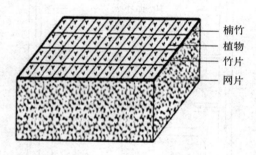

图 1-41　浮床示意图

显；最佳循环水量为 10%，每天循环时间为 3 小时。系统实现了零污水排放。

（2）生物塘处理效果　空心菜和水葫芦都是生物量极大的水生植物，已被广泛应用于生活污水、工业污水等的净化中。生物浮床技术也日渐成熟。将栽种空心菜和水葫芦的生态浮床置于养殖塘中，作为生物塘来处理养殖尾水，取得了很好的效果。生物塘可有效地去除循环水中的氨氮（去除率 20.8%）、总氮（去除率 10.8%）、总磷（27.1%）、磷酸盐（去除率 26.7%）、BOD

（去除率 31.3%）、COD（去除率 19.2%）、叶绿素（去除率 37.7%）等（表 1-8）。生物塘出水基本能够满足养殖用水的要求。

表 1-8　生物塘对养殖尾水的处理效果（平均值±标准差）

水质指标	TAN（毫克/升）	TN（毫克/升）	TP（毫克/升）	IP（毫克/升）	BOD（毫克/升）	COD（毫克/升）	Chl-a（微克/升）
进水	1.60±0.40	2.17±0.54	0.26±0.09	0.26±0.12	8.59±2.91	7.48±2.36	54.41±17.83
出水	1.49±0.65	1.87±0.16	0.18±0.07	0.20±0.11	6.20±4.21	5.98±1.92	30.34±9.60
去除率（%）	20.8	10.8	27.1	26.7	31.3	19.2	37.7

（3）**鱼体生长情况**　投饵量控制在鱼体重的 3%～4%，经过 5 个多月的养殖，鲫体重增至 250 克左右，达到商品规格。鲫是抗病力较强的品种，在养殖过程中未发生病害，成活率在 97%以上。具体各养殖塘的体重体长的差异如图 1-42。由图 1-42 可见，循环水养殖的鲫生长状况优于对照塘，其中，10%循环量时鱼体生长情况最好，经过 5 个月的养殖体重达到 275 克，显著高于对照塘（140 克）（$P<0.05$）。此现象可能与环境胁迫对鱼体生长的影响有关。10%循环塘水质理化指标显著低于对照塘，溶氧高于对照塘，并且在整个养殖期间各水质因子波动较

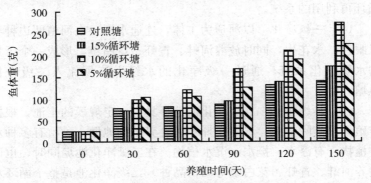

图 1-42　各养殖池塘鱼体重随时间的变化

小，鱼类生长环境稳定，受到的环境胁迫较小，用于调节环境对鱼体影响的能耗较小，所以生长速度较快。

6. 淡水池塘养殖多级生态循环水养殖模式的构建 水生植物种类丰富，大致可分为湿生植物、挺水植物、浮叶植物、沉水植物、漂浮植物5种类型。通过种植适合池塘循环水养殖模式最佳水生生物种类，构建淡水池塘循环水养殖模式（图1-43）。

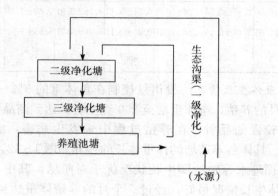

图1-43 循环养殖模式的各模块组成

淡水池塘循环养殖模式，是由水源、池塘、生态沟渠（一级净化）、二级净化塘和三级净化塘构成的一个能够实现养殖废水循环再利用的系统。

（1）一级净化 以河道为主体，连通水源，在河道两边种养凤眼莲、水花生，同时放养河蚌、青虾、花白鲢，形成一个天然的水质净化系统。通过一级净化的水经溢流坝流入二级净化池塘。

（2）二级净化 二级净化池选择具有一定规模的土池，根据养殖场的实际情况，尽量选择不适合养殖的池塘，种植有多种水生植物，有浮水、挺水、沉水植物。在二级净化池塘同时，也可放养河蚌、青虾、花白鲢等动物品种。二级净化池是整个循环水净化的主体，养殖用水主要在这里得到净化。经过二级净化的水经一个潜流坝进入三级净化池塘。

（3）三级净化 三级净化池也是一个具有一定规模的土池，尽量靠近二级净化池塘，这里以挺水植物为主，种植有各种各样的挺水植物，同时也有一定的沉水植物和浮水植物，水生动物有河蚌、青虾、花白鲢等。三级净化主要利用植物的化感作用，同时，大量生长的水生植物对水质也有相当的直接净化作用。经三级净化的水再被提到养殖池塘成为养殖用水。

运行结果表明，通过三级净化后，养殖废水中氨氮水平能维持在 0.33 毫克/升左右，亚硝酸盐氮水平能维持在 0.02 毫克/升以下，总氮水平在各月份均能保持在《地表水环境质量标准》五类水平以下，总磷水平均能保持在《地表水环境质量标准》三类标准以下，叶绿素的清除效果也很明显，其去除率从 16.10%～91.22%不等。该模式能够有效地清除养殖废水中过量的氨氮、亚硝酸盐氮、总氮、总磷，抑制池塘藻类的生长。

第二章

池塘养殖鱼类的选择

第一节 池塘养殖鱼类概述

一、淡水鱼类养殖现状

我国主要的淡水养殖种类有 120 多种，其中鱼类约 100 种，是淡水养殖的主体，约占淡水养殖产量的 88%，养殖年产量超过 100 万吨的包括草鱼、鲢、鲤、鳙、鲫、罗非鱼等。青鱼、草鱼、鲢、鳙是我国的特产鱼类，俗称"四大家鱼"，与鲤、鲫、鲂一起成为我国淡水养殖产量的主体。据 2011 年统计，全国淡水养殖总产量 2 471.93 万吨，淡水鱼类养殖产量 2 185.41 万吨；上述 7 种主养鱼产量 1 698.51 万吨，接近淡水养殖总产量的 70%。在全国所有养殖鱼类中，草鱼产量最高，达 444.22 万吨；鲢位居第二，371.39 万吨；鲤位居第三，271.82 万吨。水产品是国家食物安全的重要组成部分，对粮食安全保障的重要作用已得到世界广泛认同。青鱼、草鱼、鲢、鳙、鲤、鲫、鲂等淡水鱼类也是我国国民消费的大众品种，食物构成中主要的动物蛋白质来源之一，在国民食物结构中占有重要的位置。保证淡水鱼类的稳定生产，就是对粮食安全保障体系的重要贡献。

随着我国人民生活水平的提高和国际市场的开拓，名优水产品越来越受到市场的青睐，成为水产养殖新的增长点，特种水产养殖业蓬勃发展的趋势，给养殖者带来了可观的经济效益。在青鱼、草鱼、鲢、鳙、鲤、鲫、鳊等传统鱼类养殖稳定发展的基础上，名特优新品种养殖异军突起，乌鳢、鲇、黄鳝、鳜、鲴、鳗、泥鳅、鲈、黄颡鱼、鲟、长吻鮠、河鲀及翘嘴红鲌等一大批水产名优品种的育苗和养殖技术相继取得成功，并形成了较大的养殖规模。养殖品种结构多样化，淡水养殖改变了鱼类为主的局面，形成了以鱼为主，虾、蟹、贝、鳖、蛙等多样化发展格局，促进了渔业生产结构的调整和效益的提高，对发展优质高效渔业起了重要的促进作用，推动了水产养殖业的繁荣。

罗非鱼、斑点叉尾鲴、大口黑鲈、南美白对虾等国外优良养殖品种的成功引进，形成了规模优势，有力地推动了水产养殖业的发展。在《出口水产品优势养殖区域发展规划》中，将鳗鲡、对虾、贝类、罗非鱼、大黄鱼、河蟹、斑点叉尾鲴和海藻确定为优势出口养殖品种，这8个品种的出口量和出口额均超过全国养殖水产品出口总量和总额的75%。罗非鱼、鳗鲡、斑点叉尾鲴等淡水鱼类的发展势头良好，在优化养殖品种结构、拓展优势区域布局、提升出口竞争力方面发挥了积极作用。2010年，我国出口罗非鱼32.28万吨，出口额10.06亿美元，实现了罗非鱼养殖产量、加工出口和产业链规模全球第一，创造了显著的经济和社会效益。

我国的观赏鱼养殖有悠久的历史，随着我国经济发展、社会稳定和人民生活水平提高，以精神文化需求为主体的都市渔业迅速发展，并且在国内形成广泛的市场。目前我国观赏鱼养殖蓬勃兴起，养殖规模扩大，成为水产养殖新的增长点。

二、主要的淡水养殖鱼类

1. 常规养殖鱼类　青鱼、草鱼、鲢、鳙、鲤、荷包红鲤、兴国红鲤、建鲤、松浦鲤、黄河鲤、湘云鲤、松浦镜鲤、福瑞鲤、鲫、彭泽鲫、异育银鲫、异育银鲫"中科3号"、湘云鲫、松浦银鲫、长春鳊、团头鲂、三角鲂、团头鲂"浦江1号"等。

2. 优质养殖鱼类　鳗鲡、鳜、大口鲇、长吻鮠、黄鳝、泥鳅、黄颡鱼、胡子鲇、乌鳢、月鳢、史氏鲟、暗纹东方鲀、翘嘴红鲌、银鱼、池沼公鱼、细鳞斜颌鲴、银鲴、花鲭、胭脂鱼、中华倒刺鲃、鲮、金鱼（观赏鱼）等。

3. 国外引进的养殖鱼类 尼罗罗非鱼、奥利亚罗非鱼、"夏奥1号"奥利亚罗非鱼、莫桑比克罗非鱼、吉富罗非鱼、新吉富罗非鱼、奥尼鱼、福寿鱼、彩虹鲷（红罗非鱼）、斑点叉尾鮰、革胡子鲇、淡水白鲳（短盖巨脂鲤）、美国大口胭脂鱼、加州鲈（大口黑鲈）、虹鳟、欧洲鳗、俄罗斯鲟、匙吻鲟、巴西鲷、美洲鲥、锦鲤等。

第二节 常规养殖鱼类

一、草鱼

草鱼（*CtenopHaryngodon idellus*），又名鲩、草青、草根、白鲩、混子、鰀（《本草纲目》）（图2-1）。属鲤形目、鲤科。分布很广，北自东北平原、南到海南岛均产此鱼。草鱼生长快，肉味鲜美，细刺少，为消费者喜食的鱼类。草鱼以食草而得名，饲料来源广，饲养方便，养殖非常普遍。草鱼还被移植到许多国家，作为控制水域杂草的优良品种。但是，养殖草鱼容易患病，特别是出血病、烂鳃病、肠炎病、赤皮病等，严重影响草鱼的成活率。在天然水域中，草鱼喜居于水中下层和近岸多水草区域。

图2-1 草 鱼

草鱼的食性随不同的发育阶段改变。幼鱼阶段以摄食动物性饲料生活，体长1厘米的鱼苗，以小型浮游动物为主要饵料，随着肠道增长，逐渐转为摄食轮虫、枝角类和摇蚊幼虫及其他浮游甲壳类。5厘米以上的幼鱼，逐渐转为典型的草食性鱼类，早期阶段（鱼种）主要是食芜萍、浮萍及较嫩的水草或人工切碎的旱菜。成鱼则以高等水生植物为主要食料，所食种类很广，随水体环境而不同。通常，草鱼喜食苦草、轮叶黑藻、眼子菜、浮萍以及嫩的蒿草，实际上大多数水生植物草鱼都可摄取作为食料，但草鱼不吃水浮莲、水葫芦和水花生，只有经过发酵糖化或切碎加工后才能投喂。草鱼喜食狼尾草、狗尾草、稗草等旱草，也喜食人工栽培的高产牧草，如宿根黑麦草、苦荬草、苏丹草、鹅菜等。草鱼还食各种商品饲料，如麸皮、糟类、粕类等。

草鱼的产卵场分布在长江、淮河、珠江、钱塘江和黑龙江等广泛水域。长江干流的草鱼产卵季节在4月下旬至5月下旬，长江地区的草鱼怀卵量为：6千克重的亲鱼30万粒；10千克重约100万粒。草鱼的人工繁殖已在全国普及，只要亲鱼培育得好，人工催情的效果较好，催产率、孵化率、下塘率都可达到70%～90%。

草鱼在很多地区都作为主养鱼，主要原因是利用草鱼的粪便肥水，促进混养的鲢、鳙鱼生长。作为主养鱼时，每亩放养80～100尾；作为配养鱼时，每亩放养20～30尾。放养规格最适是2龄鱼（每尾0.25～0.5千克），这样的鱼当年可长到1.5～2.5千克，再养1年（3龄鱼）可达3～4千克，甚至超过4千克。草鱼饲养过程中，要特别注意饲养管理，为减少草鱼烂鳃、肠炎等疾病，坚持贯彻"四定"（定时、定量、定质、定位）投饲，及时防病治病。草鱼喜清流水，因此也作为网箱养鱼和工业化养鱼的主养品种。

二、鲢

鲢（*HypopHthalmichthys molitrix*），又名白鲢、跳鲢、鲢子鱼等（图2-2）。属鲤科、鲢亚科。分布很广，我国自南到北都能生长。鲢栖息于水的中上层，天然江湖中的最大个体可达到 20 千克以上，池塘中的最大个体为 10～15 千克。鲢具有生长快、疾病少、不需专门人工投饲的特点。因此，虽肉味没有青鱼、草鱼好，但仍是池塘养殖的主体鱼，产量仅次于草鱼，居第二位。

图 2-2 鲢

鲢以食浮游植物为主（包括黏附在藻类上的细菌）。鱼苗阶段（体长 15 毫米左右）食浮游动物，也食人工投喂的豆浆。鲢摄食方法是一种特殊的类型，它的鳃耙和鳙不一样，每根鳃耙与相邻之间有骨质小桥，其外面还覆盖着海绵状的筛膜。因此，微小的浮游植物（藻类）不能随水滤出体外而成为食物。鲢是摄食藻类的典型鱼类，其吞食的主要成分是硅藻、甲藻、金藻和黄藻等，在肠管中也出现轮虫和小型甲壳动物、原生动物。较大型的枝角类和桡足类则很少被食，发现鲢还能摄食腐屑和细菌。

鲢在长江、西江、珠江、黑龙江均有天然产卵场，生殖季节在 4～5 月，南方较早，北方较迟。鲢苗主要来自人工繁殖。鲢亲鱼成熟年龄为 3 龄，近几年，有些退化的鲢也有 2 龄成熟的。最适的催产年龄是 3 龄以上，体重 3～6 千克。鲢鱼的怀卵量为：4.8 千克的亲鱼 20 万粒；10 千克可达 170 万粒。

鲢的成鱼养殖比较普遍。一般作为主养鱼的放养量为每亩 200～300 尾，最多可放养 500 尾；作为配养鱼时，每亩 100～150 尾或 80～100 尾。鲢的一般生长速度为：当年鱼可长到 13.2 厘米左右（每亩放养 8 000 尾左右）；2 龄鱼长到 0.5 千克左右

（若培育 2 龄鲢鱼种，则只能长到 0.25 千克左右）；3 龄鱼可长到 1.5～2.5 千克。在稀养、精养条件下，当年鱼可长到 0.5 千克的商品规格。饲养鲢通常以肥水培育天然饵料为主，但也可适当投些糠、麸、糟等精料，以加速生长。

近年来，由于近亲交配的原因，出现了个体变小、性腺提前成熟的现象，影响了产量的提高。为此，鲢的提纯复壮和品种改良受到重视。

三、鳙

鳙（*Aristichys nobilis*），又名胖头鱼、花鲢等（图 2 - 3）。属鲤科、鲢亚科。很多习性与鲢相似，生活在中上层，活动力没有鲢强，分布我国南北各省。天然江河、湖泊中的最大个体可达 30～40 千克；池塘中最大个体一般为 10～15 千克。鳙具有生长快、疾病少、不需专门投饵的特点，捕捞也比鲢方便，能适应池塘、湖泊、水库等水体。

图 2 - 3　鳙

鳙的食物以浮游动物为主，这是由于鳙的鳃耙排列比鲢稍稀，没有骨质桥，也没有筛膜。因此，滤水作用较快，滤集浮游动物的能力也大。鳙食物的主要组成是轮虫、甲壳动物的枝角类、桡足类，也包括多种藻类。从个体数量上看，藻类多于浮游动物，但从体积看，动物性食物占主要成分。鳙和鲢一样，是一种不断摄食的种类，只要不断张嘴呼吸，食物就同时随水进入口腔。鳙除食天然饵料外，也食豆饼、米糠、酒糟等人工饲料以及禽畜的粪便。

鳙和鲢一样，在西江、珠江、长江、黑龙江均有产卵场，长江流域的产卵季节主要是5月。鳙鱼苗主要来自人工繁殖，最适的繁殖年龄雌鱼为5龄以上，雄鱼为4龄以上，最适的人工繁殖体重在7千克以上。人工催产季为5月中旬至6月上旬，体重8千克的亲鱼卵巢重达1.5千克，怀卵量108万粒；江河中体重31千克的亲鱼，怀卵量可达346万粒。

由于可以依靠肥料饲养，因此，鳙饲养和鲢一样普遍，与鲢混养比例，通常鳙放养数为鲢的1/4～1/3。混养，一般每亩放养30～50尾，多的可达到80尾。当年的鳙鱼种可达到13.2厘米以上，2龄鱼可达0.5～0.75千克，3龄鱼可达1.5～2.5千克。

养殖鲢、鳙，能充分利用水体饵料资源，不仅能提高鱼产量，更重要的是能净化和改善水质，减轻水体富营养化程度。利用鲢、鳙来控制富营养水体中的藻类水华，据研究，1千克鲢、鳙能带走29.4克氮、1.46克磷和118.6克碳。只要水体中鲢、鳙的量达到46～50克/米^3，就能有效遏制蓝藻。

四、鲤

鲤（*Cyprinus carpio*），又名鲤拐子、鲤子等（图2-4）。鲤是一种优良养殖鱼类，起源于我国，现已移养世界各国，成为世界性的养殖鱼类。鲤抗病力强，肉质坚实，味鲜美，能在静水中自然繁殖，体型较大，生长较快，适宜在各种类型的水体中养殖。

鲤属杂食性、广食性鱼类。体长15毫米的幼鱼，食物大体是轮虫和小型枝角类；3厘米以上的幼鱼，食物主要是枝角类、桡足类、摇蚊幼虫和其他水生昆虫幼虫；10厘米以上的鱼种，开始食水生高等植物碎片、螺、蚬等，也食各种藻类和有机碎

图2-4 鲤

屑。鲤在人工饲养时也摄食商品饲料，如米糠、麸皮、饼类和糟类等。也可用肥料培育鲤喜食的浮游生物，也可用黑光灯诱虫喂鲤。

鲤可以单养也可以混养，目前南方一般以混养为主，北方以单养为主，网箱养鲤、流水养鲤也多为单养，在稻田中也是单养较多。在池塘中由于鲤生长较草鱼、鲢、鳙慢，且捕捞困难，又容易掘塌堤埂。因此，主要作为配养鱼，一般每亩放养30～50尾，产量由于饲料的多少而差异较大，一般每亩产量为10～40千克。

我国是鲤品种最多、最集中的国家之一，许多种类是国内特有的。鲤由于地理分布不同，而发生类群差别，这些不同类群是经过长期的人工和自然选择形成的。各地各水系的野生鲤，一般在当地都有一定的养殖规模，如黄河鲤、黑龙江野鲤、湘江野鲤、元江鲤、华南鲤和柏氏鲤等。它们有优良的遗传特性，是宝贵的种质资源，已成为育种亲本的原始材料。我国重视鲤的开发利用和遗传改良，取得了丰硕的成果，获得了一批有用的鲤品种和杂交种，从中选出高产优质种类在全国推广，产生了巨大的经济效益和社会效益。迄今经全国水产原种和良种审定委员会审定和公布，适宜推广的优良鲤养殖品种和杂交种有荷包红鲤、兴国红鲤、建鲤、荷包红鲤抗寒品系、德国镜鲤选育系、丰鲤、荷元鲤、三杂交鲤、颖鲤、岳鲤、芙蓉鲤、德国镜鲤、散鳞镜鲤、松浦鲤、万安玻璃红鲤、湘云鲤、松荷鲤、豫选黄河鲤、乌克兰鳞鲤、津新鲤、松浦镜鲤和福瑞鲤等 23 个。

1. 人工选育品种　通过对野生种（地方品种）的选育，获得了兴国红鲤、荷包红鲤、德国镜鲤选育系、万安玻璃红鲤和荷包红鲤抗寒品系等品种，作为养殖对象或遗传改良和杂交的亲本。

2. 杂交种　鲤不同品种间的杂交产生明显的杂种优势，并已推广的杂交种有丰鲤（兴国红鲤♀×散鳞镜鲤♂）、荷元鲤（荷包红鲤♀×元江鲤♂）、颖鲤（散鳞镜鲤♀×鲤鲫移核鱼第二代♂）、岳鲤（荷包红鲤♀×湘江野鲤♂）、三杂交鲤（荷元鲤♀×散鳞镜鲤♂）和芙蓉鲤（散鳞镜鲤♀×兴国红鲤♂）等。杂交鲤只能利用杂种当代，第二代难以保留其优良性状，所以需保留亲本，每年进行杂交制种。以杂交种为基础群体进行选育和遗传改良形成的建鲤、松浦鲤、湘云鲤等品种，逐渐替代杂交种成为主养品种。

3. 引进种　我国从国外引进了苏联鳞鲤、散鳞镜鲤和德国镜鲤等，这些品种不仅是优良的养殖种类，而且具有遗传育种和杂交制种价值。日本锦鲤是主要的观赏鱼养殖对象。

五、鲫

鲫（*Carassius auratus*）属鲤形目、鲤科、鲫属（图 2-5）。江浙一带称河鲫鱼，东北称鲫瓜子，湖北称喜头鱼等。鲫分布很广，除西部高原地区外，广泛分布于全国各地。鲫肉质细嫩、味鲜美，营养丰富，自古以来就作为产妇的催乳补品。

鲫对生态环境具有很强的适应能力，能耐低氧、耐寒，不论浅水、深水、流水、静水、清水、浊水都能生长。水温 10～32℃，都能正常摄食和消化食物。即使在 pH 为 9 的碱性水域中也能生长繁殖，含氧量低到 0.1 毫克/升时才开始死亡。鲫唯一

图2-5 鲫

的缺点是生长较慢。

　　由于环境生态条件的差异，各地产生了众多的鲫鱼品系，其中有东北的银鲫、江西的彭泽鲫、河南的淇河鲫、贵州的普安鲫等。其中，又以东北银鲫个体最大，可达2.5～3千克；普通鲫的个体最大0.75千克左右，通常为0.25～0.5千克。鲫是杂食性和广食性鱼类，其中动物性食物有轮虫、苔藓虫、桡足类、枝角类和虾类等；植物性食物有硅藻类、水绵、高等植物叶和种子等。鲫在南方全年都能摄食，6～8月通常是鲫的摄食旺盛期。鲫不同的生长阶段，食性略有差异。体长1～5厘米，除食浮游生物外，还食高等植物的幼芽嫩叶碎片；长到10～15厘米时，高等植物的数量明显增加；到15厘米以上时，则多食底栖动物。

　　鲫可以自然繁殖，也可以人工繁殖。鲫的人工繁殖基本与鲤相同。鲫性成熟年龄因生长地区的不用而略有差异，南方1冬龄、鱼体长到65毫米以上便开始成熟；北方地区性成熟年龄为2龄以上。一般1冬龄鱼怀卵量为1万～2.8万粒；2冬龄鱼为2万～5.9万粒；3冬龄鱼为2.6万～6.8万粒；5冬龄鱼可达11万粒以上。鲫属分期分批产卵类型，产卵期从3月延至8月，产卵水温一般在15～16℃以上，多数在下雨以后，喜逆水上游产卵。在天然水域中，卵产在水草上，在池塘中可产于人工鱼巢上，具体方法与鲤相同。鲫在自然界中雌鱼比雄鱼多，雌、雄鱼之比为（4～5）：1。

鲫的生长速度较慢，在自然水体中，1 冬龄鱼体长为 46～139 毫米，体重 71.6～95 克；2 冬龄鱼体长 159～177 毫米，体重 132～185 克；4 冬龄鱼体长 252 毫米，体重 582 克；6 冬龄鱼体长 283 毫米，体重可达 0.5～1 千克。0.5～1 千克重的鲫，在自然水域中需生长 4～6 年。即使 0.25 千克左右的鲫，也需 3 年左右的生长期。在人工养殖条件下，生长较快，当年鲫可达 25～50 克；第二年长到 100～150 克；第三年可达 300 克以上。池塘养殖时，一般每亩放养 30～50 尾；外荡和中小型湖泊则靠鲫自然繁殖，不另放鱼种。

近年来，各地普遍移养东北银鲫和彭泽鲫。各研究单位还进行鲫育种研究，育成了异育银鲫等养殖品种，这些鲫都已在生产上大规模养殖。银鲫（*Carassius auratus gibelio*）盛产于黑龙江流域，又称东北鲫。体形比普通鲫明显高、宽，其生长速度较普通鲫快，个体大，最大可达 3 千克。分布在黑龙江上游及嫩江上游水域中，以镜泊湖的银鲫最著名。银鲫不仅个体大，而且肉质厚，味鲜美，起捕率高，疾病少，适宜池塘和湖泊中饲养。银鲫是中下层鱼类，喜栖息于淤泥底质的静水处，喜食植物性的腐殖质饵料，食性和对环境的适应性与普通鲫相似。银鲫体较高，体长为体高的 3 倍，头短小，尾鳍短而分叉小，特色稍呈青灰色，腹部呈银白色。

彭泽鲫肉味鲜美，含肉率高，营养丰富，体形丰满，易运输，易暂养，易上钩，利于活鱼上市，是一种生产和游钓兼可发展的鱼类。彭泽鲫作为人工选育的优良鲫品种，具有鲫的特征，也有与鲫不同之处，尤其在外部形态上差异明显。彭泽鲫的体形呈纺锤形，色素为星光形，背部体色灰暗、腹部灰白。彭泽鲫雄性胸鳍长可达腹鳍基部，雌性胸鳍长未达腹鳍基部。彭泽鲫为低背型，银鲫和异育银鲫是高背型。彭泽鲫适应性强，耐高温，耐严寒，耐肥水，耐低氧，而且食性较杂，食谱广，饲料容易解决。彭泽鲫的性成熟年龄为 1 龄，每年 4 月初，水温升至 17℃以上，即可产卵繁殖。彭泽鲫生长迅速，个体大，1 龄鱼可达200 克以上，最大个体可达 650 克，生长速度为普通鲫的3.5 倍。

六、鳊、鲂

鳊（*Parabramis pckinensis*），又名长春鳊、草鳊、边鱼（图 2-6）。属鲤形目、鲤科、鳊亚科、鳊属。鳊肉味鲜美，脂肪丰富，可食部分比例大，受到市场欢迎。但由于生长较慢，一般不作为主养鱼。

图 2-6 团头鲂

鳊是草食性鱼类，肠管长可达到体长的 3 倍。主要食苦草、眼子菜等。在春末夏初摄食强烈，肠管充实度高。在冬季，因水草不能生长，则摄取一些小杂鱼或高等植物的果实作为食料，但数量不多。体长 2 厘米以下的鱼苗，主要吃藻类；3.5 厘米以上即可食小甲壳类、摇蚊幼虫和高等水生植物。鳊在池塘中常与草鱼混养，主要食草鱼吃剩的草脚或碎屑。一般来说，鳊体长 5～8 厘米（1 龄鱼）均以食高等水生植物为主。

鳊最大个体可达 2 千克，0.5 千克左右较常见。最小成熟个体为 3 龄，体长在 25 厘米左右。繁殖期为 5～6 月，卵无黏性，能随水漂流，一般在河流、湖泊中能自然繁殖。鳊鱼苗基本都来自人工繁殖，鳊鱼卵与青鱼、草鱼、鲢、鳙的特性（半浮性卵）相近，人工繁殖的方法也基本相同。

池塘中饲养鳊，一般 1 冬龄体长为 130～209 毫米，体重 36.5～150 克；3 冬龄鱼体长为 230～285 毫米，体重 177～381 克；5 冬龄鱼体长为 350～378 毫米，体重 800～1 250 克。北方生长更慢些，4 冬龄鱼体长 200～220 毫米。在饲养条件较好的池塘，只要饲料充足，10 厘米左右的鱼种饲养 1 年，可达到 0.25 千克以上。

团头鲂（*Megalobrama amblycepHala*），又名武昌鱼。属鲤形目、鲤科、鳊亚科、鲂属。过去认为鲂属中只有三角鲂（*Megalobrama terminalis*）和广东鲂（*Megalobrama hoffmanni*）2 种，1955 年中国科学院水生生物研究所第一次在湖北省梁子湖发现团头鲂。经调查，除梁子湖外，湖北东湖、花马湖，江西的鄱阳湖等都有生长。经移养试验，证明团头鲂是一种优良的养殖鱼类，系草食性，生长比鳊快，容易捕捞，在池塘中也能产卵繁殖；团头鲂肉味腴美，脂肪丰富，体形好，头小，可食部分占的比例大，已推广到全国饲养。团头鲂原是静水湖泊生活类型，现经移养，证明也适宜池塘、河道饲养，水库因水草较少，不宜多养。

团头鲂体长 3.1～3.5 厘米的幼鱼以食浮游动物为主，包括轮虫、枝角类及其他小型甲壳动物幼体。体长 3.4～3.7 厘米的幼鱼，开始食轮叶黑藻等水生植物嫩叶，以后逐步以水草为主，包括苦草、马来眼子菜、菹草、丝状绿藻和大茨藻等，也喜食人工投喂的旱草碎屑。团头鲂的肠管为体长的 3.5 倍。自然条件下，3 月起（水温 16℃以上）开始大量摄食，一直到 11 月都保持摄食状态。其中 6～10 月摄食强度最大，肠管充塞度常达 80%，冬季摄食很少。在人工饲养条件下，也喜摄食糠、麸皮、饼类和糟类等精饲料。

团头鲂成鱼养殖，可为主养鱼也可为配养鱼。作为主养鱼，水深 1.5～2 米，每亩放养 600～700 尾（9.9～13.2 厘米鱼种），搭养鲢鱼种 250 尾，鳙种 50 尾。年底，团头鲂可长到 300 克以上，鲢、鳙达 0.5～1 千克，每亩总产 350 千克左右。作为配养鱼，每亩放养 100～300 尾（9.9～13.2 厘米鱼种），年底可产团头鲂 25～50 千克。若每亩配养 30～50 尾 13.2 厘米鱼种，年底每尾可长到 0.3～0.5 千克，食料充足，可长到 0.5 千克以上。由于团头鲂生长较草鱼、鲢、鳙相对较慢，一般不作主养鱼。团头鲂在 3 龄以前生长较快，3 龄后逐渐减慢，饲养团头鲂不宜超过 3 龄。

七、青鱼

青鱼（*MylopHaryngodon piceus*），又名乌青、螺蛳青、青鲩、黑鲩、乌鲩、黑鲭、铜青、青棒、五侯青等，是鲤科、雅罗鱼亚科的大型鱼类（图 2-7）。分布于我国长江、珠江及其支流、黄河、黑龙江及其他水系中，种群较小。江河中最大个体可达 70 千克，常见个体可达 15～25 千克，池塘中可长到 10～15 千克。

图 2-7 青 鱼

青鱼栖息于水中下层，生长快，肉味鲜美，是一种经济价值较高的饲养鱼类。青鱼的食物以软体动物中的螺蛳（包括湖螺、椎实螺等）为主，也摄食蚬子、淡水壳菜、扁螺等。小青鱼有时也吃底栖蜻蜓幼虫、摇蚊幼虫以及苔藓植物等，鱼苗阶段以摄食浮游动物为主。青鱼是肉食性鱼类，肠管不长，大约为体长的1.2～1.4倍。由于软体动物生活在底泥中，因此，青鱼也逐渐成为底栖鱼类。近年河湖中螺蛳资源大量下降，为了发展青鱼养殖，目前主要投喂人工配合饲料。

青鱼的天然产卵场分布很广，在长江、西江、珠江的产卵期为4～6月，东北地区稍迟。天然产卵以长江、西江最繁盛。青鱼苗主要依靠人工繁殖，选择成熟亲鱼适时催产，这是搞好青鱼人工繁殖的关键。青鱼的催产期一般在6月上旬至6月下旬，水温22～30℃，最适温度25～28℃。青鱼怀卵量为：13千克的亲鱼可达100万粒；18千克为157万粒；34千克可达336万粒。

青鱼成长较快，1龄鱼可达0.4～0.5千克；2龄鱼1.5～2.5千克；3龄鱼可达3～4千克甚至5千克以上。由于饲料不足，青鱼往往不作为主养鱼，除江苏、浙江外，其他南方地区都养得不多，北方更少。作为主养鱼时，每亩放养60～80尾；作为配养鱼时，每亩放养10～20尾，饲料不足，仅放养3～5尾或5～10尾。青鱼的2龄鱼种由于食性的转换，易得肠炎，成活率较低。因此，培育时要特别注意鱼病的防治，加强饲养管理。

第三节　优质养殖鱼类

一、乌鳢

乌鳢（*Ophiocephalus argus*），俗名黑鱼、乌鱼、才鱼等（图2-8）。属鲈形目、鳢科、鳢属。我国鳢属鱼类有8种，已开发人工养殖的有乌鳢、斑鳢和月鳢。乌鳢在国内普遍分布，除了西部高原地区外，从南到北均有分布，主要分布在长江流域的河川、湖泊和池塘中。在湖北、湖南、江西、浙江、安徽、河南、辽宁与台湾等省，乌鳢人工养殖很普遍。

图 2-8　乌　鳢

　　乌鳢为营底栖生活的鱼类，栖息环境极其广泛，常生活在软泥底质，水草丛生，水流缓慢或静止的湖泊、河流、池塘、沼泽洼地及渠沟等水域。但在江河水流湍急的区域中，几乎没有栖息。乌鳢常潜伏在水深 1 米左右，青蛙、泥鳅、野杂鱼及水生昆虫密集的浅水处，隐蔽于水草下，只有在捕食或缺氧的情况下浮出水面到上层来活动。随水温和季节不同，乌鳢栖息的水层有所变化。春季水温回升到 18℃ 以上时，常在水体中上层活动；夏季多在水体上层活动，当天气闷热下雷阵雨时，往往会跳出水面，匍匐于池岸，当池塘中饵料不足时会跳出水面作蛇形运动，转移到其他水体；秋季水温下降至 6℃ 以下，游动缓慢，潜伏于深水处；冬季蛰居于底泥越冬。

　　乌鳢对水质、溶解氧、酸碱度、盐度等外界环境适应性特别强，能忍耐的 pH 范围是 3.1～9.6，超出忍耐范围会很快死亡。乌鳢属广盐性鱼类，在淡水、盐水中都能生存。乌鳢耐低氧能力很强，它在混浊缺氧的水体中也能生存，并且在少水甚至无水的条件下，只要保持鳃部和体表湿润，就能存活较长的时间，根据这一特征，乌鳢可采取保湿运输。

　　乌鳢属肉食性凶猛鱼类。从鱼苗开始直至成鱼，均以水生动物为食。鱼苗期以浮游动物（轮虫、桡足类、枝角类）和水生昆虫为食；从鱼种到成鱼，以小鱼、小虾等为主要饵料。常常躲在隐蔽的水草下，当捕食对象游过面前时，突然出击，运用它的捕食口器捕获饵料。它有宽大的口裂和发达的口齿，口咽腔大，与食道相接处呈放射状排列的褶皱伸缩性大。乌鳢追捕力强，能捕食相当于它体长 1/3～1/2 的饵料鱼，甚至可以跳出水面捕食水面飞行的昆虫，成鱼可以跳出水面 1 米多高。因乌鳢性格凶猛，有"鱼老虎"之称。在饵料不足的情况下，互相残杀十分严重，经观察，鱼苗长到 1.5～2 厘米时就有自相残杀现象；甚至大小相差无几的情况下，也会互相残杀，会因吞咽不下而卡在咽部，双双毙命。

乌鳢的生长速度很快。自然条件下，1 冬龄鱼的体长 19～39 厘米，体重 100～750 克；2 冬龄鱼的体长 38～45 厘米，体重 600～1 400 克；3 冬龄鱼的体长 45～59 厘米，体重 1 450～2 000 克；最大个体可长达 5 千克以上。由于水体生态条件的差异，如水质、饲料的种类及鱼体的内在因素等原因，乌鳢个体生长的差异很大。总的来说，乌鳢在 2 龄前，生长旺盛；2 龄后，出现随着年龄增长而增长率逐渐降低的趋势。乌鳢生长与水温密切相关，水温 16～30℃时生长较快，25～28℃时生长最快。长江流域每年的 5～7 月、9～10 月是生长最旺盛的两个时期。水温下降，生长逐渐减慢。水温降到 12℃以下，逐渐停止摄食生长。冬季低温期几乎停止生长，伏泥冬眠。翌年春季水温回升到 12℃以上，又开始摄食生长。乌鳢的生存温度是 0～41℃。

乌鳢喜活动于湖边、塘堰、沟渠等近岸水草繁茂的场所。这里底质为淤泥，静水避风，但有一定深度的水位，乌鳢一般在水深 20～100 厘米的地方营巢产卵，繁殖后代。当产卵场的水温高于 18℃的情况下才会产卵。适温范围在 18～30℃，最适温度是 22～27℃。通常产卵是在风平浪静的晴天。

乌鳢性成熟的年龄，随着所在水域的纬度不同而有差异。长江流域一般是 2 冬龄个体较多，体长在 30 厘米以上，性成熟开始繁殖。也有少数个体 1 冬龄就性成熟，大部分是雌性个体，雄性个体性成熟稍迟一些。乌鳢怀卵量的多少，取决于秋季雌鱼发育的好坏。乌鳢卵为一次成熟，分批产出。产卵前乌鳢的亲鱼常选择在避风、水生植物繁茂、水浅和无急流地方栖息。在产前 1 周左右，雌、雄亲鱼共同衔草筑巢，巢的大小根据亲鱼的大小而定，巢下伏窝数日后产卵。乌鳢常在夜间产卵，产卵时需要安静。若有惊动会停止产卵，产卵时间为 15～45 分钟。产卵后乌鳢亲鱼有守护卵和仔鱼的本能，防止敌害侵袭。

　　鳢属中的月鳢（*Channa asiatica*），俗称七星鱼、山花鱼、点称鱼。分布于长江以南各水系，常栖息于山涧溪流中，在广东、广西已普遍养殖，其他地区也引种试养，因其个体小，适合于农户庭院养殖。月鳢具有耐低氧及对不良环境适应能力强的特点，对养殖环境要求不高。月鳢养殖方式有多种，如池塘养殖、水泥池养殖、网箱养殖等，养殖户可根据自身的条件，因地制宜地选择养殖方式。

二、鲇

　　1. 大口鲇（*Silurus meridionalis*）　　原名南方大口鲇，俗称河鲇、大河鲇鱼、鲇巴朗（四川）、叉口鲇（湖北）、大鲇鲃（江苏、浙江）等。属鲇形目、鲇科、鲇属。鱼类中长得最快、长得最大的一种，主产于我国长江流域的大江河中，是一种以鱼为食的大型经济鱼类，常见个体重 2～5 千克。最大可达 40 千克以上。大口鲇肉质细嫩，味道鲜美，无肌间刺，腴而不腻，不仅是席上佳肴，而且有一定的药用价值，深受国内、港澳台和欧美人士喜欢，国际市场颇具竞争力。

　　大口鲇具有许多优良性状，如生长速度快，繁殖的鱼苗当年就能长到 500 克以上；养殖周期短，当年的鱼苗饲养 4～6 个月就能上市；适应低温的能力强，在我国北方能自然越冬；食性可以改变，即由原来食活鱼虾转变为食人工配合饲料，适合规模化、集约化饲养；消费市场广阔，大口鲇系中档鱼，不仅可鲜食，也可加工成风味食品，国内外畅销；经济效益高，单位养殖面积的利润是饲养常规家鱼的 5～8 倍，是饲养革胡子鲶的 4～6 倍。

大口鲶属温水性鱼类，生存适温为 0～38℃。在池养条件下，生长适温是 12～31℃，最佳生长水温是 25～28℃。低于 18℃和高于 30℃时生长缓慢。水温降至 8℃并不完全停食，而升至 32℃则完全停食。对水中溶氧量要求略高于家鱼，当水中溶氧在 5 毫克/升以上时，生长速度快，饲料转化率高；在 3 毫克/升以上时，生长正常，低于 2 毫克/升可能出现浮头现象；低于 1 毫克/升时，导致泛池死亡。对水体 pH 的适应范围较广，pH 6.0～9.0 的水域都能生存，但最适范围为 7.0～8.4。大口鲶系底层鱼，白天多集群潜伏于池底弱光处隐蔽，到了夜晚才分散到整个水域中活动觅食。在人工饲养条件下，不会像鲤那样浮到水面上来抢食，只能凭借饲料台上方翻滚的波纹和水花，判断鱼群正在抢食。大口鲶性温顺，不善跳跃，不会钻泥，容易捕捞。第一网的起捕率常在 80％以上，3 网过后基本上能把鲶捕尽。大口鲶在鱼池里的分布也有特殊性，往往只占据池边、池角和深水处；又特别善于随水流逃跑，无论是顺水流还是逆水流。因此，池塘面积不宜太大，进、出口水的拦鱼设备一定要牢固可靠。

天然水域中的大口鲶，一般要 4 龄才达到性成熟。在池塘蓄养或由鱼苗直接培育成的内塘亲鱼，3 龄即能达到性成熟并顺利产卵、孵出鱼苗，只是繁殖期略晚于江河亲鱼，池养亲鱼能提前一年达到性成熟。

2. 胡子鲶（*Clarias fuscas*）　广东称塘虱鱼，广西称塘角鱼，在南方养殖较普遍。属鲶形目、胡子鲶科，是江河池沼常见的野生鱼类。胡子鲶系杂食性，生长快，耐低氧、耐小水面，疾病少，离水不易死亡，便于运输。因此，适宜在家庭小池中饲养。胡子鲶是一种滋补保健的优质鱼，受到国内外市场的欢迎。

3. 革胡子鲇（*Clarias lazera*） 又称埃及塘虱、埃及胡子鲇（图2-9）。原产于非洲尼罗河流域，为热带、亚热带鱼类。1981年从国外引进广东省，人工繁殖取得成功后，已在我国大部分地区开展养殖。革胡子鲇柔嫩肥美，营养丰富，具有食性杂、生长快、产量高、耐低氧、抗病力强和养殖周期短等特点，既适合池塘单养、混养和稻田养殖，又适宜于家庭小水体密养。革胡子鲇适应性很强，苗种繁育简单，养殖技术容易掌握。

图2-9 革胡子鲇

革胡子鲇属底栖鱼类，性情温和。白天饱食后喜聚集于池底、洞穴和阴暗处，夜间四处活动和觅食。长期的底栖生活造成视觉退化，依靠发达的口须和侧线系统、嗅囊对外界刺激产生反应。革胡子鲇通过特殊的鳃上辅助器官直接利用空气中的氧，因此耐低氧能力很强，只要皮肤保持湿润，长时间离水也不易死亡。革胡子鲇甚至能在污水中生存，但长期生活于恶劣环境生长会受到抑制，还会发病。革胡子鲇生长适温13.5～35℃，水温低于7℃可引起死亡。

革胡子鲇是以动物性为主的杂食性鱼类。在自然环境中，捕捉小鱼、小虾和水生昆虫为食；人工饲养时，也食花生饼、豆饼、豆糟及人工配合饲料，喜食家禽和猪、牛的内脏。革胡子鲇贪食，且食量大，投饲过多会造成摄食过量而胀死，所以必须控制投饲量。同时，革胡子鲇又有很强的耐饥力，越冬期间4～5个月不投喂也不会饿死。革胡子鲇生长快，产量高，生产周期短，我国南方每年可养 2～3 茬。池养条件下，经 4～5 个月的养殖，当年投放的鱼苗一般能长到 0.5 千克，最大个体可达 2 千克以上，每亩产量可达 5 000 千克。对于上年越冬的鱼种，翌年普遍能长到 1 千克，最大个体可达 4 千克以上。

三、黄鳝

黄鳝（*Monopterus albus*），又称鳝鱼、长鱼、无鳞公主（图 2 - 10）。属合鳃鱼目、合鳃鱼科、黄鳝属。黄鳝肉味鲜美，骨刺少，特别是小暑后的黄鳝最为肥美，是国民喜食的小水产品。黄鳝除食用外，还有一定的药用价值。黄鳝适应能力强，除青藏高原外，全国均有分布。黄鳝体细长，耐饥饿，疾病少，市场价格高，养殖经济效益好。

图 2 - 10 黄 鳝

黄鳝营底栖生活，喜集群穴居，夏出冬蛰。最适温度为15～30℃；当气温上升到 15℃ 以上时，才出洞找食；气温降至 10℃ 以下，则很少摄食；每年 6～8 月是黄鳝生长旺季，冬季在洞中静卧。当栖息处干涸时，能潜入 30 多厘米深的泥土中越冬达数月。黄鳝是杂食性鱼类，主要摄食各种水生、陆生昆虫及其幼虫。在其肠道食物中，也发现不少浮游植物，如黄藻、绿藻、裸藻和硅藻等。黄鳝具有独特的性逆转现象，一般体长 30 厘米以下的黄鳝为雌性，30～60 厘米雌雄各半，60 厘米以上为雄性。刚出膜的幼鳝体长 1.5 厘米左右，1 冬龄的黄鳝体长 28～33 厘米，2 冬龄的体长可达 30.3～40 厘米。最大的黄鳝体长可达

70～80 厘米，体重 0.5 千克以上。

为满足国内外市场的需要，不少地区都进行了黄鳝养殖。20世纪 80 年代，主要是在小土地、水泥地利用季节差价进行囤养，因水质难以控制，投饵不当，导致鳝病多发，且黄鳝个体悬殊，相互吞食，成功者较少；20 世纪 90 年代后，涌现了稻田养殖、流水养殖等方式，但因起捕率低、固定投资大等因素，没有在生产上大面积推广。1994 年后，湖南常德、浙江湖州、湖北仙桃、江苏滆湖等地先后开展了网箱养鳝试验，取得了较好的效果。如江苏省滆湖农场采用池塘内放置中型网箱（规格为 10 米×3 米×1.5 米）进行网箱养殖，获得成功。120 口网箱养鳝面积计3 600米²（每口网箱 30 米²），共投放鳝种 6 000 千克，取得了较高的产量和显著的经济效益。网箱养鳝已形成一定的生产规模。

四、鳜

鳜是指鳜属（*Siniperca*）鱼类，在分类学上属鲈形目、鮨科。鳜属种类较多，常见的是大眼鳜（*S. kneri*）和翘嘴鳜（*S. chuatsi*）（图 2 - 11）。目前，人工养殖的主要是翘嘴鳜。鳜又叫桂鱼、季花鱼等，是著名的席上珍肴，刺少，味美，营养丰富，驰名中外。鳜以往没有专门饲养，主要是饲料问题，因鳜和乌鳢一样，也是典型的肉食性鱼类，饵料来源较困难。由于鳜深

图 2 - 11 鳜

受群众欢迎，加之经济价值高，因此，各地都开展了鳜人工繁殖和人工养殖。

鳜生长速度较快。当年鱼苗可长到 50～100 克，翌年即可达到 500 克，第三年达 1～1.5 千克。从第四年起，生长速度显著减慢。因此，人工饲养鳜以 2～3 龄为好。采用早繁苗，当年即养到 500 克左右上市。鳜是典型的肉食性鱼类，当幼鱼刚孵出后不久，就能吞食其他鱼苗。因此，南方常用人工繁殖的家鱼苗喂鳜鱼苗，效果很好。鳜长到 4 厘米时，即转为以小虾类为主要食料；体长 10 厘米以上时，则以食小型鱼类为主，有时同种鱼也相互残食。鳜有一球形的胃，壁很厚，能随食量增加而膨大。鳜捕鱼，系借助于感觉器官逐渐游向捕获物，然后短距离猛扑而吞食。鳜人工饲养时，可投喂野杂小鱼或家养鱼种，也可投放一些鲫、罗非鱼等让其繁殖小鱼，供鳜吞食。总之，选养鳜首先要考虑是否有饵料鱼，并根据饵料量来确定放养量。

鳜鱼种的来源，可以天然采捕，也可进行人工繁殖。鳜雄性 3 龄才能成熟，雌性 4 龄成熟，怀卵量随个体大小和年龄而异，一般雌体怀卵量 40 万～150 万粒。产卵季节从 6 月初一直延续到 8 月，7 月是产卵盛期。在自然产卵情况下，一般分 3 批进行，喜欢有流水的地方产卵，产卵时间在夜晚。人工繁殖鳜时，亲鱼要先经过培育，亲鱼注射催产激素后，均能自行产卵。水温 26～28℃，注射后 24～27 小时发情产卵。鳜鱼卵为浮性卵，因其卵膜较厚，密度大于水，水流静止时即沉入池底。在孵化器中要加大流速，才能使卵翻滚，受精卵经过 3～4 天即能孵出幼苗。鳜鱼苗在卵黄囊消失后，即主动摄食，因此必须及时投喂饵料，否则将发生互相吞食。亲鱼不论来源于何种水域，只要体壮无伤，经过 30～50 天的培育，均可投入催产。饲养鳜要因地制宜，只要饵料有来源，饲养鳜有较高的经济价值，南方某些地区已将鳜作为主要养殖品种。

五、鳗鲡

鳗鲡（*Anguilla japonica*），学名为日本鳗鲡，又称白鳝、青鳝、鳗鱼、河鳗、白秋、蛇鱼等，系降河性洄游鱼类（图2-12）。鳗鲡是人工养殖的名特优品种，但人工繁殖至今仍未完全成功，主要依靠天然捞苗。每年春季，有大批的幼苗（称鳗线）成群地自海进入江（河）口。一般雄鳗久居河口成长，而雌鳗和幼鳗逆水上游进入江河的干流和与河流相通的湖泊，有一部分甚至直达江河的上游，如长江的金沙江、岷江、嘉陵江地区，福建闽江的建瓯以上地区。鳗鲡在江河和湖泊中肥育，到了成熟的年龄，秋季又大批游到河口，会同常住在河口地带的雄鳗鱼一起游到海洋中繁殖。

图2-12 鳗 鲡

鳗鲡肉肥味美，营养丰富，被称为"水中人参"。由于出口价值高，又称鳗鲡为"水中黄金"。由此可见，发展鳗鲡养殖是有重要的经济意义。鳗鲡为肉食性鱼类，自然界鳗鱼苗主要摄食浮游甲壳类，长大后主要摄食小虾、小蟹、水生昆虫、螺、蚬和蚯蚓等，也捕食小鱼和高等植物的碎屑。在人工饲养池中，则喂以人工配合饲料。鳗鲡生长的适温为20~28℃，水温下降到8~10℃以下时，基本停止摄食，潜入底泥或石砾中冬眠；当水温高达30℃时，停止摄食。

养鳗可建造养鳗池单养，也可以在鱼塘中混养。单养池要求能防逃，有自流化的排灌系统，并有充足的饲料。一般每亩放养鳗种0.5万~1万尾，年产量可达1~2吨；混养主要是以鱼塘中的野杂小鱼虾为食，每亩可放养 50～100 尾，1 年可收获成鳗 20～30 千克。

欧洲鳗（*Anguilla anguilla*），俗称欧鳗。主要分布在葡萄牙、西班牙、法国、英国、北海、挪威海、波罗地湾、地中海和黑海等区域，是除日本鳗外第二大人工养殖的鳗鲡种类。欧洲鳗的人工繁殖仍然没有突破，人工养殖依靠天然种苗。欧洲鳗苗从前一年的 11 月开始到当年的 5 月都有供应，以法国南部和英国的鳗苗质量最好，供应期早的鳗苗质量较供应期晚的鳗苗质量好，鳗苗一般空运到养殖目的地。

随着日本鳗养殖业的迅速发展，苗种资源匮乏，导致苗价居高不下。日本和我国台湾省于 20 世纪 80 年代末先后从欧洲引进欧洲鳗苗养殖，由于当时对其生活习性不很了解，遭致失败。通过我国水产科研人员的不懈努力，欧洲鳗养殖已获得成功，养殖成活率达到 80％左右，当年养成率能达到 30％左右。欧洲鳗与日本鳗相比，有以下不足之处：①不耐高温，生长最佳温度为 24～26℃；②易患寄生虫病，寄生虫是欧洲鳗的一大杀手，如指环虫、车轮虫、三代虫和白点虫等；③生长大小差异大，出成率低；④摄食活力弱且生长缓慢，一般从玻璃鳗长到 200 克的上市规格需要 18 个月；⑤养殖池底淤泥必须彻底清除，水质要求高，溶氧量维持在 5～7 毫克/升，pH 稳定在 6.9～7.5。根据我国欧洲鳗养殖成功经验，主要采用三种类型：一是利用深井水养殖欧洲鳗；二是利用山涧溪水养殖欧洲鳗；三是利用海水养殖欧洲鳗。

六、泥鳅

泥鳅（*Misgurnus anguillicaudatus*）（图 2 - 13）肉质肥美，营养丰富，畅销日本等国家。泥鳅虽然个体不大，但鱼种来源方便，可自行到沟、塘、水田中捕捉幼鱼或亲鱼，又具有杂食性、抗病力强、生长快的特点，是家庭养鱼的主要对象。特别是其他鱼种来源缺乏的地方更适合，饲养效果也好。

图 2-13 泥 鳅

泥鳅是温水性鱼类，喜栖息于底层腐殖质的淤泥表层，适宜温度为 20～30℃。冬季水温在 5～6℃以下，夏季水温在 35～36℃以上时，潜居 10～30 厘米深的泥底中。泥鳅除用鳃呼吸外，如遇水中含氧量缺乏或干旱时，能用皮肤和肠道呼吸。其肠壁很薄，密布血管，能直接吸空气入肠进行肠道呼吸，废气由肛门排出。泥鳅的肠呼吸约占总呼吸氧量的 1/3，泥鳅的这种特殊器官是其他鱼类没有的，因此能适应家庭养鱼中水源缺乏的状况，是家庭养殖的适合品种之一。

泥鳅为杂食性鱼类，以浮游生物、小型甲壳类、昆虫及其幼体、扁藻、旱生或水生植物碎屑及藻类等为食，有时也吃水底腐殖质或泥渣。人工饲养时，也喜食米糠、麸皮、豆糟、螺蛳、蚯蚓、蚕蛹粉、鱼肉、家禽家畜的内脏等。泥鳅在自然水域，一般是夜间出来捕食，人工饲养时则白天也吞食，特别是生殖期，白天和晚间吃食很旺盛。一般是 25～30℃摄食最盛，生长最快；20℃以下时，摄食减少，生长变慢。

七、黄颡鱼

黄颡鱼（*Pelteobagrus fulvidraco*），俗称嘎牙子、黄腊丁、黄鳍鱼等（图 2-14）。属鲇形目、鲿科、黄颡鱼属。黄颡鱼为底栖鱼类，对生态环境适应性较强，广泛分布于我国淡水水域，是江河湖泊的重要经济鱼类。除西部高原外，各干、支流水系均有分布。在我国长江干流和支流附属水体分布 4 个种，黄河、黑龙江、珠江水系流域有 2～3 个种的分布，并形成自然群落。

图 2-14 黄颡鱼

黄颡鱼体型较小，肉质细嫩，少刺，味道鲜美，营养价值高，深受消费者青睐。在自然水域中，黄颡鱼生长速度较慢，上市规格小，在一定程度上影响了市场发展。随着市场需求的不断扩大，黄颡鱼价格逐年上升；黄颡鱼疾病少，饲料来源广，饲养管理简单，养殖效益较好，黄颡鱼人工养殖发展很快。

黄颡鱼属温水性鱼类。生存温度 0～38℃，最佳生长水温 25～28℃。适宜 pH 为 6.0～9.0，最适 pH 为 7.0～8.0，耐低氧能力一般。水中溶解氧在 3 毫克/升以上时生长正常，低于 2 毫克/升时出现浮头，低于 1 毫克/升时会窒息死亡。多栖息于江河缓流区的石砾底质的水域或湖泊静水环境中，营底栖生活，对环境的适应力较强。秋、冬季低温期躲在水深的河流、湖穴、岩洞、石缝中越冬，活动范围较小，不易捕捞；仲春开始离开越冬场所，到附近的乱石浅滩和近岸活动摄食。白天主要在水较深的乱石或卵石间栖息活动，夜间游至浅水域的乱石间摄食，黎明时常可见慌忙找寻石洞、缝穴隐蔽的黄颡鱼。幼鱼多在江湖的沿岸带觅食，黄颡鱼喜欢集群和在弱光条件下摄食和活动。

黄颡鱼为动物性为主的杂食性鱼类，随着个体大小的不同，黄颡鱼的食性有着显著差异。鱼卵孵化出膜第 4～5 天开始摄食浮游动物，如轮虫、枝角类和桡足类，以及人工投喂的蛋黄等饲料；体长 5～8 厘米时，主要的食物是枝角类、桡足类、摇蚊幼虫、水丝蚓及人工配制的混合饲料等；体长 10 厘米时，主要的食物有螺蛳、小虾、小鱼、摇蚊幼虫、蜉蝣目幼虫、鞘翅目幼虫、昆虫卵、水蜘蛛、枯菜叶、马来眼子菜叶、聚草叶、植物须根和腐屑、鱼鳞、泥沙及其他鱼类产在水生植物和石块上的卵等。池塘人工饲养条件下，除摄食池塘中天然饵料生物外，一般必须投喂人工配制的软性配合饲料，尤其是在集约化网箱流水饲养的条件下，投喂的配合饲料中蛋白质含量必须达到35%～40%。

黄颡鱼未达到性成熟之前，从外部形态观察雌鱼与雄鱼无显著差异，不易区别。但成熟个体雄鱼通常大于雌鱼，雄鱼的主要特征是体形瘦长，在臀鳍与肛门之间有一0.5～0.8厘米的生殖突，尖长明显，泄殖孔在生殖突的前端，肉眼可见；雌鱼的主要特征为体形较粗短，腹部膨大而柔软，没有生殖突，生殖孔与泌尿孔分开，雌鱼临产前生殖孔圆而红肿。自然界中一般雌雄比例为1∶1.5以上，雄鱼要多于雌鱼。

黄颡鱼2～4冬龄达性成熟，最小成熟个体，雌鱼为11.7厘米，雄鱼为14.8厘米。南方4～5月产卵，北方6月才开始产卵，是产卵较晚的鱼类。繁殖季节要求水温20～30℃，最佳水温23～28℃。产卵活动于夜间进行，黄颡鱼会选择天气由晴转为阴雨时大量产卵。自然繁殖群体雌雄比为1∶1.7，通常黄颡鱼在自然水体中选择水质清新的浅水区作为产卵场所，水深一般为20～60厘米，尤其喜欢将水生植物生长茂盛、底部为泥底或凹形地段、外部环境安静、风浪较小，并且有缓慢水流的地方作为繁殖场所。

黄颡鱼具有筑巢产卵、保护后代的习性。产卵时亲鱼选择具有水草的沙泥质的浅滩，水深8～10厘米，利用胸鳍刺在泥底上断断续续地摇动。建造的鱼巢有几个在一起的，也有几十个成群的，相隔不远形成穴群。每个穴径为15厘米，深为10厘米，产卵受精于穴内。雄鱼在筑巢后即留在巢里，等候雌鱼到来。当成熟雌鱼在巢中产卵时，雄鱼同时射精进行受精，同一对黄颡鱼产卵受精要分几次进行。受精卵黏结成团块，在微流水的冲刷下，孵化出幼鱼。雌鱼产完卵后就离开鱼巢觅食，雄鱼于穴口保护鱼卵孵化。当其他鱼接近穴口时，雄鱼猛扑向入侵者，驱逐入侵之鱼；并经常清理鱼巢中的受精卵，用巨大的胸鳍拨水流，使穴中水流通，利用水流辅助受精卵孵化。雄鱼要守护7～8天，直到仔鱼能自行游动为止。在此期间，雄鱼几乎不摄食。雌鱼的绝对怀卵量为1 086～4 469粒，平均2 559粒，成熟的卵子卵径为1.7毫米。受精卵为黄色、黏性，沉于巢底或黏附在巢壁的水草须根等物体上发育，卵径约为2.5毫米，2天内即可孵化。

八、鲟

1. 史氏鲟（*Acipenser schrenckii*） 又名黑龙江鲟，七粒浮子，为世界上尚存的26种鲟形目鱼类之一（图2-15）。属硬骨鱼纲、辐鳍亚纲、软骨硬鳞总目、鲟形目、鲟科、鲟属。鲟类是一群大中型的经济鱼类，广泛分布于北回归线以北的水域中。鲟是一种相当古老的生物类群，有"活化石"之称。

图2-15 鲟

20世纪80年代前，黑龙江鲟的种群数量较大，史氏鲟的自然分布也较广，从黑龙江上游至下游、乌苏里江、松花江下游水域均有分布，甚至嫩江也偶有发现，而以黑龙江中游数量居多。黑龙江鲟的主要渔场分布在爱辉、孙吴、嘉荫、罗北、绥滨、同江、抚远等江段，捕捞江段约950千米，罗北至同江江段为主要渔获区。近期的调查表明：除黑龙江中游还有产量外，其他水域几乎见不到鲟，乌苏里江下游偶有发现，松花江已经绝迹，捕获生产区已缩小到同江、勤得利、抚远不足 200 千米的江段之间，生产水面缩小并向下游移动。

史氏鲟栖息在河道中，是非洄游性鱼类，喜在沙砾底质江段索饵，在水体底层游动，冬季游集在河流深水区越冬，越冬期亦甚活跃。成体很少进浅水区，幼鱼在春季河流解冻后进入浅水水域索饵，成鱼 5 月后进入产卵场。史氏鲟的幼鱼（一般 1 龄以上）对水环境的适应能力很强，不经先期过渡可直接放入盐度为 4～5 的水中，5～10 小时盐度可增加到 6～7，24～48 小时后适应盐度为 9～10 的盐水，抗病能力也很强。

史氏鲟为动物食性，在天然水域中以水生昆虫幼虫、底栖动物和小型鱼类为食，也有摄食两栖类的情况。幼鱼的食物以底栖生物及水生昆虫幼虫为主，繁殖期间摄食强度下降或停食。史氏鲟的最低成熟年龄，雌鱼 9～10 年，雄鱼 7～8 年。史氏鲟将卵产在底质沙砾上，卵具黏着性，产卵高峰持续时间较短而集中。卵巢重为体重的 12.7%～34.7%，成熟卵径 3～3.5 毫米，每千克卵 3 万～6 万粒，平均约为 4.4 万粒。根据经验，史氏鲟养殖应在高溶解氧、低有机物、清新、流动的水中进行，总硬度略高些（100～150 毫克/升），对孵化和育苗都有好处。

2. 俄罗斯鲟（*Acipenser gueldenstaedti*）　又称俄国鲟。属硬鳞总目、鲟形目、鲟科、鲟属。主要分布在里海、亚速海、黑海以及与这些水域相通的河流。俄罗斯鲟除部分是洄游性种类外，有部分是定栖种类，在伏尔加栖息的大多为定栖种类。该鱼在俄罗斯具有较高的经济价值，有较高的捕捞产量，产量主要靠人工养殖和人工放流增殖维持。已引进到美国、日本和中国等地开展人工养殖。

俄罗斯鲟的体长范围 1～2 米，最大体长 2.3 米，最大体重 100 千克。该鱼生长较快。在淡水中生活时，主要以昆虫幼体和软体动物为食；在海水中生活时，摄食鱼虾类；人工养殖条件下，成鱼投喂配合饲料。俄罗斯鲟春季开始洄游，在夏季达到高潮，结束于秋季。春季洄游型群体当年产卵，秋季洄游型翌年产卵。初次性成熟年龄为雄鱼 7～9 龄，体长 100～110 厘米；雌鱼 11～13 龄，体长 110～160 厘米。

俄罗斯鲟养殖在我国得到推广，除池塘养殖外，网箱养殖发展也很快。如辽宁葫芦岛市水产技术推广站开展水库网箱养鲟试验，试验时间历时 5 个月，试验鱼的体重长到 0.95～1.2 千克/尾，单位产量为每平方米 2.60～37.75 千克，90％以上的个体体重达到 1 千克以上，作为上市商品鱼。通过试验得出，网箱养殖俄罗斯鲟商品鱼（1 千克以上）的放养密度不宜过高或过低，放养密度在每平方米 3～5 千克时，鲟的平均体重达到 1 千克/尾以上；放养密度为每平方米 6.0 千克时，平均规格为 0.95 千克/尾，且大小不齐。网箱养殖俄罗斯鲟商品鱼的放养密度以每平方米 5 千克为好，而放养鱼种规格为 150 克/尾左右。

九、长吻鮠

长吻鮠（*Leiocassis longirostris*），俗称江团、鮠鱼。属鲇形目、鮠科、鮠属（图 2-16）。长吻鮠是我国名贵的淡水鱼类，分布于长江水系，向北达黄河、向南可至闽江水系。在长江上游及支流，长吻鮠是重要的经济鱼类，产量较高；而湖北的石首，四川的乐山、北碚、南充、蓬安等地为有名的产区。长吻鮠肉质细嫩，肉味鲜美，含脂量高，鳔特别肥厚，新鲜时为银白色，干

图 2-16　长吻鮠

制后为名贵鱼肚，食者无不称赞，有"不食江团，不知鱼味"之说。特别是湖北石首的"笔架鱼肚"，享誉盛名，常作为宴席上的佳肴。20世纪80年代，长吻鮠人工养殖试验获得成功，使长吻鮠成为池塘养殖的名贵水产品。

长吻鮠为江河底层的肉食性鱼类，平时在水流较缓的河口、深潭内活动，冬季在干流深水处或水下乱石的夹缝中越冬，喜夜间捕食。幼鱼主食水生昆虫，兼吃植物。成鱼食性广泛，除捕食鳑鲏、麦穗鱼等小型鱼类外，还摄食虾、蟹及其他甲壳类、螺类、水生昆虫和水丝蚓等。在上述饵料资源丰富的河段，长吻鮠产量较高。长吻鮠虽然是肉食性鱼类，但其食谱中多是经济价值较低的小型鱼类和底栖无脊椎动物。因此，可在野杂鱼和底栖动物较多的水库、池塘、河流中养殖。

长吻鮠个体大，生长快，一般捕捞的个体重1～2千克，最大个体达13千克。长吻鮠第一次性成熟年龄一般为4龄，最小年龄为3龄。南方气温高，生长期长，性成熟比北方提前。性成熟雄性个体要大于雌性个体。长吻鮠相对怀卵量较小，一般每千克亲鱼只有6 500～14 000粒。生殖期较长，一般在3～6月、4～5月为产卵盛期。亲鱼在江底急流沙石中产卵，卵呈橙黄色，黏性，粘在河底沙石上孵化。5月中下旬水温较高时，受精卵2天就能孵化出鱼苗。亲鱼有护卵习性。

十、河鲀

河鲀产于我国，为鲀科鱼类的通称（图2-17）。国内通常食用与养殖的有暗纹东方鲀、弓斑东方鲀、红鳍东方鲀、黄鳍东方豚、菊黄东方豚、假晴东方鲀等。目前，人工养殖多以暗纹东方鲀（淡水）和红鳍东方鲀（海水）为主。河鲀营养价值比鳜、对虾、贝类等名贵水产品还高，肉味鲜美，我国民间早有"拼死吃河豚"的说法。河鲀肉、河鲀毒素均为出口创汇热销产品。河鲀养殖经济效益显著，是发展较快的名贵养殖鱼类。

图 2-17 河 鲀

河鲀遇敌或受惊吓时腹部膨大，皮刺竖起，浮在水面以自卫；在环境不适或食物不足时有相残行为；一般情况有群游和沿池壁、网周漫游，以及卧底等行为。暗纹东方鲀等淡水养殖东方鲀，生长适宜温度为 16～27℃，最适温度为 20～26℃；红鳍东方鲀等海水养殖东方鲀，分别为 15～27℃ 和 20～27℃。暗纹东方鲀、弓斑东方鲀具有在海、淡两种环境中生存的调节功能。溶解氧 6 毫克/升以上，pH 为 7.4～8.6，透明度 35 厘米以上就能健康生长，溶氧低于 3 毫克/升会缺氧死亡。红鳍东方鲀只能在海水中生存，海水盐度 10 左右、透明度 50 厘米以上，即可正常养殖。

河鲀毒素为剧毒的神经性毒素，毒素具有不稳定性，随个体、生育期、性别、季节、器官（组织）不同而不同，雌性高于雄性，繁殖季节最强。各器官（组织）毒性强弱顺序为卵—肝—肾—血—眼—鳃—皮肤。精巢、肌肉无毒或微毒，肝脏经高温油炸，肌肉、精巢、皮经高温（150℃）4 分钟以上，毒性可以消失。河鲀为杂食偏动物食性，常以贝类、蟹、虾、鱼等为食，对适口饵料的选择有阶段性。暗纹东方鲀转食期分别在最初开食时、出苗 2 周前和苗种期。红鳍东方鲀转食期分别在最初开食、出苗 2～3 周和幼鱼期。

河鲀生殖洄游有海江（湖、河）生殖洄游（暗纹东方鲀、弓斑东方鲀等）和海海生殖洄游（如红鳍东方鲀、假睛东方鲀）之分。雌雄个体副性征无特异性。溯河性河鲀在自然条件下一般2～3龄即可成熟，在生殖洄游期间卵巢和精巢均处于Ⅲ～Ⅴ期，随着性腺发育进程逐渐向Ⅳ、Ⅴ期发育。卵巢黄色，左大右小。暗纹东方鲀绝对怀卵量11万～50万粒/千克，一次性产卵，成熟卵为淡黄色、圆形，为沉性黏着性卵。受精卵入水后黏性增大。精巢乳白色，受精方式为单精和多精入卵，精子受精时间10～30秒，精子存活不足1分钟。红鳍东方鲀产卵期为3月下旬至5月上旬，产卵场水深20米，盐度32～33；绝对怀卵量10万～30万粒/千克，球形，卵径1.09～1.20毫米，表面有不规则的波状裂纹，为沉性黏着性卵。

十一、翘嘴红鲌

翘嘴红鲌（*Erythroculter ilishaeformis*），又名大白鱼、翘嘴巴、白丝（图2-18）。属鲤形目、鲤科。翘嘴红鲌是一种生活在流水及大水体中的大型凶猛性鱼类，成鱼一般在敞水区水体中上层活动，游动迅速，善跳跃；幼鱼成群生活在水流较缓慢的浅水区域；冬季在河床、湖槽中越冬。

图2-18 翘嘴红鲌

翘嘴红鲌主要以鱼类为食。食物选择性很强，多为中上层小型鱼类，如梅鲚、鳑、逆鱼、铜鱼、鲌类等，有时也吞食鲢、鳙小鱼。体重100～150克的翘嘴红鲌，能吞食6～7厘米的鲢、鳙；体重 500 克的，可吞食 200 克左右的鲢、鳙，同时也吞食昆虫、枝角类和桡足类等，极少摄食虾、蚌和水生植物。随着个体的增长，食性也有显著的变化，小个体主要以枝角类、水生昆虫等为食。体长 15 厘米时开始捕食小鱼，体长在 24 厘米以上以鱼类为主要饵料。人工饲养条件下，经过驯化，能摄食鱼糜、冰鲜鱼虾和人工配合饲料。

翘嘴红鲌生长迅速，体型较大，最大可长至 15 千克重，常见个体 2~3 千克。天然水域中，一般 1 冬龄的幼鱼长 20 厘米、重 50 克左右；2 冬龄长 30 厘米，重 350 克左右。在不同的地区生长速度并不一致。人工饲养条件下，3~5 厘米的鱼苗经过 6~10 个月的饲养，70% 的鱼能长到 400 克以上。1~2 冬龄鱼处于生长旺盛期，3 冬龄以上进入生长缓慢期。雌鱼性成熟后，生长速度无明显下降，而且雌鱼比雄鱼生长快。

翘嘴红鲌生殖季节依地区而有所差别。一般每年 5 月中下旬，逐渐进入性成熟阶段，6 月中旬至 7 月中旬（即农历芒种后 10 天至小暑后 10 天）为生殖盛期。雄鱼 2 冬龄成熟，雌鱼 3 冬龄成熟。雌鱼怀卵量为 10 万~15 万粒/千克。生活在湖中的翘嘴红鲌，其产卵场多数在湖泊下风近岸带，产卵水温一般为 25℃ 左右。每次发情产卵持续 2 小时左右。产黏性卵，卵呈浅黄灰色，卵径 0.8~1.2 毫米。卵在湖泊近岸浅滩的水生植物、砾石、硬泥上发育，约经过 48 小时孵出小鱼。

第四节　国外引进的养殖鱼类

一、罗非鱼

罗非鱼指鲈形目、丽鱼科、罗非鱼属鱼类，该属有 100 多个品种（图 2-19）。罗非鱼原产于非洲，适应性强，为广盐性热带鱼类，广泛分布于非洲大陆的淡水和沿海咸淡水水域。由于罗非鱼生长快，产量高，对饵料要求低，耐低氧，适应性、抗病力强，繁殖快，苗种容易解决，已成为世界性的主要养殖鱼类，养殖地区遍布 80 多个国家和地区。我国先后从境外引进了多个罗非鱼品种进行养殖，国内罗非鱼养殖发展迅速，年产量超过 130 万吨，在淡水养殖中占有重要地位。

图 2-19　罗非鱼

罗非鱼是杂食性鱼类，对养殖水体要求不高，池塘、河道、山塘水库、小水凼都能养殖，既能混养，也能主养。有机碎屑多、肥沃的池塘，特别适宜养罗非鱼。池塘主养，罗非鱼平均每亩产量可达 1 000 千克；一般肥水塘主养，每亩产量 500 千克。如果在成鱼塘混养，每亩放养 500～1 000 尾，年底可收获 100～250 千克。养殖罗非鱼，可投喂酒糟、糠麸等饲料。如果混养数量少，可不用专为罗非鱼投饲料，依靠摄食水体中其他养殖鱼类不吃的藻类和有机碎屑，既能清洁水质，还促进其他鱼类增产。不少地方用池塘、网箱单养罗非鱼，使用人工配合饲料，养成个体重 500 克以上的大规格商品鱼，价格比 200～300 克的商品鱼高 1 倍左右，提高了经济效益。

我国广东、广西、海南等东南沿海各省大量养殖大规格罗非鱼，加工成鱼片或整条速冻，出口美国以及欧盟国家，深受市场的欢迎。罗非鱼已成为我国水产出口创汇的后起之秀，2010年的出口量已达 32.28 万吨，养殖前景广阔。我国罗非鱼养殖产量居世界首位，不仅养殖技术成熟、养殖成本低，而且加工保鲜技术达到国际先进水平，以精深加工产品为重点，在扩大符合国际市场需求的鲜鱼片生产能力的同时，扩大国内市场消费，是罗非鱼产业的发展方向。

我国先后从境外引进了莫桑比克罗非鱼（*Oreochromis mossambicus*）、齐氏罗非鱼（*Tilapia zillii*）、尼罗罗非鱼（*O. niloticus*）、加利亚罗非鱼（*Sarotherodon galilaeus*）、奥利亚罗非鱼（*O. aureus*）、黄边罗非鱼（*O. amderson*）、美丽罗非鱼（*Cichlasoma sp.*）等 7 个种和红罗非鱼（尼罗罗非鱼与莫桑比克罗非鱼杂交变异种）、奥尼罗非鱼（奥利亚罗非鱼与尼罗罗非鱼杂交种）、福寿鱼（尼罗罗非鱼与莫桑比克罗非鱼杂交种）等 3 个杂交种。尼罗罗非鱼是罗非鱼属体形最大的一种，养殖一年体重可达 500 克以上。尼罗罗非鱼又有苏丹、尼罗河下游、美国、吉富等品系。在引进的罗非鱼中，经过多年的推广养殖，莫桑比克罗非鱼因过度繁殖、个体小、生长慢、体色黑而逐渐被淘汰。我国主要养殖的罗非鱼种类有尼罗罗非鱼、吉富品系尼罗罗非鱼、奥利亚罗非鱼以及杂交种奥尼鱼和福寿鱼等。

二、斑点叉尾鮰

斑点叉尾鮰（*Ictalarus punctatus*），亦称沟鲶。属鲇形目、鮰科鱼类（图 2-20）。斑点叉尾鮰天然分布区域在美国中部、加拿大南部和大西洋沿岸部分地区，已广泛进入大西洋沿岸，现在全美国和墨西哥北部都有分布。斑点叉尾鮰生活在水质无污染、沙质或石砾底质、流速较快的大中河流，也能进入咸淡水水域生活，是美国主要淡水养殖的品种之一。斑点叉尾鮰具有适应性强、生长速度快、抗病力强、易养殖、易捕捞等特点，而且肉质细嫩、味道鲜美、营养丰富、无肌间小刺，是适宜加工的养殖对象，也是很好的游钓鱼类。1984 年自美国引进后在全国推广。

图 2 - 20　斑点叉尾鮰

斑点叉尾鮰对生态环境适应性较强。试验结果表明，适温范围为 0～38℃。在我国大部分地区可自然越冬，生长摄食温度为 5～36℃，最适生长温度为 18～34℃。在溶解氧 2.5 毫克/升以上即能正常生活，溶解氧低于 0.8 毫克/升时开始浮头。正常生长 pH 范围为 6.5～8.9，适应盐度为 0.2～8.5。

在人工饲养条件下，斑点叉尾鮰能摄食投喂的配合饲料，尤其喜食由鱼粉、豆饼、玉米、米糠、麦麸等商品饲料配制而成的颗粒饲料和全价浮性饲料，还摄食水体中的天然饵料，如底栖生物、水生昆虫、浮游动物、轮虫、有机碎屑及大型藻类等。斑点叉尾鮰属底栖鱼类，较贪食，胃较大，胃壁较厚，饱食后胃体膨胀较大。有集群摄食习性，喜弱光，昼伏夜出，晚间摄食。摄食方式在体长 10 厘米以前吞食、滤食并用；体长 10 厘米以上时开始以吞食为主，兼滤食。

斑点叉尾鮰性成熟年龄为 4 龄以上，人工饲养条件好的情况下，3 龄鱼也可达性成熟，性成熟鱼体重 1 000 克以上。在池塘养殖条件下，第 1 年体长可达 18～20 厘米；第 2 年 26～35 厘米；第 3 年 35～45 厘米；第 4 年 45～60 厘米；第 5 年可达 60～70 厘米。斑点叉尾鮰第一次性成熟后，生长速度没有明显的下降迹象。

斑点叉尾鮰在江河、湖泊、水库和池塘中均能产卵于岩石突出物之下，或者在淹没的树木、树桩、树根之下或河道的洞穴里。斑点叉尾鮰的雄鱼是典型的筑巢鱼类，在与雌鱼交尾后赶走雌鱼，并守护受精卵发育直至孵出鱼苗。斑点叉尾鮰产卵温度范围为 21～29℃，最适温度为 25～26℃。水温超过 30℃，受精卵的胚胎发育差，鱼苗成活率低。在长江流域，斑点叉尾鮰的繁殖季节为 6～7 月。体重（或年龄）较大的，相对于体重（或年龄）较小的产卵季节要早些。产卵时，每尾鱼通常以尾鳍包裹对方头部，雄鱼剧烈颤动鱼体，并排出精液，与此同时，雌鱼开始产卵。卵受精后发黏，相互黏结而附于水池或鱼巢底部。雄鱼护卵时位于卵块上方，不断摆动腹鳍，扇动水流，为受精卵增氧。

三、大口黑鲈

大口黑鲈（*Micropterus salmoides*），又名美洲大口鲈、加州鲈鱼（图 2-21）。属鲈形目、棘臀鲈科、黑鲈属。该鱼自然分布在北纬 25°～50°，西经 70°～125°，原产美国加利福尼亚州密西西比河水系，属温水性鱼类，系当地重要的游钓鱼类之一。我国台湾省于 20 世纪 70 年代引进，攻克了该鱼的人工繁殖技术；广东等地于 1983 年相继养殖成功。繁殖的鱼苗引种推广到江苏、浙江、山东、上海等地养殖，取得了较好的经济效益。大口黑鲈

图 2-21　大口黑鲈

肉质坚实，味道鲜美，骨刺少，营养价值高，港澳地区认为食用该鱼对伤口愈合有特殊功效，在市场上很受欢迎。加上易暂养及运输，可活体上市，因此十分畅销，也受到游钓者的喜爱，这对发展游钓渔业及旅游业很有帮助。大口黑鲈抗病力强，成长快，易起捕，适宜在网箱中高密度养殖，养殖经济效益显著。

　　大口黑鲈喜欢栖息于沙质或沙泥质底的清洁安静的水环境中，尤其是水生植物分布及清澈有缓流水的水域中，如湖泊、河流的滞水区及池塘等。经人工养殖驯化，已能适应较为肥沃的水质，但要求是长有水生植物的泥底。大口黑鲈活动于中下水层，常藏身于水下岩石或树枝丛中，有占地习性，活动范围较小。性情较为温驯，不喜跳跃，很容易受到外界的惊吓。大口黑鲈属温水性鱼类，在 2～34℃ 均能生存，最适生长温度为 12～30℃，属广温性鱼类。10℃ 以上开始摄食，当水温低于 15℃ 或高于 28℃ 摄食量相对减少，生长也较慢，30℃ 时仍能摄食，20～25℃ 时食欲最佳。我国大部分地区可在室外自然越冬。大口黑鲈对水中溶解氧要求较高，最好在 4 毫克/升以上。当溶解氧在 2 毫克/升以下时，会出现浮头或死鱼现象，养殖期间应采用流水或其他方法增氧。大口黑鲈以视觉摄食为主，养殖水深维持在 1 米以上，以淡绿色水色较好，透明度在 30 厘米左右。

　　大口黑鲈是一种以肉食性为主的杂食性鱼类，性凶猛，具掠食性，喜捕食小鱼、昆虫等，摄食量较大。水温 25℃ 以上，幼鱼摄食量可达体重的 50%，成鱼则达 20%。另外，在 3.5～12 厘米的鱼种阶段，相互残食严重，故在培育苗种期间要及时筛选、分级饲养，提供充足、适口的饲料，这是提高育苗成活率的关键。人工饲养，可投喂新鲜的切碎的小杂鱼，也可投喂家鱼等的鱼种。但若在幼鱼期（体长 5～6 厘米）对其人工驯化，即可投喂浮性颗粒饲料。驯化鱼苗的方法是，敲打食台发出声音吸引鱼来摄食，只需 3～4 次，鱼便会熟悉这种声音。在驯化间投饵应采取慢节奏，让鱼苗充分摄食饵料。投喂配合饲料，大口黑鲈鱼苗的成活率和生长都会受到一定的影响。大口黑鲈食量大，摄食旺盛，当水温过低或池水过于混浊及水面风浪过大，会停止摄食。

大口黑鲈的生长与食物的丰歉、水温的高低、饲料的质量、水质、放养密度等有密切关系，其中温度是重要的影响因素，当水温低于10℃就会停止生长。大口黑鲈生长较快，当年繁殖的鱼苗养至年底，能长到0.5～0.6千克达到上市规格。经1年饲养，体重达0.6～0.8千克。最大的养殖个体重可达9.7千克。食用鱼养殖周期以1～2年、体重0.5～1.25千克较为合适。

大口黑鲈的性成熟年龄一般为2龄，如饲养状况好，1龄也可达性成熟。雌鱼成熟最小个体为126克，体长18.5厘米，怀卵量4 208粒；雄鱼成熟最小个体为134克，体长18.4厘米，精巢重1.5克。大口黑鲈繁殖季节因地而异，一般在3～5月，产卵盛期为3月中旬至4月中旬，长江流域可延续至7月。产卵的适宜水温为18～26℃，以20～24℃为最好。如水温达不到17～20℃，则成熟亲鱼不会产卵。大口黑鲈为多次产卵型，体重1千克、成熟度较好的雌鱼怀卵4万～10万粒，每次产卵量不多，为1 580～4 280粒。卵黏性，但黏着力较弱。雄鱼有护巢的习性，刚孵出的鱼苗也有雄鱼守护，鱼苗在雄鱼护卫之下成长。雄鱼等到鱼苗可以平游，长至3厘米左右，才离开巢穴觅食。

四、短盖巨脂鲤

淡水白鲳是短盖巨脂鲤（*Colossoma brachypomum*）的俗称，因体形似海水鲳鱼而得名（图2-22）。属脂鲤目、脂鲤科、巨脂鲤属。淡水白鲳原产于南美洲亚马孙河流域，属热带鱼类，具有食性杂、生长快、易养殖、骨刺少等优点，幼鱼阶段还可作为观赏鱼。淡水白鲳于1982年引入台湾省，1985年从台湾移植大陆，已在全国推广饲养。

图 2-22 短盖巨脂鲤

淡水白鲳为杂食性鱼类，消化系统发达，具有肉食性鱼类所具备的膨大的胃和幽门垂，既摄食小鱼、虾和底栖动物等动物性饵料，又摄食水草、蔬菜、藻类等植物性饵料。人工饲养条件下，可投喂生麸、豆饼和配合饲料。鱼苗阶段主要摄食硅藻、甲藻等单细胞藻以及轮虫、枝角类、桡足类等浮游动物。刚孵出的仔鱼以卵黄为营养，4～5 天后肠管形成。长至 53.6 毫米，开始摄食浮游生物，主要是小型单细胞藻和轮虫类；在全长 16 毫米左右时，消化道内的食物主要是水蚤；全长 4～5 厘米时，肠胃内食物组成除浮游生物外，还有植物碎屑和人工投喂的饲料；当全长达 7 厘米以上，食物主要是各种植物碎屑和投喂的饲料。由此可见，鱼苗阶段主要以浮游生物为食。

淡水白鲳不耐低温，适温范围为 12～35℃，适宜的生长水温为 22～30℃。淡水白鲳个体较大，生长迅速，最大个体可达 20 千克，饲养 1 周年体重可达 1 000 克以上。在珠江流域，当年孵化的鱼苗，饲养到年底可长到 500 克以上的上市规格，最大的可达 1 000 克，第 2 年可长到 2 000 克左右。在长江流域，当年 4 月下旬至 5 月上旬人工繁殖的淡水白鲳鱼苗育成夏花后，饲养 4 个月以上，尾重达 250 克，也达到了食用鱼规格。淡水白鲳的群体生长较均匀，个体差异小，在饲料充足的情况下一般不相互残杀。但鱼种在饥饿的情况下会相互咬伤，有的因尾鳍被吃掉而死亡。所以，一方面在饲养过程中要保证饲料充足；另一方面最好采用与其他鱼类混养的方式养成。

五、虹鳟

虹鳟（*Oncorhynchus mykiss*），属鲑科、鳟鱼属（图 2 - 23）。原产于美国加利福尼亚的山麓溪流中，1974 年移养池塘，已遍布美洲、欧洲、大洋洲、亚洲东部和非洲南部等地区约 20 多个国家，成为世界性养殖品种。我国养殖的虹鳟最早是 1959 年 4 月自朝鲜引进的。

图 2-23　虹　鳟

虹鳟系底层冷水性鱼类，生长的水温范围为 2～25℃，最适温度 10～18℃，在流量大、氧气充分的水中可忍受到 30℃。虹鳟属肉食性鱼类，主食鱼类、底栖动物，亦食植物碎屑和种子。1 龄鱼以浮游动物、底栖动物为主，如毛翅目、鞘翅目、蜻蜓目、枝角类、甲壳类等水生昆虫及两栖类、小型杂鱼为食；2 龄以上以摄食鱼类为主。虹鳟也食动、植物混合饲料，如碎鱼肉、动物肝、蚕蛹、鱼粉、糠虾和米糠、麦麸、豆饼、青菜、榆树叶等，摄食量与水温有关，北方地区 7～10 月摄食最旺。溶氧 10 毫克/升以上食欲最盛，5 毫克/升以下则食欲不振。冬季亦能摄食生长。

虹鳟成鱼养殖，1 龄鱼和 2 龄鱼鱼池面积为 1～2 亩，水深 0.8～1.2 米，流量 12～43 升/秒，溶氧量 8 毫克/升以上，放养密度为 9～20 尾/米^2。1 龄鱼饲料中动物性饲料（鲜杂鱼、干蚕蛹、鱼粉、蚌肉等）占 48%～49%，植物性饲料（豆饼粉、土面粉、糠麸、菜类等）占 51%～52%；2 龄鱼动物性饲料占 40%，植物性饲料占 60%。饲料调制系先切绞鲜鱼并蒸煮豆饼粉、土面粉、鱼粉和蚕蛹，然后均匀混合，再加工成直径 4～8 毫米的颗粒料投喂。每天投喂 3 次，投喂量为鱼体的 1%～3%，为使环境清洁，要定期去除池底污物。

第五节 人工培育的养殖鱼类

一、鲢

1. 长丰鲢

亲本来源：野生长江鲢。

选育单位：中国水产科学研究院长江水产研究所。

1987 年，从长江野生鲢性成熟个体中，选择个体大、体质健壮的雌性鱼为母本，用遗传灭活的鲤精子做激活源，采用极体雌核发育方法，经连续 2 代异源雌核发育和 2 代生长性状为主要指标的群体选育后获得该品种。该品种生长速度快、体型较高且整齐、遗传纯度高。2 龄鱼体重增长平均比普通鲢快 13.3%～17.9%，3 龄鱼体重增长平均比普通鲢快 20.5%。适宜在全国淡水水域中养殖（图 2-24）。

图 2-24 长丰鲢

2. 津鲢

亲本来源：野生长江鲢。

选育单位：天津市换新水产良种场。

该品种是以长江鲢为基础群体，以形态特征、生长速度和繁殖力为指标，经 6 代群体选育获得的品种。该品种与长江鲢相比生长速度快，体形较高。1 龄鱼生长速度提高 13.2%，2 龄鱼生长速度提高 10.2%，雌鱼绝对和相对繁殖能力分别提高 74.0% 和 45.3%。适宜在我国北方地区淡水水域中养殖。

二、鲤

1. 建鲤

亲本来源：荷包红鲤×元江鲤。

选育单位：中国水产科学研究院淡水渔业研究中心。

选择荷包红鲤与元江鲤杂交组合的后代作为育种的基础群，选育出 F_4 长型品系鲤。F_4 长型品系与 2 个原始亲本相同、选择指标一致的雌核发育系相结合，并进行横交固定，其子代（F_5 和 F_6）的遗传性状稳定性和一致性达到 95% 以上，达到和超过了预定的品种选育指标，定名为建鲤。在同池饲养情况下，建鲤的生长速度较荷包红鲤、元江鲤和荷元鲤分别快 49.75%、46.8% 和 28.9%。建鲤经过 6 代定向选育后，遗传性状稳定，食性广，抗逆性强，生长快，已经成为主要养殖对象，全国各地均可养殖（图 2-25）。

图 2-25　建　鲤

2. 福瑞鲤

亲本来源：建鲤和野生黄河鲤。

选育单位：中国水产科学研究院淡水渔业研究中心。

该品种是从 1998 年起，以生长速度为主要选育指标，经 1 代群体选育和连续 4 代 BLUP 家系选育获得的品种。该品种生长速度快，比普通鲤提高 20％以上，比建鲤提高 13.4％。体型较好，体长/体高约 3.65。适宜在全国淡水水域中养殖（图 2 - 26）。

图 2 - 26　福瑞鲤

3. 松浦镜鲤

品种来源：德国镜鲤选育系 F_4。

培育单位：中国水产科学研究院黑龙江水产研究所。

松浦镜鲤是在德国镜鲤选育系 F_4 基础上，采用混合选择方法，从 1998 年开始连续选育 3 代后获得的体型完好、背部较高而厚，生长快，抗寒力强，繁殖力高，体表基本无鳞的新品种。该品种头小背高，可食部分比例大，鳞片少；与德国镜鲤

图 2 - 27　松浦镜鲤

F_4 相比，生长速度快 30％以上，1 龄鱼和 2 龄鱼平均越冬成活率提高 8.86％和 3.36％，3 龄鱼和 4 龄鱼平均相对怀卵量提高 56.17％和 88.17％。适宜在全国各地人工可控的淡水中养殖（图 2-27）。

4. 豫选黄河鲤

亲本来源：野生黄河鲤。

选育单位：河南省水产科学研究院。

该品种是利用野生黄河鲤作亲本，经过近 20 年、连续 8 代选育而成，体形呈纺锤状，体色鲜艳、金鳞赤尾，子代的红体色、不规则鳞表现率已降至 1％以下，生长速度比选育前提高了 36％以上。该品种性状稳定，生长速度快，成活率高，易捕捞。全国各地均可养殖（图 2-28）。

图 2-28　豫选黄河鲤

5. 湘云鲤

亲本来源：鲫鲤杂交四倍体鱼（♂）×丰鲤（♀）。

选育单位：湖南师范大学、湘阴县东湖渔场。

鲫鲤杂交四倍体亲鱼（4N＝200）是由湘江野鲤（♂）与红鲫（♀）杂交得 F_1，F_1 自交得 F_2，F_2 自交后获得染色体加倍的异源四倍体鱼，1988 年获得第 1 代，培育至第 9 代，能自然繁殖，遗传性状稳定。湘云鲤的体型美观，肉质细嫩，含肉率高出普通鲤 10％～15％；生长速度快，比普通鲤快 30％～40％；抗病力强，耐低温和低氧。养殖技术与其他鲤相似，可进行套养、单养及网箱养殖，已在全国 25 个省市养殖，产生了很好的经济效益和社会效益。全国各地均可养殖（图 2-29）。

图 2-29 湘云鲤

6. 乌克兰鳞鲤

亲本来源：1998 年从俄罗斯引进。

引进单位：全国水产技术推广总站。

培育单位：天津换新水产良种场。

乌克兰鳞鲤为鲤形目、鲤科、鲤属的一个经选育的养殖品种。体形为纺锤形，略长，体色青灰色，头较小，出肉率高。该品种 3～4 龄性成熟，怀卵量小，有利于生长。2 龄鱼在常规放养密度下，平均体重达 1.5～2 千克。适温性强，生存水温 0～30℃，鱼种越冬成活率 95％以上。在水温 16℃以上即可繁殖。食性为杂食性，生长快、耐低氧、易驯化、易起捕，适宜在池塘

图 2-30 乌克兰鳞鲤

养殖。该品种在天津、河北、辽宁、黑龙江等省进行了生产性对比试验，增产效果显著。适宜全国各地养殖（图 2-30）。

7. 松浦鲤

亲本来源：黑龙江野鲤、荷包红鲤、散鳞镜鲤、德国镜鲤。

选育单位：中国水产科学研究院黑龙江水产研究所。

松浦鲤是为北方寒冷地区培育的池塘养殖鲤品种。用常规育种和雌核发育技术相结合，通过黑龙江野鲤、荷包红鲤、德国镜鲤和散鳞镜鲤 4 个品种间的杂交、回交获得的具有抗寒力强、生长快的杂交、回交种，再与雌核发育系组成合成系，将杂种优势固定下来，然后系统选育到 F_6、F_7 而形成的鲤品种（图 2-31）。

图 2-31　松浦鲤

三、鲫

1. 异育银鲫

亲本来源：方正银鲫♀×兴国红鲤♂。

选育单位：中国科学院水生生物研究所。

异育银鲫是用方正银鲫作母本，兴国红鲤作父本，人工杂交而成的异精雌核发育子代。异育银鲫与亲本相比具有杂交优势，且具有食性杂、生长快等特点。生长速度比鲫快 1～2 倍以上，比母本方正银鲫快 34.7%。当年繁殖的苗种，养到年底，一般可长到 0.25 千克以上。全国各地均可养殖（图 2-32）。

图 2-32　异育银鲫

2. 异育银鲫"中科 3 号"　　中国科学院水生生物研究所培育出的异育银鲫新品种。它是在鉴定出可区分银鲫不同克隆系的分子标记，证实银鲫同时存在雌核生殖和有性生殖双重生殖方式的基础上，利用银鲫双重生殖方式，从高体型（D 系）银鲫（♀）与平背型（A 系）银鲫（♂）交配所产后代中筛选出少数优良个体，再经异精雌核发育增殖，经多代生长对比养殖试验培育出来的。"中科 3 号"与普通异育银鲫相比，具有如下优点：生长速度快，比高背鲫生长快 13.7%～34.4%，出肉率高 6% 以上；遗传性状稳定；体色银黑，鳞片紧密，不易脱鳞；碘泡虫病发病率低。推广后受到养殖者的欢迎，取得了重要的经济效益和

图 2-33　异育银鲫"中科 3 号"

社会效益（图 2-33）。

3. 彭泽鲫

亲本来源：野生彭泽鲫。

选育单位：江西省水产科学研究所、九江市水产科学研究所。

彭泽鲫原产于江西省彭泽县丁家湖、芳湖和太泊湖等自然水域。20 世纪 80 年代中期，对彭泽鲫开展了系统地选育研究。经选育后的 F_6，比选育前生长速度快 56%，1 龄鱼平均体重可达 200 克。彭泽鲫雌雄鱼当年均可达到性成熟。彭泽鲫经过十几年人工定向选育后，遗传性状稳定，具有繁殖技术和苗种培育方法简易、生长快、个体大、营养价值高和抗逆强等优良特性，为鲫属鱼类主要养殖对象。全国各地均可养殖（图 2-34）。

图 2-34　彭泽鲫

4. 湘云鲫

亲本来源：鲫鲤杂交四倍体鱼（♂）×日本白鲫（♀）。

选育单位：湖南师范大学、湘阴县东湖渔场。

鲫鲤杂交四倍体亲鱼来源同湘云鲤。湘云鲫的体型美观，肉质细嫩，肋间细刺少，含肉率高出普通鲫鱼 10%～15%。生长速度快，比本地鲫快 3～4 倍；抗病力强，耐低温、低氧，10℃以上能摄食生长，并具有浮游生物食性。其养殖技术与其他鲫相近，可进行套养、单养及网箱养殖等。全国各地均可养殖（图2-35）。

图 2-35 湘云鲫

5. 湘云鲫 2 号

亲本来源：改良二倍体红鲫♀×改良四倍体鲫鲤♂。

选育单位：湖南师范大学。

湘云鲫 2 号是利用远缘杂交技术与雌核发育技术相结合，以改良二倍体红鲫为母本，经多代选育培养出的四倍体鲫鲤为父本，通过倍间杂交而获得的新品种。该品种为三倍体，具有和湘云鲫相似的生长快和不育的特性，其体型高，肉质鲜嫩，父本精液量比湘云鲫父本精液量高 1.6～3 倍，大大降低了制种成本。适宜在全国各地人工可控的淡水中养殖。

6. 芙蓉鲤鲫

亲本来源：芙蓉鲤♀×红鲫♂。

培育单位：湖南省水产科学研究所。

在 8%～10% 选择压力下，以连续选育 3 代的散鳞镜鲤为母本、兴国红鲤为父本进行鲤鱼品种间杂交，获得杂交子代芙蓉鲤；再以芙蓉鲤为母本，以同等选择压力下选 6 代的红鲫为父本进行远缘杂交，得到体型偏似鲫的杂交种芙蓉鲤鲫。该品种生长速度快，同等条件下，1 龄鱼生长速度比父本快 102.4%，为母本的 83.2%；2 龄鱼比红鲫快 7.8 倍，为母本的 86.2%。肌肉蛋白质含量高于双亲，脂肪含量低于双亲；2～3 龄的芙蓉鲤鲫两性不育。适宜在全国范围人工可控的池塘、网箱、稻（莲）田养殖（图2-36）。

图 2-36 芙蓉鲤鲫

四、罗非鱼

1. 尼罗罗非鱼

亲本来源：1978 年从苏丹引进。

选育单位：中国水产科学研究院长江水产研究所。

尼罗罗非鱼为热带鱼类，适宜的温度范围 16～38℃，最适生长温度为 24～32℃。具有生长速度快、食性杂、耐低氧、繁殖快等特点，养殖范围已遍及全国。遗传性状稳定，已成为我国水产养殖的主要对象。尼罗罗非鱼既有作为食用鱼养殖的经济价值，更有杂交优势利用价值，奥尼鱼和福寿鱼均是以尼罗罗非鱼作为杂交亲本的。主要缺点是不耐低温、不易捕捞和自然繁殖太

图 2-37 尼罗罗非鱼

快。我国大部分地区，尼罗罗非鱼的适宜生长期为 4～5 个月，养殖当年夏花鱼种，成鱼规格一般为 150 克左右。放养越冬鱼种或早繁鱼种，成鱼规格可达 250 克以上（图 2 - 37）。

2. 奥利亚罗非鱼

亲本来源：1981 年从台湾引进。

选育单位：广州市水产研究所。

奥利亚罗非鱼为热带鱼类，适宜的温度范围为 16～38℃，最适生长温度为 24～32℃。具有食性杂、耐低氧、繁殖快等特点。遗传性状稳定。奥利亚罗非鱼生长速度较尼罗罗非鱼慢 10%～15%，目前，主要作为奥尼鱼的杂交亲本，具有很高的杂交优势利用价值（图 2 - 38）。

图 2 - 38　奥利亚罗非鱼

3. "夏奥 1 号"奥利亚罗非鱼

亲本来源：1983 年从美国引进的奥利亚罗非鱼群体。

选育单位：中国水产科学研究院淡水渔业研究中心。

"夏奥 1 号"奥利亚罗非鱼，是在 1983 年从美国奥本大学引进的奥利亚罗非鱼群体基础上经十代连续群体选育，结合遗传标记、杂种优势利用等培育而成的优良新品种。以该品种作为母本，生产的奥尼杂交鱼具有雄性率高（大规模生产可达 93% 以上）、起捕率高（两网起捕率可达 80%）、出肉率高（达 35%）

等优点。"夏奥 1 号"奥利亚罗非鱼主要用于繁育高雄性率奥尼杂交鱼，适宜于在我国大部分具有淡水水域和低盐度咸水水域的地区养殖（图 2 - 39）。

图 2 - 39　"夏奥 1 号"奥利亚罗非鱼

4. 奥尼鱼

亲本来源：奥利亚罗非鱼♂×尼罗罗非鱼♀。

选育单位：广州市水产研究所、中国水产科学研究院淡水渔业研究中心。

奥尼鱼是用奥利亚罗非鱼为父本和尼罗罗非鱼为母本杂交获得的杂交优势明显的杂交种。奥尼鱼雄性率达 90% 以上，生长速度比父本奥利亚罗非鱼快 17%～72%，比母本尼罗罗非鱼快 11%～24%，抗病力和抗寒力较强。奥尼鱼的制种比较简单，不

图 2 - 40　奥尼鱼

需要进行人工催情产卵和流水刺激。只要水温稳定在 18℃以上，将成熟的雌雄亲鱼放入同一繁殖池中，待水温上升到 22℃时，就能自然杂交繁殖鱼苗。在水温 25～30℃的情况下，每隔 30～50 天即可杂交繁殖 1 次。适宜生长温度 20～35℃。全国各地均可养殖（图 2 - 40）。

5. 吉富品系尼罗罗非鱼

亲本来源：1994 年从菲律宾引进。

选育单位：上海水产大学。

吉富品系尼罗罗非鱼是由国际水生生物资源管理中心（ICLARM），通过 4 个非洲原产地直接引进的尼罗罗非鱼品系（埃及、加纳、肯尼亚、塞内加尔）和 4 个亚洲养殖比较广泛的尼罗罗非鱼品系（以色列、新加坡、泰国、中国台湾），经混合选育获得的优良品系。引入我国后，在黄河、长江及珠江 3 个不同的生态条件，以及不同的养殖环境下，同以前引进的尼罗罗非鱼品系比较，并在此基础上继续选育。吉富品系尼罗罗非鱼是养殖尼罗罗非鱼中生长最快的一个品系，生长速度比现有尼罗罗非鱼品系快 5%～30%，单位面积产量高 20%～30%。具有食性杂、耐低氧、易起捕、广盐性等特点（图 2 - 41）。

图 2 - 41　吉富品系尼罗罗非鱼

6. "新吉富"罗非鱼

亲本来源：1994 年引进的吉富品系尼罗罗非鱼。

选育单位：上海水产大学、青岛罗非鱼良种场、广东罗非鱼良种场。

在 1994 年从菲律宾引进的经过 3 代选育的吉富品系尼罗罗非鱼的基础上，从 1996 年起，通过选择体形标准、健康的吉富品系罗非鱼建立选育基础群体，采取群体选育方法，经过连续 9 代选育而成。该品种生长快，规格齐，体形好，主要表现在体高、尾鳍条纹典型的个体比例高，初次性成熟月龄推迟以及出肉率高。在全国各地条件适宜水域均可以养殖。

五、其他

1. 团头鲂浦江 1 号

亲本来源：淤泥湖团头鲂。

选育单位：上海水产大学。

1986 年以来，以湖北省淤泥湖的团头鲂原种为奠基群体，采用传统的群体选育方法，经过十几年的努力，1998 年获得第六代，生长速度比淤泥湖原种提高 20%。团头鲂浦江 1 号经过十几年人工定向选育后，遗传性状稳定，具有个体

图 2-42　团头鲂浦江 1 号

大、生长速度快、适应性广等优良性状。全国各地均可养殖（图2-42）。

2. 大口黑鲈"优鲈1号"

亲本来源：养殖大口黑鲈。

选育单位：中国水产科学研究院珠江水产研究所、广东省佛山市南海区九江镇农林服务中心。

该品种是以国内4个养殖群体为基础选育种群，采用群体选育的方法，以生长速度为指标，经5代连续选育获得的品种。该品种的生长速度比普通大口黑鲈快17.8%～25.3%，高背短尾的畸形率由5.2%降低到1.1%。适宜我国南方地区淡水水域池塘主养或套养及网箱养殖（图2-43）。

图2-43　大口黑鲈"优鲈1号"

3. 杂交鳢"杭鳢1号"

亲本来源：斑鳢♀×乌鳢♂。

培育单位：杭州市农业科学研究院。

该品种是以珠江水系斑鳢为母本、钱塘江水系乌鳢为父本，杂交获得F$_1$，即为杂交鳢"杭鳢1号"。经人工驯食可在成鱼阶段完全摄食人工配合饲料，生长速度较乌鳢快20%以上，较斑鳢快50%以上，1龄鱼可达上市规格（0.5～0.7千克/尾），在江浙地区可以自然越冬。适宜在长江中下游的可控水体中养殖（图2-44）。

图 2-44 杂交鳢"杭鳢 1 号"

4. 甘肃金鳟

亲本来源：虹鳟。

选育单位：甘肃省渔业技术推广总站。

在 1992 年甘肃永昌县发现的虹鳟红体色突变种的基础上，经过 3 年筛选培育，形成亲本群体 238 尾。从 1995 年起，以生长速度、体色和遗传纯度为选育指标，经过连续群体选育，得到 F_3 代。甘肃金鳟具有性情温顺、生长快、抗病力强、耐低氧、营养价值高等优点。其体色金黄艳丽，可作为观赏鱼养殖。甘肃金鳟适宜在全国具有冷水资源的地区养殖（图 2-45）。

图 2-45 甘肃金鳟

第三章

主要养殖鱼类的人工繁殖

第一节 亲鱼培育

亲鱼培育是人工繁殖非常重要的一个环节。亲鱼培育得好坏，直接影响到性腺的成熟度、催产率、鱼卵的受精率和孵化率，以及苗种成活及质量。亲鱼性腺发育的优劣直接与饲养管理有关，饲养管理得法，可以获得性腺发育良好的亲鱼；反之，饲养管理不得法，性腺发育就不好。整个亲鱼的培育过程，就是一个创造条件、使亲鱼性腺向成熟方面转化的过程。因此，必须使亲鱼培养的方法符合家鱼性腺发育的基本规律，培育出成熟率高、质量好的优质亲鱼来。

一、亲鱼的准备

亲鱼准备包括种质质量的选择、选择的对象以及数量等。种质质量关系到地区的适应性以及养殖效果。在一些鱼苗繁殖场，存在近亲繁殖和品种退化问题，导致适应力下降，尤其是抗病力减弱，暴发流行疾病，造成严重损失。亲鱼的淘汰与品种更新应引起高度重视。

（一）亲鱼种质选择

根据运输距离远近、操作技术、池塘条件和繁殖规模大小等实际情况，选择受精卵、仔鱼、稚鱼、幼鱼或成鱼作为亲鱼的准备对象，再进行后期培育。

（二）亲鱼的来源途径

1. 直接引进成鱼作为亲鱼　直接引进成鱼作为亲鱼，能节省时间，操作方便，节省池塘。由于购买成鱼亲本成本较高，亲鱼运输成活的风险较大，对远距离大规模的引进要求更加严格。

（1）**亲鱼引进的挑选**　在引进地对亲鱼进行挑选，我国主要养殖鱼类，在繁殖前一年雌鱼以Ⅳ期卵巢越冬，腹部膨大、有弹性，生殖孔较夏季明显突出，颜色肉白色无变化，挤不出卵粒。挤压雄鱼腹部，可见少量精液流出。年后繁殖前的4～5月，雌鱼能挤出卵粒，雄鱼能挤出大量精液。雌鱼卵巢有轮廓显现，生殖孔外翻呈现出一定粉红色。挑选出的同批雌鱼或雄鱼发育要求同步，个体之间无差异，然后进行运输或繁殖前的准备工作。

（2）**亲鱼运输**　运输注意事项：①水温适宜。水温控制在5～15℃比较适宜，水温过低，鱼类皮肤易受伤出血，滋生水霉。水温过高，鱼类的活动能力强，易受伤，代谢旺盛，易败坏水质。可采用深井水加冰块的方法控制水温，冬夏季皆可运输。②氧气充足。运输过程中保持溶氧在5毫克/升以上，防止溶氧过低造成卵巢缺氧，影响性腺发育质量。③工具适合。要便于操作，保护性好，盛鱼容器无毒无污染。④空腹运输。亲鱼运输之前最好停喂2～3天，排出腹内积食，降低新陈代谢和避免污染水体。⑤操作要轻。搬运亲鱼用布夹子提起，轻轻移动，防止亲鱼挣扎滑脱受伤。

运输方法：①活水车运输。汽车经过改装的专门运输鲜活鱼设备车辆，可用于长途运输。水容量可达4～10吨，运输时间可达24小时以上，操作方便，专业性强，目前广泛使用。②活水船运输。适用中短途运输，运输过程中防止船晃动，使鱼受伤，活水船一般内外水体相通，防止途径河道有污染水体，使亲鱼中毒受损。③充气袋运输。一般用市售运鱼的塑料袋等专用物品，带水充氧运输。水鱼体积比为2∶1或3∶1，水氧体积比1∶2或1∶1，扎紧袋口，防止漏水漏气，打包装箱，在箱内放置冰袋降温，此法多用于空运。④麻醉运输。无论车运、船运、挑运，都可采用麻醉运输。鱼类麻醉剂主要有剂量为 1：10 000 到 1：45 000 的 MS‐222（俗名"鱼安定"），剂量为 10 万～20 万分之一的奎那啶（quinalding），剂量为 0.1％～0.4％尿烷（urethane，氨基甲酸乙酯）。此外，还有卡肌宁注射液（tracrium injection），肌肉注射每 100 克体重 0.03～0.06 毫克。⑤桶运。塑料桶或塑料箱装水运输，直流电瓶带动充气泵充气增氧，适用于火车、三轮车或农用机动车。亲鱼运回后即时下塘，进行暂养或亲本培育。

2. 引进苗种培育成亲鱼 苗种的可塑性强，从苗种阶段引进还能进行选育。

（1）苗种的引进 引进苗种或受精卵应注意：①水温。当地水温要适合于所引进对象的生理发育。我国幅员辽阔，北方还在冰天雪地，南方已是春暖花开。南方的鱼类繁殖要比北方早 1～2 个月，由于仔、稚鱼阶段比较弱小，如果过早引入到北方，可能会因寒流来袭气温剧降，造成异地引进失败。受精卵的发育对温度要求更加苛刻，如鲤、鲫受精卵孵化水温低于 18℃，发育迟缓并易感染水霉病。水温还关系到开口饵料生物的培养，仔、稚鱼要以浮游生物作为开口或适口饵料，水温达到 20℃以后浮游生物才能大量生长。②盐度与 pH。我国内陆水体的盐度为 0.01～0.05，在各水系间引进不受盐度限制。盐碱地、海边滩涂的盐度较高，可能对生长速度产生影响。常见主要养殖鱼类适应于中性或弱碱性水质，7.0～8.5 为最适 pH，6.0～9.5 也能正常生长。受工业区污染的水体 pH 会出现异常情况，引种时应引起注意。

（2）培育与选育 鱼苗引进后，要进行严格的隔离与驯化，并经过阶段性的选择与淘汰，培育出品质优良的亲本。

①培育池条件：用作亲鱼的苗种培育池，除符合一般苗种池的特征外，还应有一些特殊的要求。远离其他苗种培育池，具有

独立的进水和排水系统，所有的进水口和出水口加密网封闭，防止外界的鱼苗和鱼卵流入。配备专用器具，专池专用。清塘消毒要彻底，池塘形态大小、走向一致，从受精卵孵化、苗种培育、越冬、成鱼养殖等各个环节都应加以重视。有条件的，可用温室、大棚和网箱等方式培育。

②培育与选育：在苗种培育过程中，避免饲养管理对苗种生长造成差异，有效地进行阶段性选育。以四大家鱼的亲鱼选育为例（性成熟 4 年），具体做法是：水花下塘后经过 20～25 天，培育成为夏花鱼种，此时进行第一次选择，挑选身体强壮、无病无伤、生长速度较快的个体保留 1/3，然后进行分塘培育；翌年的 4～5 月，进行第二次选择，挑选外形美观无畸形、体型较大、游泳有力，处于网箱中下层的个体，再次保留 1/3 进行 2 龄鱼的培育；第三年 4～5 月再进行第三次选择，挑选体型均匀、个头较大、体身强壮、无病无畸的个体进行培育，保留 1/3，进行亲鱼培育，至当年 11 月，此时亲鱼性腺发育至第 Ⅳ 期，外观可辨雌雄；越冬前进行第四次选择，挑选性腺发育良好、身体健壮的个体，按雌雄 1：2 比例保留越冬，保留一半左右，翌年再进行催产前的挑选。2～3 年就成熟的，可在秋片或春片鱼种阶段进行相应选择。

二、亲鱼的挑选

（一）亲鱼雌雄鉴别

在鱼类繁殖季节，主要养殖鱼类雌雄鱼的副性征存在差异，而且因不同种类而不同。

1. 青鱼、草鱼　在产卵季节出现的副性征，主要表现在胸鳍上。雄性青鱼胸鳍背面在前方的三四根到十多根鳍条上生有排列得很密的、向后倾斜的、细小白色圆锥状颗粒，称为"珠星"或"追星"；雌性青鱼完全没有。草鱼的雌雄亲鱼在产卵季节均有珠星出现，但根据珠星的分布情况来区分雌雄。雄鱼的珠星分布在从鳍条接近鳍基处直到将近末梢的部位，行列很长；而雌鱼的珠星则只有鳍条的靠外缘的一半分布有珠星，行列很短，而且狭得多。此外，雄草鱼尾柄背部的鳞片上也常出现珠星，用手摸胸鳍和尾柄背部，如有粗糙感觉，就可判断为雄鱼。草鱼、青鱼的珠星只出现于产卵季节，它是表皮的衍生物，手摸时很容易成片地脱落，产卵季节过后，珠星也自行消失。

2. 鲢、鳙　其副性征也表现在胸鳍上。雄鲢胸鳍的前面几根鳍条上面，各生有 1 排骨质的、细小的栉齿，用手沿着鳍的长轴摸去，有显著的粗糙感觉；雌鲢则一般只是鳍条近梢的那半才有，行列比雄的短得多，所以仍易于区别。雄鳙胸鳍前面的几根鳍条上缘，生成向后倾斜的骨质锋口，所以用手指沿着鳍的短轴（鱼体长方向）从后向前摸，便会有"割手"的感觉，鱼体越大，锋口也愈发达；雌鳙就没有这一性状。鲢、鳙的副性征远在性腺成熟之前就已出现，而且一经生成，就终生不消失。

3. 鲤、团头鲂　在生殖季节，雄鲤胸鳍和腹鳍鳍条上以及鳃盖上有珠星出现，其中尤其以胸鳍上的最为显著；雌鲤则没有或只有很少的珠星出现。雌雄团头鲂均有珠星，雄鱼的密布于眼眶、头顶部、尾柄部的鳞片上和胸鳍的前数根鳍条的背面。雌鱼的珠星较少，仅尾柄上稍多一些。另处，雄鱼的胸鳍第 1 根鳍条变得比较肥厚，呈 S 形的弯曲状。

（二）亲鱼的挑选与成熟度鉴别

1. 年龄　一般认为，初次成熟的雌鱼或生殖了 7～8 年以后的雌鱼，其怀卵量和卵子质量都较低，对苗种的孵化率和成活率产生重要影响，选择亲鱼年龄要适当。

2. 成熟度　判断亲鱼成熟度方法有外表观察、取卵观察、卵核偏心观察，联合运用观察方法，判断成熟度将更加准确。

（1）外表观察　要求身体强壮、无病无伤。若雌鱼腹部膨大，卵巢轮廓明显，腹部松软而有弹性，生殖孔松弛微红，则成熟度较好，可用于催产；若腹部鳞片排列疏松（草鱼在胸部两侧的鳞片显著疏松），腹中线下凹，腹壁肌肉较薄者，则成熟更好，催产效果也最佳。雄鱼挤压腹部，有较多白色精液流出。

（2）取卵观察　取卵粒观察色泽、形状。若卵粒颗粒分散，大小均匀，饱满圆润，带黄色（草鱼）、黄灰色（鲢）、黄绿色（鳙）而有光泽，则表明成熟较好；反之，如卵粒不分散、不整齐、不饱满，呈灰白色而无光泽者，则卵粒质量不好，不能用于催产。

（3）卵核偏心观察　Ⅳ期卵巢的中、末期为催产的最佳时机。此时卵母细胞的核移向动物极，已偏离卵中心（中期），核位于卵膜边缘的谓之"极化"（末期）。观察方法，取卵于生理盐水中（0.75％的氯化钠）洗净、摇散，然后转入透明的玻璃皿中，用透明液浸泡3分钟左右，当卵质呈半透明而核尚不透明时观察。凡大部分卵粒中的核已呈偏心或极化状态者，人工催产后的三率必高，核居中者催产效果不佳或失败。能用解剖镜检测更精准。透明液有两种：①95％酒精5份、加冰醋酸1份混合，用此透明液时应尽快观察，时间一长核也会透明；②95％酒精4份，加冰醋酸1份、松节油透醇4份混合。

三、亲鱼培育池的条件

1. 亲鱼培育池条件　亲鱼的生长与性腺发育是在亲鱼池完成的，池塘条件如面积、深度、底质、走向、环境、光照等，都会直接或间接影响亲鱼的生长发育。

亲鱼池的位置要临近水源，注排水方便，水源清新无污染，利于调节水质。亲鱼培育池靠近催产池和孵化场所，比邻鱼苗培育池，利于操作和搬运。

亲鱼培育池面积不宜过大，一般2～5亩，水深1.5～2.0米，水位调节方便。塘埂坡度平缓，池底平坦，以长方形较好，便于饲养管理和捕捞。

鲢、鳙是以浮游生物为食的滤食性鱼类，亲鱼培育池要求水质肥沃，做到"肥、活、嫩、爽"，池塘淤泥深度 20 厘米左右为好，保水力强。水质清瘦、有些微流水的池塘宜做草鱼、青鱼的培育池，池塘淤泥深度应少或不含淤泥。鲤亲鱼培育池水质鲜活，池底土质较硬，淤泥深度 10 厘米左右。团头鲂亲鱼培育池条件要求不严格。

2. 亲鱼培育池清整　亲鱼培育池要每年清整 1 次，在人工繁殖生产结束后抓紧完成。清整工作主要包括挖除池底过多的淤泥，维修加固塘埂，严格的清塘消毒。

四、亲鱼强化培育

亲鱼在催产前经过一段时间的强化培育，对于恢复亲鱼体质，促进亲鱼性腺发育和提高人工繁殖的产卵率、孵化率、成活率，以及保证苗种的质量是决定性的作用。只有亲鱼性腺进行充分的物质积累和发育成熟的基础上，再辅以适当的催产措施，人工繁殖才有良好的效果。

鲢、鳙要培肥水质，可与吃食性草鱼、青鱼、鲤、团头鲂等混养，与成鱼养殖相比，要适当降低放养密度。在亲鱼培育过程中，应保持饲养条件处于良好的稳定状态，防止出现较大的变动而影响性腺发育。

（一）常见主要养殖鱼类的放养方式

1. 主养鲢的培育池　总放养量为每亩放 100～140 千克，混养草鱼占总重的 10%～40%，鳙占总重的 2%；或只混养鳙，鳙占总重的 10%。

2. 主养鳙的培育池　总放养量为每亩放 100～120 千克，只混养草鱼占总重的 10%～20%；只混养鲢鱼占总重的 10%；鳙单养，每亩可放养量 150 千克。

3. 主养草鱼的培育池　总放养量为每亩放 120～140 千克，混养鲢占总重的 20%～40%，一般不混养鳙。

4. 主养青鱼的培育池　总放养量为每亩放 180 千克，混养鲢占总重的 20％，鳙占 2％；或只混养鲢，占总重的 30％。

5. 主养鲤的培育池 单养时放养量为每亩不超过 140 千克，鲤可静水产卵，雌雄要分开培育，可与鲢、鳙混养。

（二）亲鱼的强化培育措施

1. 鲢、鳙的亲鱼培育 鲢、鳙为滤食性鱼类，以滤食浮游生物或悬浮水中的细小颗粒为食，以施肥肥水为主，辅以适口饵料。施肥主要以发酵的有机农家肥为主，施肥与追肥相结合，追肥采取少量多次的方法。清塘后，每 1.5 亩施池塘基肥 250～400 千克，每周再追加 80～100 千克，鳙鱼池适当增加用肥。鲢鱼池水以油绿色、黄褐色为宜；鳙鱼池以茶褐色为宜，透明度 25～30 厘米较适合。投喂饵料以泼洒适口饲料方式，在浮游生物少、水色转淡时进行，日投喂量占总重量的 1％～2％。在日常管理中，施肥与换水相结合，施肥要根据具体条件如气候等因素相应作出调整，并配备增氧机，保持池水肥力，又要防止水质老化，避免浮头。

2. 草鱼的亲鱼培育 草鱼为吃食性鱼类，在池塘中完全依靠人工投喂的饲料，因此，饲料的数量和质量与性腺发育的质量与成熟密切相关。草鱼饲料可分为青饲料和精饲料两类。青饲料包括水生植物和陆生植物，青饲料以人工种植的牧草如黑麦草、苏丹草、三叶草等为好；精饲料可用一般淡水鱼专用颗粒饲料。草鱼饲料的投喂要根据不同的季节、性腺发育阶段和肥满度等情况，来确定青饲料与精饲料的比例。夏、秋季培育（产后至 11 月）：催产后的亲鱼体质消耗大，身体多少有损伤，免疫力下降，易感染疾病。此阶段要求池塘水质清爽，投喂的饲料以含维生素和蛋白质丰富的鲜嫩牧草为最好，每天投喂 2～3 次，并根据吃食情况对投喂量作适当调整。一般情况下，青饲料为体重的 20％，精饲料占体重的 2％。后期适当加大精饲料的比例，有利于迅速恢复体质和性腺营养物质的积累。冬季培育（12 月至翌年 2 月）：此阶段水温最低，草鱼食欲减退甚至不摄食，活动减小，处于冬眠状态。在天气晴好、无风、水温有所升高的情况下，适量投喂一些精料。春后培育（3～5月）：水温开始上升，卵巢处于大生长阶段，要大量积累营养物质卵黄，内分泌所需激素的合成与其调节作用将增强，草鱼食欲开始增加。青饲料以莴苣叶、麦芽和种植的牧草为宜，精饲料以人工配合饲料为宜。日投喂量青饲料为草鱼总重的40%～60%，精饲料减少1%～2%，投饲不能中断，有"一日不食、三日不长"之说。日投喂增加至2～3次，设食台，根据吃食情况适当调整，以半小时内吃完为准。保持池塘干净，即时打捞食剩下的青饲料。在繁殖前1～2月时间内，可每周加清水一次（10厘米深），刺激生长和发育。

3. 青鱼的亲鱼培育　培养池池底应以沙质等硬底为好，少淤泥。投喂鲜活螺、蚬为主，辅以豆饼等饵料。青鱼属底层鱼类，豆饼投放在食台上，食台设在池塘水底层，距水面1米深，距岸边2～3米，根据吃食情况着量增减。螺丝投喂量为每尾青鱼（10千克左右）月投喂40千克。冬天青鱼静伏深水底处，不甚活动，水温4～5℃时仍可进食。

4. 鲤的亲鱼培育　选择年龄和体形大小适当的亲鲤进行培育，目的是使亲鲤同时集中产卵和受精，通过孵化之后得到同批健壮的鱼苗。选择身体强壮，体阔背厚的亲鱼，培育时应当分雌雄，分大小专池培养。为使每个培养池中的亲鲤同时可以达到成熟，放养密度以每亩不超过150千克，个头以100尾为宜。鲤亲鱼培育池水深1～1.3米，水质保持肥沃，每亩施基肥300～350千克，并每天投喂豆饼30千克左右，破碎后用水泡胀后投喂。注意水质调节，定期更换部分池水，保持池水透明度20～25厘米。经过培育后的鲤亲鱼可进行人工催产，然后放入产卵池进行产卵。

5. 团头鲂的亲鱼培育　团头鲂亲鱼可专池培育，也可套养在鲢、鳙、草鱼、青鱼亲鱼池中，每亩套养20～30千克；单养，每亩放养200～300尾，约100千克，青饲料和精饲料并重。

第二节　人工催产

由于亲鱼繁殖对水环境温度的要求不同，在催产季节，一般最先催产鲤，其次是团头鲂，再次是鲢、草鱼，最后是鳙、青鱼。

一、人工催产的生物学原理

目前，还不能单纯使用控制环境条件的方法，使四大家鱼等几种鱼自然产卵。人工催产的目的就是，促使亲鱼的第Ⅳ期卵巢进入排卵状态，然后借助某些生态条件，如雄鱼的诱发或水流等而使亲鱼产卵。人工催产的生物学原理，就是采用生理、生态相结合的方法，对鱼体直接注射催产激素（PG、HCG 或 LRHA 等），代替鱼体自身垂体分泌促性腺激素的作用，或者代替自身下丘脑释放 LRH 的作用，由它来触发垂体分泌促性腺激素，从而促使卵母细胞成熟和产卵。在鱼类催产激素中，PG 和 HCG 主要起到促黄体激素（LH）和促滤泡激素（FSH）等促性腺激素（GTH）的作用，它们进入鱼类血液循环后，直接作用于性腺，促进性腺发育成熟、产卵；而 LRHA 类似鱼类下丘脑神经分泌物（NSM），它的作用器官是鱼的脑垂体，主要起到促黄体激素释放激素（LRH）、促滤泡激素释放激素（FSH - RH）等作用。这样，LRHA 的作用时间就要长一些。所以，注射 LRHA 后的效应时间，就要比注射垂体或 HCG 的长。

二、催产剂的种类及效价

目前，我国广泛使用的催产剂主要有三种，即鱼类脑垂体（简称垂体或 PG）、绒毛膜促性腺激素（简称绒膜激素或 HCG）、促黄体生成素释放激素类似物（简称类似物或 LRH - A）。此外，还有一些它们的复合注射催产剂，以及一些提高催产效果的辅助剂，如多巴胺排除剂（RES）、多巴胺颉颃物（DOM）。

1. 脑垂体（PG）　　脑垂体一般为自制，多用鲤鱼脑垂体。其作用机理是利用性成熟鱼类脑垂体中含有的促性腺激素，主要为促黄体素（LH）和促滤泡激素（FSH）。将它的悬浊液注入鱼体后，其中的滤泡激素可促使精卵进一步发育成熟，促黄体素进一步促使鱼发情产卵。用脑垂体催产有显著的催熟作用。在水温较低的催产早期，或亲鱼1年催产2次时，催产效果比绒毛膜促性腺激素好，但若使用不当常易出现难产。

2. 绒毛膜促性腺激素（HCG）　　绒毛膜促性腺激素一般为市售成品，商品名称为"鱼用（或兽用）促性腺激素"。为白色、灰白色或淡黄色粉末，易溶于水，遇热易失活，使用时现配现用。它是从孕妇尿中提取的，主要成分是促黄体激素（LH），主要作用是促进亲鱼排卵，也有一定的促性腺发育作用。这种激素催熟作用不及垂体和释放激素类似物，对鲢、鳙催产效果与脑垂体相同，催产草鱼时，单独使用效果不佳。

3. 促黄体生成素释放激素类似物（LRH－A）　　促黄体生成素释放激素类似物为市售成品，是人工合成的，目前市售的商品名称叫"鱼用促排卵素2号"（LRH－A）和"鱼用促排卵素3号"（LRH－A3）。为白色粉末，易溶于水，阳光直射会使其变性。它不像垂体和绒毛膜激素那样直接作用于性腺，而是作用于鱼类脑垂体使其分泌促性腺激素，进一步促使卵母细胞发育成熟并排卵。它对主要养殖鱼类的催熟催产效果都很好，草鱼效果最好。对已催产过几次的鲢、鳙效果不及绒毛膜促性腺激素和脑垂体，对鲤、鲫、鲂、鳊等鱼类的有效剂量也较草鱼大。它还具有副作用小、可人工合成、药源丰富等优点，现已成为主要的催产剂。

复合催产剂的原理是鱼类促性腺激素的分泌，受到促性腺激素释放激素和促性腺激素释放的抑制因子的双重调节，而产卵前促性腺激素的大量分泌，是由于促性腺激素释放激素促进作用的加强和抑制因子作用的减弱所诱导产生的结果。例如，用多巴胺颉颃物或合成抑制剂和 LRH－A 一起组成的复合催产剂，就比单独使用 LRH－A 能有效地诱导促性腺激素分泌和排卵。

三、催产前的准备

四大家鱼、鲤和团头鲂的人工繁殖工作季节性强，时间集中，劳动强度大。为使催产工作顺利，在催产季节到来前，充分做好各项准备，包括催产池和催产工具两大工作。

1. 催产池 也叫产卵池。亲鱼注射完催产剂后，放入催产池，在一个比较适宜的水体中雌雄鱼相互追逐，还可以不时注入流水，造成一个流水的生态环境。催产池有完善的冲水和集卵系统，可以方便地收集鱼卵。催产池一般建在水源充足、水质清新、排灌方便、临近亲鱼池又连接孵化车间的地方，环境必须安静。催产池以圆形为好，直径 7～10 米，面积 50～80 米²，池深 1.5～1.7 米。圆形催产池（图 3-1）的优点是，池水可以环流，没有回流和死角，亲鱼能逆水向前游动，产出的

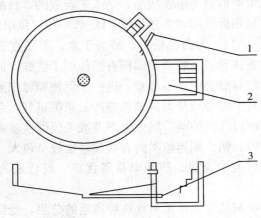

图 3-1　圆形产卵池结构
1. 产卵池进水管　2. 集卵池　3. 产卵池出水管

卵也便于集中。

催产池多为砖石结构，水泥抹面。要求池壁光滑、池底平坦又有一定坡度，其中心应较周围低 10～15 厘米，以便集卵或排污。催产池要有完善的进排水系统。进水口设计与池壁切线成 40°角，距池子上口缘 40～50 厘米。这样在水流注入时，池水便能形成环流。出水口在池子底部中心处，呈圆形，直径 50 厘米。出水口孔口有铁丝网盖，孔下有直径 30 厘米左右的暗管通入收卵池。收卵池在产卵池外，为 1 个 2 米×2.5 米的长方形池。其池底要比产卵池中心处低 25～30 厘米，深度与产卵池最高水位持平。收卵池底有暗管与催产池出水口相通。收卵池底有出水口和 1 个控制水位的溢水口。收卵网箱以 40～46 目尼龙筛绢做成，并与产卵池的出水口相接，以收集受精卵。

鲤和团头鲂的卵为黏性，亲鱼在鱼巢上繁殖，卵黏附在鱼巢上，鱼巢设置在催产池内。催产池面积一般为 1～2 亩，水深 1 米左右，注排水方便，环境安静，阳光充足。鱼巢投放均匀，不宜过多，可按每尾雌鱼 4～5 束为准。鱼巢必须新鲜不腐烂。备用一些鱼巢，准备更换。

2. 网具和催产器具

（1）亲鱼网　亲鱼网网目要小，以较粗的柔软的尼龙线织成。网长为池宽的 1.5 倍，网高为鱼池深度的 3 倍。网目为 2～3 厘米，上有浮子，下有沉子。

（2）小拉网　小拉网用于催产时在产卵池拉亲鱼用，网身比较小。材料与亲鱼网相同，网长是产卵池直径的 1.5 倍，网高为池深的 2 倍。

（3）鱼夹子　鱼夹子（图 3-2）是提送亲鱼和人工授精时挤卵用的，以竹棍与帆布做成的简单工具。

（4）亲鱼暂养箱　亲鱼暂养箱（图 3-3）是暂养亲鱼用的闷箱。用麻布或尼龙线织成，箱长方形，上面有盖网，网目 1.5 厘米。网箱固定在木框架上，浮于水面。

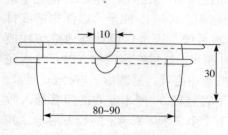

图 3-2　鱼夹子（单位：厘米）

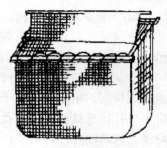

图 3-3　亲鱼暂养箱

（5）注射的催产器具　生理盐水（0.75%）。玻璃注射器，规格为 5 毫升和 10 毫升。注射针头，规格为 5 号、7 号、8 号。温度计，规格为 0～50℃。量筒，规格为 10 毫升和 50 毫升。电子天平。另外，还有消毒锅、研钵、粗镊子、白瓷盘、脸盆、干毛巾、汤匙、吸管、小捞海、鸡毛和笔记本等。

（6）鱼巢　鲤和团头鲂所用鱼巢可网片、棕片、柳树根须和水草等。使用前用高锰酸钾消毒处理或蒸煮消毒，催产前放入，不宜放入过早，影响黏附效果。

四、催产时间选择

1. 催产期　适龄亲鱼可以顺利催产的时间，决定于其卵巢在Ⅳ期中末阶段所能持续的时间，鲢、鳙大约有 30 天左右，青、草鱼大约 25～30 天，超过顺产期卵巢趋于退化而催产效果随之降低，甚至引起亲鱼难产和死亡。温度对催产期影响较大，超过繁殖适宜温度，催产期也会大大缩短。如鲤，在 17℃ 左右时开始产卵，催产期集中在 1 周左右的时间内，超过这一时间雌亲鲤也会流产。团头鲂催产期比鲤晚 15 天左右，但比四大家鱼早，应在这段时间内抓紧完成。

2. 注射时间　除了水温外，鱼类产卵对光线有一定的要求，白天日光太强少产或不产，自然情况下一般在黎明或黄昏前后产卵，所以催情注射使亲鱼在黎明或黄昏产卵最为适宜。人工催产要根据催产的效应时间，确定注射时间。一次性注射宜在下午进行，亲鱼翌日黎明前可产卵。两次注射一般第一针多在上午注射，晚上注射第二针，也使亲鱼在黎明前产卵。可根据天气、水温和工作方便起见，以控制亲鱼，使其在黄昏产卵。

五、催产方法

1. 催产剂的注射　注射催产剂可分为一次注射、两次注射，青亲鱼催产甚至还有采用三次注射的。亲鱼成熟很好，水温适宜时通常可采用一次注射，但一般来讲，两次注射法效果较一次注射法为好，其产卵率、产卵量和受精率都较高，亲鱼发情时间较一致，特别适用于早期催产或亲鱼成熟度不够的情况催产。两次注射时第一次只注射少量的催产剂（总剂量的 1/3），若干小时后再注射余下的全部剂量。两次注射的间隔时间为 6～24 小时，一般来讲，水温低或亲鱼成熟不够好时，间隔时间长些，反之则应短些。

（1）催产剂的注射剂量　主要养殖鱼类催产剂的种类及注射剂量详见表 3-1。

表 3-1 中剂量催产时，需注意下面几点：对成熟较好的亲鱼，第一针剂不能随意加大，否则易导致早产；雄鱼若成熟较好，也可不打第一针；一般来讲，一次注射与两次注射剂量相同；早期水温较低时催产，或亲鱼成熟不太充分时，剂量可稍稍加大；经多次注射催产剂催产，或以前用剂量一直较高，或亲鱼年龄较大，应适当增加剂量；不同种类的亲鱼对催产剂的敏感性有差异，一般草鱼、鲢较敏感，用量较少，鳙鱼次之，青鱼在四大家鱼中剂量用量最大；绒毛膜激素用量过大会引起鱼双目失明、难产死亡等副作用，因此需加以注意；用释放激素类似物或绒毛膜激素催产时，加适量的垂体，催产效果更好。

表 3-1　主要养殖鱼类的催产注射剂量

品种	单一使用剂量					混合使用剂量			
	PG（毫克）	HCG（国际单位）	LRH-A或LRH-A3（微克）	高效1号（毫克/微克）	高效2号（毫克/微克）	PG（毫克）	HCG（国际单位）	LRH-A（微克）	LRH-A3（微克）
青鱼	5~6					3~4		15~30	
									15~30
							800~1 200	15~20	
									15~20
草鱼	4~5		10~15	RES：5+LRH-A：10	DOM3~5+LRH-A：10	1~2		10	
									10
							200~500	10	
									10
鲢	4~5	1 000~1 200		RES：5+LRH-A：10~20	DOM：3~5+LRH-A：10-20	1		10~20	
									10~20
							500~600	10~20	
									10~20
鳙	4~6	1 200~1 500		RES：5+LRH-A：10~20	DOM：3~5+LRH-A：10	1.5		10~20	
									10~20
							500~600	15~20	
									15~20
鲤	0.5~1		10~15			0.5		5~7	
									5~7
团头鲂	3~4	800~1 200	15~25			1.5~2		10~15	
									10~15
							400~600	10~15	
									10~15

注：表中数据为每千克亲鱼使用剂量，雄鱼减半。

（2）配制注射液　注射用水一般用生理盐水（0.75％的氯化钠液）、蒸馏水，也可用清洁的冷开水配制。释放激素类似物和绒毛膜激素，均为易溶于水的商品制剂，只需注入少量注射用水，摇匀充分溶解后再将药物完全吸出，并稀释到所需的浓度即可。垂体注射液配制前应取出垂体放干，再在干净的研钵内充分研磨，研磨时加几滴注射用水，磨成糨糊状，再分次用少量注射用水稀释并同时吸入注射器，直至研钵内不留激素为止，最后将注射液稀释到所需浓度。配制注射液时还需注意：

①一般即配即用，以防失效，若1个小时以上不用，应放入4℃冰箱保存。

②注射液需略多于总用量，以弥补注射时和配制时的损耗。

③稀释剂量以便于注射时换算为好，但一般应控制在每尾亲鱼注射剂量不超过5毫升为准。

（3）注射　注射前用鱼夹子提取亲鱼称重，算出实际需注射的剂量。注射时，一人拿鱼夹子，使鱼侧卧，露出注射部位；另一人注射。注射器用5毫升或10毫升或兽用连续注射器，针头6～8号均可，用前需煮沸消毒。注射部位有下列几种：

①胸腔注射：注射鱼胸鳍基部的无鳞凹陷处，注射高度以针头朝鱼体前方与体轴呈45°～60°角刺入，深度为1厘米左右，不宜过深，否则会伤及内脏。

②腹腔注射：注射腹鳍基部，注射角度为30°～45°，深度为1～2厘米。

③肌内注射：一般在背鳍下方肌肉丰满处，用针顺着鳞片向前刺入肌肉1～2厘米进行注射。注射完毕迅速拔出针头，并用碘酒涂擦注射口消毒，以防感染。注射中若亲鱼挣扎骚动，应将针快速拔出，以免伤鱼。

2. 生态条件刺激

（1）雌雄搭配　自然产卵时，雄鱼要多于雌鱼，一般采用3∶2或2∶1的比例。注射催产剂后，雌雄混合放入催产池内，每5~8米^{2}放一组亲鱼。随着药物发生作用，雄鱼追逐雌鱼并相互摩擦，刺激雌鱼产卵。采用人工授精时雄鱼可少于雌鱼，雄鱼可以受精同样大小的雌鱼2~3尾。一般情况下采用自然产卵方式，没有产卵的雌鱼再进行人工授精。

（2）温度 用鲤鱼垂体激素等催产剂催产发育成熟的雌鱼，催产效应时间与水温有着密切的关系。在18~30℃范围内，随着温度的升高，注射催产剂的效应时间相对减少，考虑到出苗率高的因素，而以25℃为催产池最适水温。

（3）水流 在催产池内产生水流，对促进四大家系、鲤和团头鲂产卵受精非常必要，尤其是四大家鱼产卵前2小时要求有较大流水刺激，鲤等在催产池内一般采用水泵充水即可。

六、产卵受精

1. 自然受精 以四大家鱼为例，催情后的亲鱼在催产池内，雄鱼追逐雌鱼产生兴奋，当发情达到高潮时，雌、雄鱼腹部相贴扭在一起产卵排精。亲鱼开始产卵后，每隔几分钟到几十分钟再产卵1次，经过一段时间雌雄不再追逐，产卵渐渐结束。亲鱼发情产卵时，水流要缓慢一些，使精卵充分融合，提高受精率。收集卵的时间在受精后1小时后，这时卵膜吸水膨胀完全，卵膜的坚固性最好，集卵操作时卵子不易受伤。此时捕起亲鱼，加大水流将卵冲入孵化环道内孵化，或冲进入集卵箱，计数后再转入孵化桶等孵化设备内孵化。

鲤和团头鲂亲鱼在鱼巢上产卵受精，受精卵黏附在鱼巢上，当巢上没有亲鱼再产卵时，收集鱼巢转入孵化池内进行孵化。整个产卵过程，可从黎明持续到10：00左右。

2. 人工授精 四大家鱼人工授精，当亲鱼发情到一定阶段开始产卵时，立即捕起亲鱼，用人工的方法采卵、采精，使精子与成熟卵子相融合。人工授精有湿法、半干法和干法三种。干法授精前先将盛卵容器和雌亲鱼体表擦干净，斜举鱼体或把鱼放入具有大孔的采卵夹内，把生殖孔对准容器，用手轻压鱼腹，卵流入容器中；同时挤入雄鱼精液，或用吸管吸取精液滴在卵上，用羽毛搅拌，使精液与全部卵子充分混合，静置1～2分钟之后，加入少量清水，稍加搅拌，再静置1～2分钟，然后用清水冲洗数次，受精卵计数后放入孵化设备中孵化。湿法与干法不同之处是先在容器盛一些水，然后挤入精液，随即挤入卵粒，最好同时挤精卵于水中，并充分搅拌，使精卵充分融合。半干法是将精液用0.75%生理盐水稀释后倒入卵上并充分混合，静置，然后加入清水并用羽毛搅拌，清洗，计数和孵化。

鲤和团头鲂的受精卵遇水后，在短短几秒内变黏，所以在人工授精时宜采用干法和半干法人工授精。在与精液混合后隔几分钟，迅速地泼洒在水中鱼巢上，受精卵遇水散开并变黏，均匀黏附在鱼巢上，静置10分钟后，待黏固后用清水洗去精液，即可进行孵化。

3. 自然受精与人工授精相结合　自然受精2小时后，立即捕起亲鱼进行人工授精；或预算的时间仍不见发情、产卵，1～2小时后可拉网检查，准备人工授精。

第三节　孵　　化

一、孵化设备的准备

孵化，就是为受精卵的胚胎发育创造一个最适宜的条件和进行科学管理。孵化工具的基本原理是造成均匀的流水条件，使鱼卵悬浮于流水中，在溶氧充足、水质良好、温度适宜的水流中翻动孵化。根据不同的孵化对象，在孵化前要准备必要的孵化工具和具备适当的孵化条件。

1. 孵化设备的选择调试　根据孵化数量和管理方便选择孵化设备，在使用前要对设备进行清洗、消毒、加固和调试，防止出现设备故障性问题。对动力系统要进行检修或更新等。孵化设备主要有孵化环道、孵化桶、孵化缸和工厂化孵化等。孵化环道，主要用于四大家鱼非黏性卵和黏性卵的脱黏孵化；孵化桶和孵化缸类似于孵化环道作用，单个孵化量比较小，也有一些厂家用多个孵化缸或孵化桶代替孵化环道，具有经济灵活的特点；工厂化孵化一般为厂房式，温度、水流、溶解氧、消毒、净化等可自动化控制。黏性卵除在孵化池内孵化和脱黏孵化设备孵化外，还可带鱼巢在孵化环道内微流水孵化。

2. 水源水质　保障水源充足、水质良好，是孵化的关键环节。孵化水可以利用曝气的井水、带水消毒的清澈的池塘水等。孵化水不能被污染，受工业污染和农药污染的水不能用作孵化用水。水的 pH 一般要求 7.5 左右，偏酸性水会使卵膜软化，失去弹性，易于损坏；而偏碱性水卵膜也会提早溶解。孵化期内溶解氧不能低于 4 毫克/升，最好保持在 5 毫克/升以上。实践证明，当水体中溶氧低于 2 毫克/升时，就可能导致胚胎发育受阻甚至出现死亡。防止敌害水生动物进入孵化池，具体办法是孵化水进水口处用 60～70 目筛绢过滤。

3. 水温　配备水产养殖专用加温自动控制设备，以备急需。常见养殖鱼类胚胎正常孵化需要的水温为 17～31℃，最适温度为 22～28℃，正常孵化出膜时间为 1 天左右。温度愈低，胚胎发育愈慢；温度愈高，胚胎发育愈快。水温低于 17℃ 或高于 31℃，都会对胚胎发育造成不良影响，甚至死亡。温差过大尤其是水温的突然变化（3～5℃时），就会影响正常胚胎发育，造成停滞发育，或产生畸形及死亡。

二、静水孵化

静水孵化适合于静水产卵繁殖的鱼类，如鲤、鲫、团头鲂等。这些种类的鱼一般产黏性卵，卵黏附在一定的物体上，在适合的条件下孵化。孵化池专门用作带巢孵化，做法如下：

1. 孵化池　孵化池面积一般为 1～5 亩，水深 1 米，硬底或沙质底，清水。孵化池在使用前必须彻底清整，消灭敌害和病菌，保证鱼卵不被损害和感染。水泥池用作孵化池时，需要用充气泵增氧。

2. 鱼巢设置　鱼巢设置水面下，悬挂在事先搭好的绳索或框架子上，每个鱼巢分散放置，不能重叠，保证卵粒有充分的氧气和阳光。放卵密度为每亩孵化池放卵 200 万左右。

3. 孵化管理　保温措施得当，剧烈降温时能覆盖塑料薄膜保温或加温。防止水霉病感染，采用浸泡或在鱼巢上方泼洒防水霉病药物，防止蝌蚪等敌害生物吞食鱼卵。鱼苗孵出平游后方可驱苗取巢，开口后即时投喂开口饵料。

三、流水孵化

四大家鱼卵均为半浮性卵（或脱黏后的黏性卵），在静水条件下会逐渐下沉，落底堆积，导致溶氧不足，胚胎发育迟缓，甚至窒息死亡。在水流的作用下受精卵漂浮在水中，流水还可提供充足的溶氧，及时带走胚胎排出的废物，保持水质清新，达成孵化目的。

流水孵化的相关设备（如孵化环道、孵化缸等）（图 3-4）一般要求壁光滑，无死角，不会积卵和积苗。水流的流速约为 0.2～0.6 米/秒。每 50 千克水放卵 5 万～10 万粒，不能太密，以防卵、苗缺氧。整个孵化过程要注意调节流水量，使卵苗普遍地缓缓翻腾，以满足胚胎对氧的需求。流速太高会致使卵、苗冲撞器壁，引起胚胎畸形或受机械损伤。过滤纱窗要勤加洗刷，特别是鱼苗开始出膜后，防止堵塞漫水，卵、苗流走。

四、工厂化孵化

工厂孵化车间（生产线）依次由水泵、进水系统、孵化桶、集苗箱、集水槽、回流管、净化蓄水池等和相应的附属结构组成。孵化车间主要通过各种管道连接各个相应装置，实现相应的功能和作用，形成孵化用水在整个设备内部循环运转（图3-4）。

图3-4　工厂化孵化车间

1. 水泵　设置在供水池内，连接总进水管，提供动力。

2. 净化蓄水池　依次包括回水池、过滤池、供水池三部分。回水池收集的回流水通过滤池过滤作用，流向供水池。

3. 进水系统　车间总进水管连接若干个单条生产线的总进水管，单条生产线的总进水管连接若干个孵化桶进水管，向各个孵化桶供水。进水管在孵化桶的上面部分安装有能调节水流大小的阀门。

4. 孵化桶　为上部较粗的桶状，底部为圆锥面形（或半球面形），由焊接在支架上的2个钢圈承担，较小的钢圈承担孵化桶的底部，较大的承担着在孵化桶中上部，使孵化桶固定在1米左右的高度，便于操作。孵化桶的进水采用注流式，即进水管从上部垂直进入孵化桶，管口与其底部距离2~5毫米。出水管开在距离桶上端3.5厘米处，长13厘米，倾斜向下。孵化桶容积10升左右，进水管和出水管口径2厘米。

5. 集苗箱　底面长40厘米，宽30厘米；口处长42厘米，宽32厘米；深10厘米；口处有2厘米宽的脸盆状延边，方便搬运。集苗箱的两边，距底面高 6 厘米处，开有直径和间距均为 2 厘米的圆孔 4 个，并以密纱窗网封合，防止卵和鱼苗流出。集苗箱置于集水槽上，从圆孔滤过的水流入集水槽。

6. 集水槽　集水槽收集从集苗箱流出的水，并通过回流管流向蓄水净化池中的回水池。

7. 回流管　包括每条生产线回流支管和与若干个回流支管连接流向回水池的总回流管。

8. 鱼苗培育　鱼苗孵出后，继续在保留在集苗箱内，过 2～3 天即可开口摄食，此时收集一起，转入池塘进行苗种培育或在网箱内暂养以待销售。

第四节　其他养殖鱼类的人工繁殖

一、罗非鱼的人工繁殖

罗非鱼属热带鱼，具有生长快、食性广、繁殖力强、病害少、肉质好、产量高等特点，自 1956 年引进我国后，目前已成为我国许多地区的主要养殖鱼类和经济支柱。

1. 罗非鱼的繁殖习性　罗非鱼为典型的雄鱼营巢挖窝、雌鱼含卵口孵鱼苗的鱼类。罗非鱼为多次产卵类型，1 冬龄即可达性成熟。体重 200 克左右的罗非鱼，怀卵量多在 1 000～1 500 粒。当水温达到 20℃以上时，性成熟雄鱼进行频繁地挖窝活动，引逼雌鱼入巢，进行产卵受精活动。雌鱼产卵的适温范围为20～28℃。只要水温适宜，罗非鱼 20 天左右即可产卵含苗 1 次，但鱼群密度与繁殖活动呈反相关关系。

2. 鱼苗繁殖池条件

（1）鱼苗繁殖池要求　鱼苗繁殖池塘要求交通便利，环境安静，注排水方便，面积 1～3 亩，形状为东西向的长方形，土池埂要有一定的坡度，以利于亲鱼在浅水处挖窝产卵。水泥埂可在正常水位下 20～30 厘米处，沿池埂周围垒一级宽 30 厘米的台阶，便于拉网操作和捞苗。池底平坦，沙土或壤土，淤泥厚度小于 10 厘米。亲鱼刚放入池塘时，水深保持在 1.5 米以上。开始产卵时适当降低水位，保持在 1 米左右。水质无毒、无害。水温 23～28℃时，亲本会一直保持产苗。进、排水口安置过滤网，严防罗非鱼串塘、逃跑和野杂鱼、有害昆虫进入。

（2）亲鱼放养前清塘消毒　鱼苗繁殖池在亲鱼放入前，需进行清理和消毒。先将池水排尽，捕捉池内野杂鱼，清除过多的淤泥，平整池底，加固池堤，曝晒数日即可清塘消毒。清塘一般安排在亲鱼下塘前 10～15 天进行，清塘常用的药物有生石灰、漂白粉等。

（3）亲鱼肥水下塘　在进水口设置金属丝或尼龙丝密网，以防止野杂鱼及其他有害生物随水入池。亲鱼放养前还需培育好水质，即采取施肥的措施，使水体变肥，为水中培育大量的饵料生物，供亲鱼摄食。施肥应在亲鱼下塘前 7 天左右进行。水色渐呈绿色，亲鱼即能入池。

3. 亲本放养

（1）亲本选择　挑选罗非鱼优良的纯种作亲本，以确保子代获得较为理想的遗传因子和高的雄性率。奥尼杂交鱼苗生产所需亲鱼的选择，挑选雌性尼罗罗非鱼作母本、雄性奥利亚罗非鱼作父本，如果雌雄鉴别不准确，则雄性比率必然不高。亲鱼要求在 250 克以上，体质健壮，无病无伤，性腺发育良好。亲鱼的使用年限不超过 5 年。

（2）亲本的放养　按雌雄（2～4）：1 的比例放入繁殖池内，每亩放养亲鱼 500～800 尾，根据水质施追肥以保持水质一定肥度，并喂人工饲料，日投喂量占总体重的为 3%～5%。

4. 鱼苗繁殖与捕捞　亲鱼进入繁殖池后 20 天左右，便陆续产苗。这时要加强巡塘，注意亲鱼活动和出苗情况。一旦发现有成群的鱼苗出现就要开始捞苗，在清晨或傍晚鱼苗集中在池塘周围时，用三角抄网沿池边捞取。趁小鱼苗游动能力还比较弱时加紧捞出鱼苗，尽量捞尽。因为越冬期间亲鱼性腺发育一致，第一批鱼苗规格较整齐，也容易捞尽。在随后的时间里，因亲鱼的个体差异，性腺发育水平不一致，产卵的时间也就参差不齐，从而造成出苗的时间也就不同。这时用捞苗法就很难捞尽鱼苗，没有捞尽的鱼苗长至2～3厘米就会出现大苗吃小苗的现象，使产苗量减少，为此需定期用密网扦捕鱼苗，一般1周扦捕鱼苗1次。

5. 鱼苗暂养　鱼苗在网箱中暂养，注意不能太密，否则会缺氧，也不能放太久，最好不超过1周，否则易造成营养不良、体质差，不利于长途运输和日后饲养。暂养期要每天用鸡蛋黄或豆浆投喂2次，防止网破和网翻，网箱要经常换洗。当网箱中鱼苗达一定数量后过筛，然后转入苗种培育池培育或出售。

6. 繁殖生产的日常管理　在整个繁殖季节内，要为亲鱼提供充足的饵料。亲鱼每繁殖出一批鱼苗，需要补充大量营养，以迅速恢复体力，促使性腺再度发育成熟。为此，除适当施肥外，还要不断提供配合饵料，补充天然饵料的不足。坚持昼夜巡塘，发现亲鱼浮头就开增氧机或加注新水。

二、斑点叉尾鮰的人工繁殖

斑点叉尾鮰属温水性鱼类，1984年从美国引入我国。斑点叉尾鮰肉味鲜美，营养丰富，加上生长快，食性杂，抗病力强，起捕率高，适温广等特点，在我国许多地区开展了养殖，并且加工出口前景也十分广阔。

1. 繁殖习性　斑点叉尾鮰一般能在开春后水温上升到18.5℃以上开始产卵，最适产卵水温为25～27℃，水温30℃以上时对胚胎发育和苗种成活不利。长江流域5月下旬开始，至7月中旬结束，盛产期集中6月中下旬。该鱼属温水性鱼类，其性腺发育过程中需要经历一个相对的低温期，否则会影响繁殖效果。斑点叉尾鮰一般在3～4龄能达到第一次性成熟。人工饲养下3龄鱼体重可达1千克以上，少数可达性成熟，能产卵的3龄雌鱼怀卵量少。4龄雌鱼怀卵量大，产卵率高，一般选择4龄以上的雌鱼做亲本。体重1.8千克的雌鱼怀卵量4 000粒左右，体重4.5千克的雌鱼可产卵30 000粒。

雌雄区别：性成熟的亲鱼，雄鱼生殖器官肥厚而突起，似乳头状，其末端的生殖孔较明显。雌性生殖器似椭圆形，位于肛门与泌尿孔之间。雄鱼体型较瘦，头部宽而扁平，两侧有发达的肌肉，颜色较暗淡，呈灰黑色；雌鱼头部较小，呈淡灰色，体型较肥胖，腹部柔软而膨大。

斑点叉尾鮰在自然水体均能产卵、孵化，有做巢繁殖的习性，在鱼巢中交配繁殖，鱼巢多在僻静、阴暗的岩石下或凹形洞穴中。雌鱼产出一批卵子，雄鱼即排精，在数小时内多次重复，直到最后形成1个胶状的卵块，雄鱼护卵至孵化出苗。受精卵在26℃左右的水温中，经7～8天鱼苗开始出膜起游。

2. 亲鱼培育

（1）**池塘条件**　选择避风向阳，面积3亩，池底平坦，底泥稀薄，水量充沛，水质良好，注排水方便，水深1.4米，经防渗处理的池塘进行专池培育。溶氧保持在4毫克/升以上，pH为6.5～8.5。在亲鱼入池前7天，每亩使用100千克生石灰进行干法清塘消毒，鱼池进排水口处设置栏网，以防敌害入侵。

（2）**亲鱼来源**　选择身体强壮、无病无伤、发育正常的亲鱼，4冬龄以上，可以自己培育或购买商品鱼。

（3）**亲鱼放养**　繁殖后的秋季或翌年春初放养。按雌雄2：1（或3：2）比例，平均亩放养斑点叉尾鮰亲鱼60尾，搭配10～13厘米鲢、鳙鱼种200尾，以调节控制池塘水质。由于该鱼与鲤、鲫等鱼类食性相似，池中忌放鲤、鲫等杂食性鱼类，以免争食影响斑点叉尾鮰亲鱼的正常发育。亲鱼置于产卵池中进行强化培育（培育池与产卵池两者合一），自然受精。

（4）**强化培育**　以投喂自制的人工配合颗粒饲料为主。配合饲料的主要原料有进口鱼粉、豆饼、玉米、麦麸及添加剂等，粗蛋白含量为 36%，脂肪为 7.3%，动植物蛋白比例为 1：2.67。在亲鱼产卵前每 10 天，增投 1 次新鲜的小鱼、小虾或动物肝脏（打成浆拌饲投喂）。通常水温在 5℃ 开始投喂，5～12℃ 时，投饲量占鱼体重的 1%；12～20℃ 为 2%；20～35℃ 为 3%～4%。投饵次数控制在 2～4 次，投喂采用"四定"投喂法。临预产前每隔 1 天投喂 1 次鲜活动物饵料。实践证明，添加动物性饵料对促进亲鱼产卵和产后身体恢复有较好的效果。

（5）水质调节 培育前期每天向池中加注一定量（一般为 5 厘米）的新水，并排出一部分池底水，保持池中水清新。当水温升至 20℃ 左右时，要加大池中水流，以刺激亲鱼性腺的迅速发育，由第 Ⅲ 期向第 Ⅳ 期过渡。并在晴天的日子，清晨排出一部分老水（10～15 厘米），以降低水位刺激亲鱼，然后加注新水，增加水压（水位上升）刺激亲鱼，有利于亲鱼性腺成熟。

（6）鱼病防治 从 4 月下旬起，每隔 10～15 天全池泼洒石灰浆 1 次，每亩用量 20 千克左右。对食台定期消毒，残饵定期清理。并加强巡塘观察水质、水色和鱼的摄食及活动情况，控制鱼病发生。

3. 产卵受精 斑点叉尾鮰的池塘繁殖，采用自行产卵、人工孵化的方法。自然受精人工孵化，是指在产卵池中放置产卵器，亲鱼自然产卵受精后将卵块收集，经过消毒后进行人工孵化。

（1）产卵器选择和制作 一般人工设置的产卵器有塑料桶、铁皮桶、橡胶抽水管、木桶和瓦罐等，其容积多在 20～40 升，产卵器一端必须留有 1 个开口，大小要使亲鱼自由进出，另一端用尼龙纱布封底，以便防止漏卵和提巢检查时减轻重量。一般亲鱼更喜欢在长方形的产卵器中产卵，可自己制作长 80 厘米、宽 40 厘米、高 30 厘米的产卵器，留直径为 20 厘米孔，便于亲鱼进出。这种产卵容器可作为重 4 千克亲鱼的产卵巢。产卵巢以容纳 1 对亲鱼正常产卵为宜。

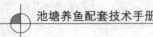
（2）产卵器设置　斑点叉尾鲴的产卵条件苛刻，繁殖的适宜水温为 23～30℃，最适水温为 26℃，当产卵池水温达到 23℃时，就要向池中放置产卵器。产卵巢的数量一般为亲鱼对数的 30％～50％。产卵器放置在离池岸 2～5 米处池塘底部，开口端朝向池中心，每个产卵器相互间隔 5 米左右，每个产卵器口端用绳子系上 1 个浮子浮于水面，以便收集卵块时识别。水温 23℃时，放置产卵器 20 天左右就可检查并收集卵。如未发现卵块，可移动产卵巢，以刺激亲鱼产卵。

（3）收集卵块　收集卵块的时间在 10：30～12：00。具体检查和收集卵块应有两人合作，先慢慢将产卵器开口端上提，但不要露出水面。选看是否有雄鱼护卵，如有将其赶走，然后用手伸入轻摸，发现卵块轻轻取出放入桶中带水运往孵化车间。运卵时，水要淹没鱼卵，同时将其遮盖，卵在桶中不宜存放过久，以免缺氧窒息死亡。如产卵器中无卵块，应将产卵器清洗干净后放回原处。

4. 人工孵化　受精卵块放入孵化器时，必须注意孵化用水与产卵池水温相差不能超过 4℃，以免鱼卵产生应激死亡，孵化水同家鱼孵化用水。常用的孵化设备有孵化环道、孵化缸。孵化环道和孵化缸等可采用微流水孵化。斑点叉尾鲴卵是黏性卵，卵块大小超过 500 克时，要用刀将卵块适当切开，以免卵块过大，中心卵粒造成缺氧死亡。孵化水温控制在（26±2）℃，当水温在 26℃时，1 周左右开始出膜。

三、黄颡鱼的人工繁殖

黄颡鱼又称戈牙、昂公、黄腊丁、央丝等，广泛分布于长江、黄河、珠江以及黑龙江各水域，其肉质细嫩少刺，味道鲜美而无鳞，营养丰富，是热销的一种优质鱼类。自然环境下，规格不同的黄颡鱼食性也有所不同，人工养殖条件下可以摄食全人工饲料。

1. 亲鱼的来源与选择　黄颡鱼亲鱼可从市场直接选购，也可采用人工培育的亲本。亲鱼总的挑选原则是，体质健壮，无伤或创伤较小，性腺发育良好。有生殖乳突为雄，无生殖乳突为雌。选择个体重 75 克以上的雌鱼和 100 克以上的雄鱼为亲本，用于人工授精的亲鱼雌雄比例以（5～8）：1 为宜；自然产卵的亲鱼雌雄比例以 1：（1～2）为宜。

2. 亲鱼的运输　运输水温以 6～15℃为宜，运输用水应清新、溶氧高，温差不超过 3℃。运输前 2～3 天，亲鱼要停食并拉网锻炼 1 次。大批量运输可采用活鱼车充氧运输，运输时间在 5 小时以内，装运密度不超过 100 千克/米³。拉网、装运、卸鱼等操作要仔细，避免鱼相互刺伤。亲鱼入池前，用 2%～3%食盐水浸泡 10～15 分钟消毒。

3. 亲鱼的培育　亲鱼入池前 2 周，用 75 千克/亩的生石灰消毒亲鱼培育池，并培育好水质，使水体保持一定肥度，水体透明度在 30 厘米左右。雌雄鱼可单养也可混养。放养密度不超过 200 千克/亩，套养少量花白鲢，以控制水质。

春季水温上升到 10℃以上时，开始投饵驯化；水温 15℃以下时，每日傍晚投饵 1 次；水温达到 15℃以上后，每日早晚各投饵 1 次。每次投喂量占鱼体重的 3%～5%，投喂量以 1 小时内吃完为宜。可投喂小鱼虾、蚌肉等绞成的肉浆做成软饲料，定位投在饵料台上，也可投喂人工配合饲料，推荐配方为：鱼粉 32%，豆饼 32.5%，玉米粉 1%，米糠 6%，麸皮 16%，过磷酸钙 1%，黏合剂及维生素，矿物质预混料 11.5%。

日常管理要保持水质清新，溶氧在 5 毫克/升以上，pH 为 7.2～8.5，严防浮头泛塘，亲鱼如出现严重浮头会造成不产卵。在准备催产前 1～2 个月，每 7～10 天冲水 1 次，每次冲水 1～2 个小时。水色太浓时，要及时换注新水。

4. 繁殖产卵　黄颡鱼的人工繁殖主要采用人工催产、自然受精或人工授精方法。

（1）催产亲鱼的选择　成熟度好的雌鱼，腹部膨大，腹部向上可见卵巢轮廓明显，倒立有卵巢流动现象，生殖孔扩张，宽而圆，呈深红色，手摸腹部柔软而富有弹性。用挖卵器取卵观察，卵粒大小较均匀、分离，呈黄色、有光泽，卵核偏移，有极化现象。雄鱼体色较深，个体较大，生殖突长而尖，呈桃红色。

（2）人工催产　催产季节为 5～6 月，水温 20℃以上，22～28℃最佳。催产药物常用鲤脑垂体（PG）、马来酸地欧酮（DOM）、绒毛膜促性腺激素（HCG）和促黄体释放激素类似物（LRH-A）。可采用这几种药物的混合剂，推荐剂量为每千克雌鱼体重用 PG 3～10 毫克＋LRH-A 10～15 微克＋DOM 4～10 毫克＋HCG 500～2 000 国际单位，剂量随水温和亲鱼成熟情况而适当增减。雄鱼剂量占雌鱼的 1/2～2/3，采用 2 次肌内注射。第一次占总量的 1/3，隔 12～20 小时后注射余量，雄鱼在雌鱼第二次注射时一次注射。在水温 23～26℃时，效应时间为 13～18 个小时。

（3）产卵受精　注射催产药物的亲鱼可行自然产卵，也可进行人工授精，然后收集受精卵进行人工孵化。

①自然产卵受精：亲鱼注射第二针后，按雌雄比 1∶（1～2）的比例放入产卵池待产。产卵池以水泥池为好，水深 0.4～0.8 米。池中用棕片或网片做鱼巢，待亲鱼入池后，采用充气增氧和微流水刺激。产卵期间保持产卵池安静，不得惊动亲鱼。黄颡鱼产卵分几次完成，产卵持续时间为 1～2 个小时，待水面平静即可收集鱼巢进行孵化。

②人工授精：亲鱼注射催产剂后放入池中，用流水刺激，在效应时间到达后亲鱼发情即捕起进行干法受精。一组人员取雌鱼，用布擦干鱼体表，将卵挤入容器中；同时，另一组人员杀雄鱼取精巢，精巢置于研钵中剪碎研磨，用 0.75％生理盐水稀释后，立即同卵子混合均匀，用羽毛搅拌，充分混合后，将受精卵均匀附着于鱼巢上。在人工授精过程中要擦干鱼体表及各种用具

表面的水分，并避免阳光直射。

（4）孵化 孵化用水要求水质清新，溶氧不低于 6 毫克/升，水温 23～28℃。将附着受精卵的棕片浸洗消毒后，放置在孵化池内孵化。棕片要均匀排列，保持微流水，同时用充气泵充氧。棕片和受精卵在出膜前每 24 小时消毒 1 次。一般 24℃时 60 小时左右即可出苗。待仔鱼能自由游动后，即将棕片等取出，以免污染水质。

四、鳜的人工繁殖

鳜又名桂花鱼、季花鱼等，是淡水鱼类中的名贵鱼类，肉质纯白细嫩，味道鲜美可口。鳜属温水性鱼类，在我国大部地区都能进行人工繁殖、苗种培育和人工养殖。

1. 鳜的繁殖习性 鳜雄性成熟年龄为 1 年，雌性为 2 年。在 5～7 月间繁殖，以农历立夏到端午是产卵盛期。21～23℃是鳜产卵的适宜水温。繁殖期间也不具有婚姻色和追星等明显的副性征。分多次产卵，一般能持续 4～8 个小时。卵黄色，里面有 1 个油球，能浮在流水中，在静水中沉底。正常情况下 2～3 天孵出。

2. 亲鱼选择

（1）雌雄鉴别 鳜的雌雄在幼体时较难辨别。性成熟以后，尤其在繁殖时期雌雄个体较容易区分（表 3-2）。

表 3-2 雌雄鳜的区别

部 位	雌 鳜	雄 鳜
下 颌	圆弧形，超过上颌不多	尖角形，超过上颌很多
生殖孔	腹部 3 孔，生殖孔位于中间，呈一字形，桃红色；黄色卵粒流出	腹部 2 孔，生殖孔和排屎孔合二为一，在肛门后
腹 部	膨大，柔软，轻压有卵粒流出	不膨大，轻压有乳白色精液流出

（2）亲鱼挑选 应挑选翘嘴鳜作为亲鱼。翘嘴鳜身上是墨绿

色斑块，上颌骨延伸达眼后缘之后的下方；大眼鳜身上是黄褐色斑块，上颌骨仅伸达眼后缘之前的下方。挑选要在繁殖前1年的秋天。最好不要长期使用同一渔场中的雌雄鱼配组繁殖，以免引起近亲繁殖，使鱼的抗病力、生长速度等性状退化。选择亲鱼时，要注意以下4点：

①体形：翘嘴鳜的躯体呈菱形，选择亲鱼时，要挑选从背部到腹部垂直距离大的，并且这个距离越大越好。

②体质：要求无伤、无残、无病、体表没有寄生虫寄生，而且要挑选身体胖大的，越胖越好。

③体重：翘嘴鳜生长速度快，当年鱼苗一般年底能长到0.5千克左右，个别大的个体能长到1千克以上。因此，选择雌性亲鱼要选2千克以上的个体，选择雄性亲鱼也要选1.5千克以上的。雌雄亲鱼体重、体长相差不大。

④雌、雄比例：雌、雄比例最好要达到1∶2。如果供挑选的鱼中，雄鱼达不到要求数量，雌雄比也可降至2∶3，最少不能低于1∶1。

3. 亲鱼培育

（1）亲鱼专池培育

①池塘条件：1.5～3亩，水深1.5米，池底淤泥少或没有。水质清新无污染，透明度30厘米左右。配套增氧机，平时最好有长流水入池，池边有水花生等水生植物。亲鱼入池前半个月清塘，带水清塘时，每亩（1米水深）用生石灰150千克；干池清塘，每亩用生石灰75千克。

②亲鳜放养：每亩水面放入挑好的亲鳜70千克左右，有流水的池塘可增加至100千克左右。越冬后一开春，要加强投喂。除投喂一些小活鱼外，还可专门培育鲫鱼苗作为饵料鱼。

③饵料鱼的培养：一般在鳜亲鱼池套养，具体做法：每亩水面放尾150～200克鲫600尾，每天投喂颗粒饲料，让鲫产卵，孵出小鱼后供鳜亲鱼摄食。鲫只要温度适宜，一年中春、夏、秋

三季都可产卵。

④饲养管理：保持池中有充足的饵料鱼；静水池塘开春后换水1次，水温升到20℃以上时，根据水质情况定期换水，并提高水位10厘米；有条件经常进行流水刺激；坚持每天早、中、晚三次巡塘，观察水质情况，保持水质清新，溶氧充足。

（2）**亲鱼套养培育**　鳜亲鱼单独培育成本偏高，常采用家鱼亲鱼池套养鳜亲鱼。每亩放40～50尾挑选好的鳜亲鱼，并投放10千克的饵料鱼。平时巡塘要注意观察小鱼数量，如发现数量不足，应适当追加投喂，饵料鱼一般用鲢、鳙的仔稚鱼。套养期间定时冲水，每天1～2次，每次1小时左右，冲水时进水和排水量要一致。因为鳜亲鱼喜欢活水，所以水源充足的地方最好保持微流水。

4. 亲鳜的产卵与孵化

（1）**产卵前的准备**　根据繁殖规模的大小，可选择适当的产卵池、孵化环道、孵化缸和孵化桶等设备，经检修消毒后备用。孵化用水最好用井水，使用前要曝晒。江河、池塘水要经消毒、沉淀，毒性消失后筛绢过滤使用。

（2）**人工催产**　常用催产剂剂量：雌鱼每千克体重注射脑垂体1.5～3毫克＋HCG 800～1 000单位，或者脑垂体5～8毫克＋LRH-A 50～100微克，或者脑垂体5毫克＋HCG 500单位＋LRH-A 50微克，或者HCG 1 500～2 500单位＋LRH-A 200～400微克等；雄鱼剂量减半。当水温稳定在21～23℃时，即可进行人工催产。两次体腔注射，第一次注射全剂量的20%～30%，8～14个小时后，注射剩余剂量；而雄鱼则在雌鱼第二次注射时一次注射完全部剂量。对一些性成熟较差的雌亲鱼，则采用三次注射法，即提前1周对雌鱼进行第一次注射，剂量为每千克体重LRH-A 20～50微克或脑垂体0.5～0.8毫克；第二、三次注射的剂量和时间与两次注射法相同。注射后的亲鱼，按雌雄

1∶2或2∶3的比例放入产卵池。

①自然产卵：催产后的鳜可在家鱼产卵池或孵化环道里产卵。产卵池保持30～50厘米深的水，微流水。每3米^{2}放1组亲鱼（1雌2雄或2雌3雄）。第二次注射后十几个小时，亲鱼开始产卵，持续时间3～6个小时。待亲鱼产完卵安静以后，将亲鱼从产卵池捞出，加大水流，将卵冲入收卵网箱。在产卵期间要有专人看管，观察亲鱼动静，维护环境安静，避免敌害动物靠近。一般估计发情前2～3个小时，就是第二次注射激素后12～16个小时，加快水流，使水流速达到每秒20厘米，起到刺激亲鱼产卵和将卵刚刚冲起漂浮的作用。

②人工授精：注射完催情剂的鳜亲鱼暂养在网箱或产卵池里。10个小时后，每隔半小时检查1次。轻压雌鱼腹部，分散的卵粒流出时，进行人工授精。用毛巾擦干鱼体，卵挤于干净的盆内，同时挤入精液，用羽毛轻轻搅拌1分钟，加少量的水搅拌均匀，静置1分钟。再把3克孔雀石绿溶解在50千克水中，用捞海盛卵，浸入该溶液3秒后提起捞海，用清水漂洗几遍，将卵倒入孵化环道或孵化缸（桶）内孵化。

（3）孵化　鳜受精卵一般采用静水充氧孵化和流水孵化。静水孵化，每平方米放卵2万粒左右；流水孵化，每立方米水体放卵30万粒左右；孵化缸每100升水体放卵5万粒左右。流水孵化的流速调节为刚刚将卵冲起或将苗冲起。孵化水温25℃左右为宜，昼夜波动不超过3℃，要有保温措施。25℃时，2天左右时间即可出膜，3天后鱼苗的卵黄囊基本消失，能平游，可摄食，这时开始鱼苗培育。

五、翘嘴红鲌的人工繁殖

翘嘴红鲌又名白鱼、太湖"三白"，以上层的小型鱼类为食，是我国传统的优质淡水鱼。翘嘴红鲌主要栖息在水面开阔的江湖中，目前，池塘人工养殖效果也很显著。

1. 繁殖习性　一般雌鱼 3 龄、雄鱼 2 龄成熟，在大湖或江河中皆可产卵，卵稍具黏性，一般黏附在水草或砾石上，在江河里常被水流冲下，顺水漂流孵化。怀卵量每千克体重为 10 万～15 万粒。一般 20℃以上就可产卵，适宜水温 25～28℃，受精卵 2 天左右即可孵出。

2. 亲鱼培育

（1）亲鱼池　要求水源充沛，水质清新无污染，注排水方便，面积在 1.5～5 亩，水深 1.5 米左右。若亲鱼池过大，容易因拉网次数过多而造成鱼体损伤，并且影响亲鱼吃食而致营养消退，从而影响产卵。亲鱼培育池最好选在产卵池旁边，以便于操作和减少亲鱼死亡。

（2）亲鱼收集和培育　冬季，水温 10℃左右时，从自然水域中收集体重在 1 000 克以上、年龄在 3 龄以上的成鱼作为亲鱼。由于该鱼脱水后易死亡，所以捕捞和运输操作均需小心，最好带水操作，活水车或塑料袋充纯氧运输。如是在池塘中暂养的亲鱼，需经拉网锻炼 2～3 次再装运。也可在人工饲养的商品鱼中挑选，但必须避免近亲繁殖。放养前用 5%左右的盐水消毒处理，然后放入池塘中培育，每亩放 200 千克左右。饲料以小规格的鲜活鱼为主，确保亲鱼能吃饱，并且每隔 3～5 天补投 1 次。也可用鲌专用饲料结合新鲜杂鱼切成小块后投喂。在繁殖前经常冲水，有利于性腺发育成熟。

（3）雌雄鉴别及亲鱼选择　每年 6 月至 7 月上旬，水温升至 26℃时便可进行人工繁殖。性腺发育成熟的亲鱼，雄鱼的头部、胸鳍、背部等处出现灰白色珠星，手感粗糙，轻压后腹部生殖孔内会有精液流出，体重在 0.8 千克以上。雌鱼的体表光滑，腹部膨大柔软，卵巢轮廓明显，体重在 1 千克以上。雌雄比例为（1～1.5）：1。

3. 催产、孵化

（1）人工催产　催产药物为 LHRH-A、DOM 和 HCG 混合物。雌鱼的剂量为每千克鱼体重 LHRH-A10 微克、DOM5 毫克、HCG 1 000~1 500 国际单位；雄鱼的剂量减半，每尾注射 2 毫升，胸鳍基部注射，效应时间 8~10 个小时。

（2）孵化

①自然孵化：亲鱼催产后，放入 1 米左右水深的产卵池里，产卵池可以是家鱼的产卵池或孵化环道，水源要求水质较清新。每平方米放亲鱼 1 组，水流速为 0.1 米/秒。亲鱼催产前，放入棕片或聚氯乙烯网条等作鱼巢，每组亲鱼入 5 个。池子上面必须罩好网片，以防止亲鱼跳出，造成不必要的伤亡。产卵结束后将亲鱼全部捕起。鱼卵在原池中进行流水孵化。

②人工授精：在注射催产剂 8~10 个小时后，亲鱼开始发情时捕起亲鱼，擦干鱼体，然后将卵和精液一起挤入干的盆中，并用硬鸡毛不断搅拌，使其充分受精。数分钟后把受精卵慢慢地倒入已准备好泥浆或滑石粉的水中脱黏，继续搅拌，至鱼卵不结块为止。再经数分钟，把脱黏的卵放在清水中洗净，然后将其倒入孵化桶中进行流水孵化。如无孵化桶，可将其直接倒入大面盆或大桶的清水中，一人捣卵，另一人放入棕片等产卵巢，使受精卵黏附在上面，最后将产卵巢放入流水环道或其他孵化池中进行孵化。孵化池中鱼苗的密度应控制在 50 万~80 万尾/米^3，一般孵化 30 小时可出膜。待腰点（鳔）基本形成、眼点发黑时，将仔鱼转入鱼苗培育池进行培育。

六、鲇的人工繁殖

鲇是我国常见的经济鱼类。其分布广泛，适应性强，偏肉食性的杂食性，肉质细嫩，肌肉刺少，营养丰富，具有较高的经济价值。鲇为底层凶猛性鱼类，怕光，昼伏夜出，很贪食，喜欢生活在阴暗的洞穴中或水花生、水浮莲等水生植物下面。鲇入冬后不食，春天随气温升高食量增大。

1. 鲇的繁殖习性　鲇一般 1 冬龄即成熟。产卵期长江一带为 4～6 月，越往南越早，越往北越晚。繁殖适宜水温 18～28℃。亲鱼产黏性卵，需要黏附在水草、柳树根须上进行孵化。产卵时亲鱼成群追逐。雌雄亲鱼产卵和受精每次产出一小部分，要经过数次才能排完，持续时间 4 小时左右。1 千克的雌鱼产卵 10 000 粒左右。

2. 亲鱼培育

（1）**亲鱼池条件**　亲鱼池面积 1～3 亩，池埂坡度较大。池塘少淤泥，埂底。池塘在使用前进行清塘清毒。在池塘底部放置管装物等人工洞穴，每亩放置直径为 30 厘米洞穴 15 个左右，间距 2～3 米。同时，在池塘四周种植水花生等水生植物，使亲鱼有藏身纳阴之处。有防逃措施。

（2）**亲鱼来源**　亲鱼可来自池塘养殖的成鱼，也可采集江、河、湖、沼和水库等自然水域中，用挂网、拉网、钓钩捕获的完整、无损伤的野生鱼。

（3）**雌雄鉴别**　生殖季节雌雄较易区分。雌鱼腹部较膨大，生殖突前端钝圆，胸鳍第 1 根棘条后缘光滑，生殖孔发红、膨大、富有润泽，生殖孔周围有放射状斑，稍用力压腹部后侧，能挤出 1～2 粒卵粒；雄鱼腹部狭小，生殖突前端细尖，胸鳍第 1 根棘条后缘有大锯齿，手摸有割手的感觉。挤压腹部，可见少许白色精液流出。

（4）**亲鱼放养**

①单养：放养体重 0.75～1.0 千克的亲鱼 200～300 尾/亩，雌雄可混养。投喂小野杂种鱼或鸡肠、猪下脚（血、肺）等，每天每尾 50 克左右，放入饵料台，以便检查食量，掌握投饵量。产前的 2 个月投放泥鳅、野杂鱼，每半个月冲水 1 次，促进亲鱼性腺发育成熟。适时排注水，保持水质清新，使池塘水的溶氧量保持在 5 毫克/升以上。

②混养：亲鱼可混养在家鱼池塘中，一般套养 5～8 尾/亩，可根据池塘里野杂鱼的多少调整放养量。

3. 繁殖

（1）人工催产　亲鱼培育至 5 月底或 6 月初，当水温 18～20℃时，可拉网检查亲鱼，雌雄比例为 1∶1 较适宜。以每千克亲鱼体重，雌鱼注射 HCG 剂量为 2 500 国际单位，或 HCG 3 000 国际单位＋LRH-A15 微克，雄鱼减半。亲鱼发育不好时可采用 2 次注射的方式，第 1 次注射总剂量的 1/3，10 小时后注射剩余全部剂量。也可采用雌鱼第 1 次注射 PG0.5 毫克，10 小时后再注射 HCG 1 200 国际单位。雄鱼的剂量减半，并且在第 2 次注射时一次性注射。

（2）产卵受精

①自然受精：催产后的亲鱼可放入家鱼的催产池，或面积 30～100 米² 圆形或长方形水泥池，水深 80～100 厘米。土池 200～1 000 米²，要求水质清澈，溶氧丰富，沙底、硬底，最好无淤泥。催产池内放置鲤用的卵巢，平均每尾雌放置 3～4 个。一般在水温 20℃左右时，鲇注射激素 12 小时后开始发情，13 小时后开始产卵。待亲鱼产完卵后，一般历时 5 小时，取鱼巢然后进行孵化。

②人工授精：人工催产后的亲鱼，在全部注射完催产剂后 12 小时，捕起亲鱼，进行人工授精。用毛巾擦干鱼体，同时挤精卵于干燥洁净的盆内，用羽毛搅拌均匀后静置 30 秒，然后加入少量清水在鱼巢上面搅散开来，使卵充分黏附在鱼巢上。静置 1 小时后，取出鱼巢进行孵化。

4. 孵化　孵化池为水泥池或土池，面积 50～200 米²，水深 0.5～1.0 米，每平方米放卵 3 万尾左右。孵化期间避免强光直射鱼巢，经常注入新水，保持溶氧 6 毫克/升以上。有条件进行微流水或进行充气孵化，注水时要用 60 目筛绢过滤，防止野杂鱼等混入。在水温 18～20℃鱼苗 2～4 天孵出，平游后（2～3 天）起巢，轻轻摇动鱼巢，鱼苗离开后取出。

七、泥鳅的人工繁殖

泥鳅肉质细嫩、味道鲜美，具有较高的营养和药用价值，在国际和国内的市场需求量都很大。我国部分地区已开始了规模化养殖，是当前很有发展前途的一个优良经济鱼类。

1. 泥鳅的繁殖习性 泥鳅为多次性产卵鱼类。在自然条件下，4 月上旬开始繁殖，5～6 月是产卵盛期，一直延续到 9 月还可产卵。繁殖水温为 18～30℃，最适水温为 22～28℃。体长 10 厘米的怀卵量为 7 000～10 000 粒，随体长增加怀卵量可达几万粒不等，最高可超过 6 万粒。

2. 亲鳅来源与选择 野生或池塘养殖的均可作为亲鳅来源。选择要求 2 龄以上，体形端正、色泽正常，无伤病。雌鳅体长 15 厘米，体重 30 克以上，且腹部膨大、柔软，轻压腹部有卵粒流出；雄鳅略小于雌鳅，轻压腹部有乳白色精液流出。

3. 人工催产 催产药物 HCG，每尾雌鳅用 1 000 国际单位，雄鳅剂量减半，药液注射量为 0.1～0.2 毫升。采用 1 毫升的注射器和 4 号针头进行背肌注射。针头入针深度 0.2～0.3 厘米，针头斜向前方与体轴成 45°夹角。注射药物后 10～15 小时便会发情产卵。

4. 产卵、受精

（1）自然产卵 产卵池为水泥池，面积 5～30 米^2，池深 0.8 米，注入水深 0.3 米，水为经曝晒的机井水。水温控制在 23～25℃。产卵池中设置卵巢，将产卵巢用竹竿固定在产卵池的中央。亲鳅催情后放入产卵池里，雌雄配比 1：3。产卵完全后取出鱼巢，放入孵化池孵化。

（2）人工授精 人工授精的雌雄比例可增大至（3～5）：1，注射催产剂的亲鳅雌雄分开放置。12 小时左右，杀雄鱼取精巢，放在干燥洁净的培育皿内，并置于冰块上避光充分剪碎，用 0.75%氯化钠溶液稀释备用。挤卵于干燥洁净的面盆等容器内，迅速浇注精液，用羽毛轻轻搅拌，使精卵充分混合受精，静置15秒后撒在盆内浸在水里的鱼巢上（鳅卵为半黏性卵，较易脱落），少量未黏附的卵子收集于孵化桶内进行孵化。

5. 孵化 孵化采用静水孵化法，但孵化期间要勤换水，每天换水2次，温差不超过2℃。孵化池为水泥池，面积5～30米^2，孵化池深0.8～1米，注入水深0.3～0.4米，水为经曝晒后的机井水，水温保持23～25℃，pH为7.0。孵化放卵密度为每平方米4 000粒左右。孵化时孵化池上方要遮蔽阳光，以防鱼苗发生畸形。如遇阴雨天，要用1‰的孔雀石绿溶液进行消毒，以防止寄生水霉病，一般30小时左右即可出苗。鳅苗全部孵出后取出鱼巢，约过2天待鳅苗平游后，即可投喂开口饵料。

第四章

鱼苗、鱼种培育

根据鱼苗、鱼种的特点和我国传统习惯，生产上人们常常把鱼苗、鱼种的生长期划分方以下几个阶段：

水花：刚孵出 3～4 天，鳔已充气，能水平游动，可以下塘饲养的仔鱼。

乌子：鱼苗下塘后经 10～15 天的培育，全长约 2 厘米时的仔鱼。

夏花：乌子再经 5～10 天的培育，养成全长 3 厘米左右时的稚鱼，也称火片或寸片。

秋片：夏花经 3～5 个月的培育，养成全长 10～17 厘米的鱼种，由于是在秋天出塘，故称秋片。

春片：秋片越冬后称为春片。

在江浙一带将 1 龄鱼种（冬花或秋花）通称为仔口鱼种；对青鱼、草鱼的仔口鱼种应再养 1 年，养成 2 龄鱼种，然后到第 3 年再养成成鱼上市，这种鱼种通称为过池鱼种或老口鱼种。

鱼苗、鱼种的培育，就是从孵化后 3～4 天的鱼苗，养成供食用鱼池塘、湖泊、水库、河沟等水体放养的鱼种。苗种培育的中心是提高成活率、生长率和降低成本，为成鱼养殖提供健康合格鱼种。

第一节　鱼苗、鱼种的生物学特性

鱼苗、鱼种是鱼类个体发育过程中，快速生长发育的阶段。

在该阶段，随着个体的生长，器官形态结构、生活习性和生理特性都发生一系列的变化。食性、生长和生活习性都与成鱼饲养阶段有所不同。鱼体的新陈代谢水平高、生长快，但活动和摄食能力较弱，适应环境、抗御敌害和疾病的能力差。因此，饲养技术要求高。为了提高鱼苗、鱼种饲养阶段的成活率和产量，必须了解它们的生物学特性，以便采取相应的科学饲养管理措施。

一、食性

刚孵出的鱼苗以卵黄囊中的卵黄为营养，称内营养期。随着鱼苗逐渐长大，卵黄囊由大变小，此时鱼苗一面吸收卵黄，一面摄食外界食物，称混合营养期。卵黄囊消失后，鱼苗就完全靠摄食水中的浮游生物而生长，称外营养期。但此时鱼苗个体细小，全长仅 0.6～0.9 厘米，活动能力弱，其口径小，取食器官（如鳃耙、吻部等）尚待发育完全。因此，所有种类的鱼苗只能依靠吞食方式来获取食物，而且其食谱范围也十分狭窄，只能吞食一些小型浮游生物，其主要食物是轮虫和桡足类的无节幼体。生产上通常将此时摄食的饵料称为"开口饵料"。

随着鱼苗的生长，其个体增大，口径增宽，游泳能力逐步增强，取食器官逐步发育完善，食性逐步转化，食谱范围也逐步扩大（表4-1）。表4-1中各种家鱼鱼种的摄食方式和食物组成，有以下规律性变化：

表4-1　鲢、鳙、草鱼、青鱼、鲤鱼苗发育至夏花阶段的食性转化

鱼苗全长 （毫米）	鲢	鳙	草鱼	青鱼	鲤
6					轮虫
7～9	轮虫无节幼体	轮虫无节幼体	轮虫无节幼体	轮虫无节幼体	轮虫、小型枝角类
10～10.7			小型枝角类	小型枝角类	小型枝角类、个别轮虫

（续）

鱼苗全长（毫米）	鲢	鳙	草鱼	青鱼	鲤
11～11.5	轮虫、小型枝角类、桡足类	轮虫、小型枝角类			枝角类、少数摇蚊幼虫
12.3～12.5	轮虫、枝角类、腐屑、少数浮游植物	轮虫、枝角类、桡足类、少数大型浮游植物	枝角类	枝角类	
14～15					枝角类、摇蚊幼虫等底栖动物
15～17	浮游植物、轮虫、枝角类、腐屑	轮虫、枝角类、腐屑、大型浮游植物	大型枝角类、底栖动物	大型枝角类、底栖动物	枝角类、摇蚊幼虫等底栖动物
18～23			大型枝角类、底栖动物，并杂有碎片	大型枝角类、底栖动物，并杂有碎片	枝角类、底栖动物
24	浮游植物显著增加	浮游植物数量增加，但不及鲢鱼	大型枝角类、底栖动物，并杂有碎片、芜萍	大型枝角类、底栖动物，并杂有碎片、芜萍	枝角类、底栖动物
25	浮游植物占绝大部分，浮游动物比例大大减少	浮游植物数量增加，但不及鲢鱼	大型枝角类、底栖动物，并杂有碎片、芜萍	大型枝角类、底栖动物，并杂有碎片、芜萍	底栖动物、植物碎片

注：引自《鱼类增养殖学》。

1. 仔鱼早期 这个时期鱼苗刚刚下塘1～5天，全长7～10毫米。鲢、鳙、草鱼、鲤等鱼苗的"口径"（特指鱼口长径）大小相似，为0.22～0.29毫米，适口食物大小为165微米×700

微米～210 微米×700 微米。鱼苗摄食是靠视觉发现食物并主动吞食的，食物主要是轮虫、无节幼体和小型枝角类，过大的食物吞不下，过小的食物（浮游植物）吃不到。

2. 仔鱼中期　鱼苗下塘后的 5～10 天，主要养殖鱼类的全长为 12～15 毫米，几种鱼苗口径虽然基本相似，大小为 0.62～0.87 毫米，但摄食方式已开始出现区别。鲢和鳙摄食方式由吞食向滤食转化，适口的食物是轮虫、枝角类和桡足类，也有少量无节幼体和较大型的浮游植物。草鱼、青鱼、鲤摄食方式仍然是吞食，适口食物是轮虫、枝角类、桡足类，还能吞食摇蚊幼虫等底栖动物。

3. 仔鱼晚期　鱼苗下塘后培育 10～15 天，此期鱼苗的全长 16～20 毫米，即乌子阶段。此时，鲢、鳙由吞食完全转为滤食，但鲢的食物以浮游植物为主，鳙的食物以浮游动物为主。草鱼、青鱼、鲤口径增大，摄食能力增强，主动吞食大型枝角类、摇蚊幼虫和其他底栖动物，并且草鱼开始吃幼嫩水生植物。

4. 夏花期　鱼苗全长达 21～30 毫米，这时，几种鱼的食性分化更加明显，很快进入鱼种期。

5. 鱼种期　此期鱼体全长 31～100 毫米，摄食器官和滤食器官的形态和机能基本同成鱼，滤食器官逐渐发育完善，全长 50 毫米左右时与成鱼相同。草鱼、青鱼、鲤的上下颌活动能力增强，可以挖掘底泥，有效地摄取底栖动物。综上所述，草鱼、青鱼、鲢、鳙、鲤这 5 种主要养殖鱼类由鱼苗发育至鱼种，其摄食方式和食物组成发生规律性变化。鲢和鳙由吞食转为滤食，鲢由吃浮游动物转为主要吃浮游植物，鳙由吃小型浮游动物转为吃各种类型的浮游动物。草鱼、青鱼、鲤始终都是主动吞食，草鱼由吃浮游动物转为吃草，青鱼由吃浮游动物转为吃底栖动物螺、蚬，鲤由吃浮游动物转为主要吃底栖动物摇蚊幼虫和水蚯蚓等。

二、生活习性

1. 栖息水层 鱼苗初下塘时，各种鱼苗在池塘中是大致均匀分布的。当鱼苗长到 15 毫米左右时，各种鱼所栖息的水层随着它们食性的变化而各有不同。鲢、鳙因滤食浮游生物，所以多在水域的中上层活动。草鱼食水生植物，喜欢在水的中下层及池边浅水区成群游动。青鱼和鲤除了喜食大型浮游动物外，主要食底栖动物，所以栖息在水的下层，也到岸边浅水区活动，因为这个区域大型浮游动物和底栖动物较多。

2. 对水温要求 鱼苗、鱼种的新陈代谢受温度影响很大。当水温降到 15℃以下，主要养殖鱼类的食欲明显减弱；水温低于 7～10℃时，几乎停止或很少摄食；它们最适生长温度为 20～28℃；水温高于 36℃，生长受到抑制。

3. 对水质要求 由于鱼苗、鱼种对水质适应能力相对比成鱼差，因此，对水质条件要求比较严格。

(1) **对溶氧要求高** 鱼苗、鱼种的代谢强度比成鱼高得多，因此，对水中的溶氧量要求高。青鱼、草鱼、鲢、鳙、鲤等摄食和生长的适宜溶氧量在 5～6 毫克/升或更高；水中溶氧应在 4 毫克/升以上，低于 2 毫克/升，鱼苗生长受到影响；低于 1 毫克/升，容易造成鱼苗浮头死亡。因此，鱼苗、鱼种池必须保持充足的溶氧量，以保证鱼苗、鱼种旺盛的代谢和迅速生长的需要。

(2) **对 pH 适宜范围小** 最适 pH 为 7.5～9，长期低于 7 或高于 9.5，都会不同程度地影响生长和发育。

(3) **对盐度适应能力差** 成鱼可在 5 盐度中正常发育，而鱼苗则在盐度 3 的水中生长缓慢，成活率很低；鲢鱼苗在 5.5 的盐度中不能存活。

(4) **对氨的适应能力差** 当总氨浓度大于 0.3 毫克/升（pH 为 8）时，鱼苗生长受到抑制。

三、生长特点

1. 鱼苗生长特点　鱼苗到夏花阶段，相对生长率最高，是生命周期的最高峰。据测定，鱼苗下塘 10 天内，体重增长的倍数为：鲢 62 倍，鳙 32 倍，即平均每 2 天体重增加 1 倍多，平均每天增重 10～20 毫克，平均每天增长 1.2～1.3 毫米。

2. 鱼种生长特点　鱼种阶段，鱼体的相对生长率较高。在 100 天的培育期间，每 10 天体重约增加 1 倍，但绝对增重量则显著增加，平均每天增重：鲢 4.19 克，鳙 6.3 克，草鱼 6.2 克，与鱼苗阶段绝对增重相比达数百倍。在体长增长方面，平均每天增长数：鲢 2.7 毫米，鳙 3.2 毫米，草 2.9 毫米，鲢鱼种体长增长为鱼苗阶段的 2 倍多，鳙为 4 倍多。影响鱼苗、鱼种生长速度的因素很多，除了遗传性状外，与生态条件密切相关，主要有放养密度、食物、水温和水质等。如果几个池塘放养同种鱼，池塘水质和食物条件又基本相似，那么放养密度小的生长速度就快于放养密度大的。这是因为池里鱼多，营养等生态条件相对就差，鱼的活动空间也小，生长就相对慢。

四、池塘中鱼的分布和对水质的要求

刚下塘的鱼苗通常在池边和表面分散游动，第 2 天便开始适当集中，下塘 5～7 天逐渐离开池边，但尚不能成群活动，10 天以后鲢、鳙鱼苗已能离开池边，在池塘中央处的上中层活动，特别是晴天的 10:00～18:00，成群迅速地在水表层游泳。草鱼和青鱼苗自下塘 5 天后逐渐移到中、下层活动，特别是草鱼苗体长达 15 毫米时，喜欢成群沿池边循环游动。鲤鱼苗在体长 12 毫米之前，分散在池塘浅水处游动；体长达 15 毫米左右时，开始成群在深水层活动，较难捕捞，且易被惊动。

鱼苗、鱼种的代谢强度较高，故对水体溶氧量的要求高。所以，鱼苗、鱼种池必须保持充足的溶氧量，并投给足量的饲料。

否则，池水溶氧量过低，饲料不足，鱼的生长就会受到抑制，甚至死亡，这是饲养鱼苗、鱼种过程中必须注意的。

鱼苗、鱼种对水体 pH 的要求比成鱼严格，适应范围小，最适 pH 为 7.5～8.5。鱼苗、鱼种对盐度的适应力也比成鱼弱。成鱼可以在盐度为 5 的水中正常生长和发育，但鱼苗在盐度为 3 的水中生长便很缓慢，且成活率很低。鱼苗对水中氨的适应能力也比成鱼差。

第二节 鱼苗培育

所谓鱼苗培育，就是将鱼苗养成夏花鱼种。为提高夏花鱼种的成活率，根据鱼苗的生物学特征，务必采取以下措施：一是创造无敌害生物及水质良好的生活环境；二是保持数量多、质量好的适口饵料；三是培育出体质健壮、适合于高温运输的夏花鱼种。为此，需要用专门的鱼池进行精心、细致的培育。这种由鱼苗培育至夏花的鱼池，在生产上称为"发塘池"。

一、鱼苗、鱼种的习惯名称

我国各地鱼苗、鱼种的名称很不一致，但大体上可划分为下面两种类型：

1. 以江苏、浙江一带为代表的名称 一般刚孵出的仔鱼称鱼苗，又称水花、鱼秧、鱼花。鱼苗培育到 3.3～5 厘米的称夏花，又称火片、乌子；夏花培育到秋天出塘的称秋片或秋子；到冬季出塘的称冬片或冬花；到翌年春天出塘的叫春片或春花。

2. 以广东、广西为代表的名称 鱼苗一般称为海花，鱼体从 0.83～1 厘米起长到 9.6 厘米，分别称为 3 朝、4 朝、5 朝、6 朝、7 朝、8 朝、9 朝、10 朝、11 朝、12 朝；10 厘米以上，则一律以寸表示。

两广鱼苗、鱼种规格与使用鱼筛（图 4-1、图 4-2）对照见

表 4 - 2。

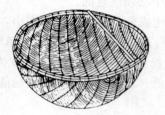

图 4 - 1 盆形鱼筛

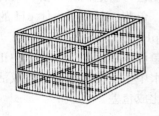

图 4 - 2 方形鱼筛（江苏地区）

表 4 - 2 鱼苗、鱼种规格与使用鱼筛对照

鱼体标准长度 （厘米）	鱼筛号	筛目密度 （毫米）	备 注
0.8～1.0	3 朝	1.4	不足 1.3 厘米鱼用 3 朝
1.3	4 朝	1.8	不足 1.7 厘米鱼用 4 朝
1.7	5 朝	2.0	不足 2.0 厘米鱼用 5 朝
2.0	6 朝	2.5	不足 2.3 厘米鱼用 6 朝
2.3	7 朝	3.2	不足 2.6 厘米鱼用 7 朝
2.6～3.0	8 朝	4.2	不足 3.3 厘米鱼用 8 朝
3.3～4.3	9 朝	5.8	不足 4.6 厘米鱼用 9 朝
4.6～5.6	10 朝	7.0	不足 5.9 厘米鱼用 10 朝
5.9～7.6	11 朝	11.1	不足 7.9 厘米鱼用 11 朝
7.9～9.6	12 朝	12.7	不足 10.0 厘米鱼用 12 朝
10.0～11.2	3 寸筛	15.0	不足 12.5 厘米鱼用 3 寸筛
12.5～15.5	4 寸筛	18.0	不足 15.8 厘米鱼用 4 寸筛
15.8～18.8	5 寸筛	21.5	不足 19.1 厘米鱼用 5 寸筛

二、鱼苗的形态特征和质量鉴别

1. 几种养殖鱼类鱼苗的形态特征 将鱼苗放在白色的鱼碟中，或直接观察鱼苗在水中的游动情况加以鉴别。

（1）**鲢鱼苗**　身体较瘦，灰白色，体侧有 1 行色素（俗称青筋）沿着鳔和肠管的上方直达尾部，尾鳍上下各有 1 个黑点（即色素丛），上小下大。鳔椭圆形，靠近头部，多居于水的上层中部，在水中时停时游（图 4-3）。

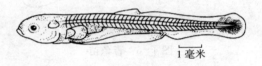

1 毫米

图 4-3　鲢鱼苗

（2）**鳙鱼苗**　鱼体较肥胖，头部宽，体色鲜嫩微黄。体大而肥壮，鳔比鲢大且距头部较远。尾部呈蒲扇状，下侧有 1 个黑点。常栖息于水的上层边缘处，游动缓慢而连续（图 4-4）。

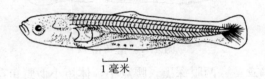

1 毫米

图 4-4　鳙鱼苗

（3）**草鱼苗**　体较鲢、鳙短小，但比青鱼胖，体色淡黄。鳔圆形，距头部较近。尾短小，呈笔尖状。尾部红黄色，血管较明显，故又称赤尾。在水中时游时停，常栖息于水的下层边缘处（图 4-5）。

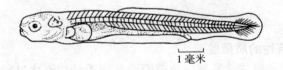

1 毫米

图 4-5　草鱼苗

（4）**青鱼苗**　体瘦长而微弯。头呈三角形而透明。鳔和鲢相似。青筋灰黑色直通尾部，并在鳔上方有明显的弯曲。尾鳍下叶有较明显的不规则的黑点，状如芦花。游动缓慢，常栖息于水的下层边缘（图4-6）。

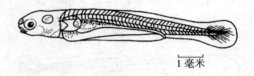

1毫米

图4-6 青鱼苗

（5）**鲤鱼苗** 体粗壮而背高。淡褐色，头扁平。鳔卵圆形。青筋灰色直达尾部。栖息于水的底层，不太活泼（图4-7）。

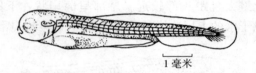

1毫米

图4-7 鲤鱼苗

（6）**鳊鱼苗** 两眼深黑，腰点小，体短小似野鱼苗。心脏部位有一大的黄色花朵般的色素。尾鳍下叶有一黑点，活动力不强（图4-8）。

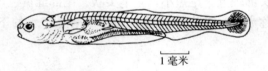

1毫米

图4-8 鳊鱼苗

2. 苗种的质量鉴别

（1）**鱼苗质量鉴别** 鱼苗因受鱼卵质量和孵化过程中环境条件的影响，体质有强有弱，这对鱼苗的生长和成活带来很大影响。生产上可根据鱼苗的体色、游泳情况以及挣扎能力来区别其优劣（表4-3）。

表4-3　家鱼鱼苗的质量优劣鉴别

鉴别方法	优质苗	劣质苗
体色	群体色素相同，无白色死苗，身体清洁，略带微黄色或稍红	群体色素不一，为"花色苗"，具白色死苗。鱼体拖带污泥，体色发黑带灰
游泳情况	在容器内，将水搅动产生漩涡，鱼苗在漩涡边缘逆水游泳	鱼苗大部分被卷入漩涡
抽样检查	在白瓷盆中，口吹水面，鱼苗逆水游泳，倒掉水后，鱼苗在盆底剧烈挣扎，头尾弯曲成圆圈状	在白瓷盆中，口吹水面，鱼苗顺水游泳。倒掉水后，鱼苗在盆底挣扎力弱，头尾仅能扭动

（2）夏花鱼种质量鉴别　夏花鱼种质量优劣，可根据出塘规格大小、体色、鱼类活动情况以及体质强弱来判别（表4-4）。

表4-4　夏花鱼种的质量优劣鉴别

鉴别方法	优质夏花	劣质夏花
看出塘规格	同种鱼出塘规格整齐	同种鱼出塘个体大小不一
看体色	体色鲜艳，有光泽	体色暗淡无光，变黑或变白
看活动情况	行动活泼，集群游动，受惊后迅速潜入水底，不常在水面停留，抢食能力强	行动迟缓，不集群，在水面漫游，抢食能力弱
抽样检查	鱼在白瓷盆中狂跳。身体肥壮，头小、背厚。鳞鳍完整，无异常现象	鱼在白瓷盆中很少跳动。身体瘦弱，背薄，俗语称"瘪子"。鳞鳍残缺，有充血现象或异物附着

3. 鱼苗的计数方法　为了统计鱼苗的生产数字，或计算鱼苗的成活率、下塘数和出售数，必须正确计算鱼苗的总数。

（1）分格法（或叫开间法、分则法）　先将鱼苗密集在捆箱的一端，用小竹竿将捆箱隔成若干格，用鱼碟舀出鱼苗，按顺序放在各格中成若干等份。从中抽1份，按上述操作再分成若干等份，照此方法分下去，直分到每份鱼苗已较少、便于逐尾计数为止。然后取出 1 小份，用小蚌壳（或其他容器）舀鱼苗计算尾数，以这一部分的计算数为基数，推算出整批鱼苗数。

计算举例：第一次分成 10 份；第二次从 10 份中抽 1 份，又分成 8 份；第三次从 8 份中又抽出 1 份，再分成 5 小份；最后从这 5 小份中抽 1 份计数，得鱼苗为 1 000 尾。则鱼苗总数为：

$$10×8×5×1\ 000\ 尾＝400\ 000\ 尾$$

（2）杯量法（又叫抽样法、点水法、大桶套小桶法、样杯法）　本法是常用的方法，在具体使用时又有以下两种形式：

①直接抽样法：鱼苗总数不多时可采用本法。将鱼苗密集捆箱一端，然后用已知容量（预先用鱼苗作过存放和计数试验）的容器（可配置各种大小尺寸）直接舀鱼，记录容器的总杯数，然后根据预先计算出单个容器的容存数算出总尾数。

计算举例：已知 100 毫升的蒸发皿可放密集的鱼苗 5 万尾，现用此蒸发皿舀鱼，共量得为 450 杯，则鱼苗的总数为：

$$450×5\ 万尾＝2\ 250\ 万尾$$

在使用上述方法时，要注意杯中的含水量要适当、均匀，否则误差较大。其次鱼苗的大小也要注意，否则也会产生误差。不同鱼苗即使同日龄也有个体差异，在计数时都应加以注意。

广西、西江一带使用一种锡制的量杯，每 1 杯相当鳗鲡苗 8 万尾，或其他家鱼苗 4 万尾。

②大碟套小碟法：在鱼苗数量较多时可采用本法。具体操作时，先用大盆（或大碟）过数，再用已知计算的小容器测量大盆的容量数，然后求总数。

计算举例：用大盆测得鱼苗数共 15 盆（在密集状态下），然后又测得每大盆合 30 毫升的瓷坩埚 27 杯，已知该瓷坩埚每杯容量为 2.7 万尾鱼苗，因此，鱼苗总数为：

$$15×27×2.7\ 万尾＝1\ 093\ 万尾$$

（3）容积法（又叫量筒法）　计算前先测定每毫升（或每 10 毫升或 100 毫升）盛净鱼苗数，然后量取总鱼苗有多少毫升

（也以密集鱼苗为准），从而推算出鱼苗总数。本法的准确度比抽样法差，因含水量的影响较大。

计算举例：已知每100毫升量杯有鱼苗250尾，现用1 000毫升的量杯共量得50杯，则鱼苗总数为：

$$250 尾 × （1 000/100）×50＝125 000 尾$$

（4）鱼篓直接计数法 本法在湖南地区使用。计数前先测知1个鱼篓能容多少笆斗水量，1笆斗又能装满多少鱼碟水量，然后将已知容器的鱼篓放入鱼苗，徐徐搅拌，使鱼苗均匀分布，取若干鱼碟计数，求出1鱼碟的平均数，然后计算全鱼篓鱼苗数。

计算举例：已知1鱼篓可容18个笆斗的水，每个笆斗相当25个鱼碟的平均鱼数为2万尾，则鱼篓的总鱼苗数为：

$$2 万尾×25×18＝900 万尾$$

三、鱼苗培育

（一）鱼苗培育前的准备工作

1. 常用生产工具的准备 鱼苗、鱼种生产常用的工具有鱼苗网、鱼种网、捆箱、鱼筛及其他小型工具（如捞海）等。鱼苗网多用16目聚乙烯胶丝织成的网片（但最好用维纶绵材料的），网长一般为池塘最大宽度的1.3～1.5倍，网高为池塘最大水深的2倍。鱼种网多用3×1或3×2规格的聚乙烯线编织成的网片，网长为池塘最大宽度的1.3～1.5倍，网高为池塘最大水深的2倍。

2. 鱼苗池的选择 鱼苗池的选择标准，要求有利于鱼苗的生长、饲养管理和拉网操作等。具体应具备下列条件：

（1）水源充足，注排水方便，水质清新，无任何污染。因为鱼苗在培育过程中，要根据鱼苗的生长发育需要随时注水和换水，才能保证鱼苗的生长。

（2）池形整齐，最好鱼池应向阳、长方形东西走向。这种鱼池水温易升高，浮游植物的光合作用较强，繁殖旺盛，因此对鱼苗生长有利。

（3）面积和水深适宜。面积为 1～3 亩，水深 1.5 米为宜。面积过大，饲养管理不方便，水质肥度较难调节控制；面积过小，水温、水质变化难以控制，相对放养密度小，生产效率低。

（4）池底平坦，淤泥厚度少于 20 厘米，无杂草。淤泥过多，水质易老化，耗氧过多对鱼苗不利，拉网操作不方便。水草吸收池水营养盐类，不利于浮游植物的繁殖。

（5）堤坝牢固，不漏水，底质以壤土最好，沙土和黏土均不适宜。有裂缝漏水的鱼池易形成水流，鱼苗顶水流集群，消耗体力，影响摄食和生长。

3. 鱼苗放养前的准备　鱼苗池在放养前要进行一些必要的准备工作，其中，包括鱼池修整、清塘消毒、清除杂草、灌注新水和培育肥水等几个方面。

（1）**鱼池修整**　多年用于养鱼的池塘，由于淤泥过多，堤基受波浪冲击，一般都有不同程度的崩塌。根据鱼苗培育池所要求的条件，必须进行整塘。所谓整塘，就是将池水排干，清除过多淤泥，将塘底推平，并将塘泥敷贴在池壁上，使其平滑贴实，填好漏洞和裂缝，清除池底和池边杂草；将多余的塘泥清上池堤，为青饲料的种植提供肥料。除新开挖的鱼池外，旧的鱼池每 1～2 年必须修整 1 次，多半是在冬季进行，先排干池水，挖除过多的淤泥（留 6.6～10 厘米），修补倒塌的池堤，疏通进出水渠道。

（2）**清塘消毒**　所谓清塘，就是在池塘内施用药物杀灭影响鱼苗生存、生长的各种生物，以保障鱼苗不受敌害、病害的侵袭。清塘消毒每年必须进行 1 次，时间一般在放养鱼苗前 10～15 天进行。清塘应选晴天进行，阴雨天药性不能充分发挥，操作也不方便。

清塘药物的种类及使用方法见表 4-5。表 4-5 中各种清塘药物中，一般认为生石灰和漂白粉清塘较好，但具体确定药物时，还需因地制宜地加以选择。如水草多而又常发病的池塘，可先用药物除草，再用漂白粉清塘。用巴豆清塘时，可用其他药物配合使用，以消灭水生昆虫及其幼虫。如预先用 1 毫克/升 2.5％粉剂敌百虫全池泼洒后再清塘，能收到较好的效果。

表 4-5　常见清塘药物的使用方法

药物及清塘方法		用量（千克/亩）	使用方法	清塘功效	毒性消失时间
生石灰清塘	干法清塘	60～75	排除塘水，挖几个小坑，倒入生石灰溶化，不待冷却，即全池泼洒。第 2 天将淤泥和石灰拌匀，填平小坑，3～5 天后注入新水	1. 能杀灭野杂鱼、蛙卵、蝌蚪、水生昆虫、螺蛳、蚂蟥、蟹、虾、青泥苔及浅根水生植物、致病寄生虫及其他病原体 2. 增加钙肥 3. 使水呈微碱性，有利浮游生物繁殖 4. 疏松池中淤泥结构，改良底泥通气条件 5. 释放出被淤泥吸附的氮、磷、钾等 6. 澄清池水	7～8 天
	带水清塘	125～150（水深 1 米）	排除部分水，将生石灰化开成浆液，不待冷却直接泼洒		
茶麸（茶粕）清塘		40～50（水深 1 米）	将茶麸捣碎，加水，浸泡 1 昼夜，连渣一起均匀泼洒全池	1. 能杀灭野鱼、蛙卵、蝌蚪、螺蛳、蚂蟥、部分水生昆虫 2. 对细菌无杀灭作用，对寄生虫、水生杂草杀灭差 3. 能增加肥度，但助长鱼类不易消化藻类的繁殖	7 天后
生石灰、茶麸混合清塘		茶麸 37.5，生石灰 45（水深 1 米）	将浸泡后的茶麸倒入刚溶化的生石灰内，拌匀，全池泼洒	兼有生石灰和茶麸两种清塘方法的功效	7 天后

（续）

药物及清塘方法		用量 （千克/亩）	使用方法	清塘功效	毒性消 失时间
漂白粉 清塘	干法清塘	1	先干塘，然后将漂白粉加水溶化，拌成糊状，然后稀释，全池泼洒	1. 效果与生石灰清塘相近 2. 药效消失快，肥水效果差	4～5 天
	带水清塘	13～13.5（水深 1 米）	将漂白粉溶化后稀释，全池泼洒		
生石灰、漂白粉混合清塘		漂白粉 6.5，生石灰 65～80（水深 1 米）	加水溶化，然后稀释全池泼洒	比两种药物单独清塘效果好	7～10 天
巴豆清塘		3～4（水深 1 米）	将巴豆捣碎，加 3% 食盐，加水浸泡，密封缸口，经 2～3 天后，将巴豆连渣倒入容器或船舱，加水泼洒	1. 能杀死大部分害鱼 2. 对其他敌害和病原体无杀灭作用 3. 有毒，皮肤有破伤时不要接触	10 天
鱼藤精或干鱼藤清塘		鱼藤精 1.2～1.3（水深 1 米）	加水 10～15 倍，装喷雾器中全池喷洒	1. 能杀灭鱼类和部分水生昆虫 2. 对浮游生物、致病细菌、寄生虫及其休眠孢子无作用	7 天后
		干鱼藤 1（水深 0.7 米）	先用水泡软，再捶烂浸泡，待乳白色汁液浸出，即可全池泼洒		

除清塘消毒外，鱼苗放养前最好用密眼网拖 2 次，清除蝌蚪、蛙卵和水生昆虫等，以弥补清塘药物的不足。

有些药物对鱼类有害，不宜用作清塘药物，如滴滴涕，这是一种稳定性很强的有机氯杀虫剂，能在生物体内长期积累，对鱼类和人类都有致毒作用，应禁止使用，其他如五氯酚钠等对人体也有害，禁止采用。

清塘一般有排水清塘和带水清塘两种。排水清塘，是将池水排到 6.6～10 厘米时泼药，用这种方法用药量少，但增加了排水的操作；带水清塘，通常是在供水困难或急等放鱼的情况下采用，但用药量较多。

（3）清除杂草　有些鱼苗池（也包括鱼种池）水草丛生，影响水质变肥，也影响拉网操作。因此，需将池塘的杂草清除，可用人工拔除或用刀割的方法，也可采用除草剂，如扑草净、除草剂 1 号等进行除草。

（4）灌注新水　鱼苗池在清塘消毒后可注满新水，注水时一定要在进水口用纱网过滤，严防野杂鱼再次混入。第 1 次注水 40～50 厘米，便于升高水温，也容易肥水，有利于浮游生物的繁殖和鱼苗的生长。到夏花分塘后的池水可加深到 1 米左右，鱼种池则加深到 1.5～2 米。

（5）培育肥水　目前，各地普遍采用鱼苗肥水下塘，使鱼苗下塘后即有丰富的天然饵料。培育池施基肥的时间，一般在鱼苗下塘前 3～7 天为宜，具体时间要看天气和水温而定，不能过早也不宜过迟。一般鱼苗下塘以中等肥度为好，透明度为 35～40 厘米，水质太肥，鱼苗易生气泡病。鱼种池施基肥时间比鱼苗池可略早些，肥度也可大些，透明度为 30～35 厘米。

初下塘鱼苗的最适适口饵料为轮虫和无节幼体等小型浮游生物。一般经多次养鱼的池塘，塘泥中贮存着大量的轮虫休眠卵。一般每平方米有 100 万～200 万个，但塘泥表面的休眠卵仅占 0.6%，其余 99% 以上的休眠卵被埋在塘泥中，因得不到足够的氧气和受机械压力而不能萌发。因此在生产上，当清塘后放水时（一般当放水 20～30 厘米时），就必须用铁耙翻动塘泥，使轮虫休眠卵上浮或重新沉积于塘泥表层，促进轮虫休眠卵萌发。生产实践证明，放水时翻动塘泥，7 天后池水轮虫数量明显增加，并出现高峰期。表 4-6 为水温 20～25℃时，用生石灰清塘后，鱼苗培育池水中生物的出现顺序。

表4-6　生石灰清塘后浮游生物变化模式（未放养鱼苗）

清塘 项目	1~3 天	4~7 天	7~10 天	10~15 天	15 天后
pH	>11	>9~10	9 左右	<9	<9
浮游植物	开始出现	第一个高峰	被轮虫滤食，数量减少	被枝角类滤食，数量减少	第二个高峰
轮虫	零星出现	迅速繁殖	高峰期	显著减少	少
枝角类	无	无	零星出现	高峰期	显著减少
桡足类	无	少量无节幼体	较多无节幼体	较多无节幼体	较多成体

　　从生物学角度看，鱼苗下塘时间应选择在清塘后 7~10 天，此时下塘正值轮虫高峰期。但生产上无法根据清塘日期来要求鱼苗适时下塘时间，加上依靠池塘天然生产力培养轮虫数量不多，每升仅 250~1 000 个，这些数量在鱼苗下塘后 2~3 天内就会被鱼苗吃完。故在生产上采用先清塘，然后根据鱼苗下塘时间施用有机肥料，人为地制造轮虫高峰期。施有机肥料后，轮虫高峰期的生物量比天然生产力高 4~10 倍，每升达 8 000 个以上，鱼苗下塘后轮虫高峰期可维持 5~7 天。为做到鱼苗在轮虫高峰期下塘，关键是掌握施肥的时间。如用腐熟发酵的粪肥，可在鱼苗下塘前 5~7 天（依水温而定），全池泼洒粪肥 150~300 千克/亩；如用绿肥堆肥或沤肥，可在鱼苗下塘前 10~14 天投放 200~400 千克/亩。绿肥应堆放在池塘四角，浸没于水中以促使其腐烂，并经常翻动。

　　如施肥过晚，池水轮虫数量尚少，鱼苗下塘后因缺乏大量适口饵料，必然生长不好；如施肥过早，轮虫高峰期已过，大型枝角类大量出现，鱼苗非但不能摄食，反而出现枝角类与鱼苗争溶氧、争空间、争饵料，鱼苗因缺乏适口饵料而大大影响成活率，这种现象群众称为"虫盖鱼"。发生这种现象时，应全池泼洒

$0.2\sim0.5$ 克/米^3 的晶体敌百虫，将枝角类杀灭之。

为确保施有机肥后，轮虫大量繁殖，在生产中往往先泼洒 $0.2\sim0.5$ 克/米^3 的晶体敌百虫杀灭大型浮游动物，然后再施有机肥料。如鱼苗未能按期到达，应在鱼苗下塘前 $2\sim3$ 天，再用 $0.2\sim0.5$ 克/米^3 的晶体敌百虫全池泼洒 1 次，并适量增施一些有机肥料。

（6）放苗前检查池水水质　放苗前 $1\sim3$ 天要对池水水质做一次检查。其目的是：①测试池塘药物毒性是否消失，方法是从清塘池中取 1 盆底层水放几尾鱼苗，经 $0.5\sim1$ 天鱼苗生活正常，证明毒性消失，可以放苗。②检查池中有无有害生物，方法是用鱼苗网在塘内拖几次，俗称"拉空网"。如发现大量丝状绿藻，应用硫酸铜杀灭，并适当施肥，如有其他有害生物也要清除。③检查池水的肥度，观察池水水色，一般以黄绿色、淡黄色、灰白色（主要是轮虫）为好。池塘肥度以中等为好，透明度 $20\sim30$ 厘米，浮游植物生物量 $20\sim50$ 毫克/升。如池水中有大量大型枝角类出现，可按上述方法用敌百虫，全池泼洒，并适当施肥。

（二）鱼苗的培育技术

1. 暂养鱼苗，调节温差，饱食下塘　塑料袋充氧运输的鱼苗，鱼体内往往含有较多的二氧化碳，特别是长途运输的鱼苗，血液中二氧化碳浓度很高，可使鱼苗处于麻醉甚至昏迷状态（肉眼观察，可见袋内鱼苗大多沉底打团）。如将这种鱼苗直接下塘，成活率极低。因此，凡是经运输来的鱼苗，必须先放在鱼苗箱中暂养。暂养前，先将鱼苗袋放入池内，当袋内外水温一致后（一般约需 15 分钟）再开袋放入池内的鱼苗箱中暂养。暂养时，应经常在箱外划动池水，以增加箱内水的溶氧。一般经 $0.5\sim1$ 小时暂养，鱼苗血液中过多的二氧化碳均已排出，鱼苗集群在网箱内逆水游泳。

鱼苗经暂养后，需泼洒鸭蛋黄水。待鱼苗饱食后，肉眼可见鱼体内有一条白线时，方可下塘。鸭蛋需在沸水中煮 1 小时以上，越老越好，以蛋白起泡者为佳。取蛋黄掰成数块，用双层纱布包裹后，在脸盆内漂洗（不能用手捏出）出蛋黄水，淋洒于鱼苗箱内。一般1个蛋黄可供10万尾鱼苗摄食。

鱼苗下塘时，面临着适应新环境和尽快获得适口饵料两大问题。在下塘前投喂鸭蛋黄，使鱼苗饱食后放养下塘，实际上是保证了仔鱼的第1次摄食，其目的是加强鱼苗下塘后的觅食能力和提高鱼苗对不良环境的适应能力。据测定，饱食下塘的草鱼苗与空腹下塘的草鱼苗忍耐饥饿的能力差异很大（表4-7）。同样是孵出5天的鱼苗（5日龄苗），空腹下塘的鱼苗至13日龄全部死亡，而饱食下塘鱼苗此时仅死亡2.1%。

表4-7 饱食下塘鱼苗与空腹下塘鱼苗耐饥饿能力测定（13℃）

草鱼苗处理	仔鱼尾数	各日龄仔鱼的累计死亡率（%）									
		5	6	7	8	9	10	11	12	13	14
试验前投1次鸭蛋黄	143	0	0	0	0	0	0	0.7	0.7	2.1	4.2
试验前不投鸭蛋黄	165	0	0.6	1.8	3.6	3.6	6.7	11.5	46.7	00	—

鱼苗下塘的安全水温不能低于13.5℃。如夜间水温较低，鱼苗到达目的地已是傍晚，应将鱼苗放在室内容器内暂养（每100升水放鱼苗8万～10万尾），并使水温保持20℃。投1次鸭蛋黄后，由专人值班，每小时换1次水（水温必须相同），或充气增氧，以防鱼苗浮头。待第2天9：00以后水温回升时，再投1次鸭蛋黄，并调节池塘水温温差后下塘。有风天要在上风处放苗，不可在下风处放苗，以免鱼苗被风吹到池塘一壁造成密集死苗。大的鱼塘，可分2～3个位置放苗。

2. 鱼苗的培育方法 我国各地饲养鱼苗的方法很多。浙江、江苏的传统方法是，以豆浆泼入池中饲养鱼苗；广东、广西则用青草、牛粪等直接投入池中沤肥饲养鱼苗，并在草鱼、鲮鱼苗池中辅喂一些商品饲料，如花生饼、米糠等。另外，还有混合堆肥饲养法、有机或无机肥料饲养法、综合饲养法以及草浆饲养法等。

（1）大草饲养法（又称绿肥、粪肥饲养法）　这是广东、广西的传统饲养方法。在鱼苗下塘前 5～10 天，池水深 0.8 米，投大草（一般为菊科、豆科植物——如野生艾属或人工栽培的柽麻等）200～300 千克，再加入经过发酵的粪水 100～150 千克，或将大草和牛粪同时投放。草堆一角或每束 15～25 千克扎成 1 捆，放池边浅水处，隔 2～3 天翻动 1 次，去残渣，最好把大草捆放上风处，以使肥水易于扩散。追肥是每隔 3～4 天施肥 1 次，每亩每次投大草 100～200 千克，牛粪 30～40 千克和饼浆 1.5～2.5 千克，也有单用大草沤肥的。

投草的量一般根据培育鱼苗的种类来定，滤食性鱼类投草量可大些，如培育鲢、鳙等；而培育草鱼鱼苗的池塘，投草量可少些。该方法的优点有：肥料来源广，成本较低，操作简便，肥水的作用较强，浮游生物繁殖多。缺点是：追肥时一次投放量和相隔时间仍较多较长，导致浮游生物繁殖的数量不均衡，水质肥度不够稳定，并降低了水中的含氧量。

（2）豆浆饲养法　浙江、江苏一带的传统饲养方法。用黄豆磨成豆浆泼入池中进行肥水和喂鱼，目前已改单一的豆浆培育为豆浆和有机肥料相结合的培育方法。实践证明，豆浆一部分是直接被鱼苗摄食，而大部分则起肥料的作用，繁殖浮游生物，间接作为鱼苗的饵料。鱼苗下池后，即开始喂豆浆。黄豆先用水浸泡，每 1.5 千克黄豆加水 20 千克。18℃ 时浸泡 10～12 小时，25～30℃ 时浸泡 6～7 小时。将浸泡后的黄豆与水一起磨浆，磨好的浆要及时投喂，过久要发酵变质。一般每天喂 2 次，分别在 8:00～9:00 和 13:00～14:00。豆渣要先用布袋滤去，泼洒要均匀，应做到"细如雾、匀如雨"，塘边塘中都要泼到，让全池鱼都能吃到食物。鱼苗初下池时，每亩每天用黄豆 3～4 千克，5 天后增至 5～6 千克，以后随水质的肥度而适当调整。经泼洒豆浆 10 余天后水质转肥，这时，草鱼、青鱼开始缺乏饲料，可投喂浓厚的豆糊或磨细的酒糟。豆浆培育鱼苗方法较简单，水质肥度较稳定，夏花体质强壮，但黄豆使用量较多，成本相对较高。

（3）混合堆肥法　堆肥的配合比例有多种：①青草 4 份，牛粪 2 份，人粪 1 份，加 1% 生石灰；②青草 1 份，牛粪 1 份，加 1% 的生石灰；③青草 1 份，牛粪 1 份，加 1% 的生石灰。制作堆肥的方法：在池边挖建发酵坑，要求不渗漏，将青草、牛粪层层相间放入坑内，将生石灰加水成乳状泼洒在每层草上，注水至全部肥料浸入水中为止，然后用泥密封，让其分解腐烂。堆肥发酵时间随外界温度高低而定，一般在 20～30℃ 时，20～30 天即可使用。肉眼观察，腐熟的堆肥呈黑褐色，放手中揉成团状不松散。放养前 3～5 天塘边堆放 2 次基肥，每次用堆肥 150～200 千克。鱼苗下塘后每天上、下午各施追肥 1 次，一般每亩施堆肥汁 75～100 千克，全池泼洒。

（4）有机肥料和豆浆混合饲养法　在鱼苗下塘前 3～4 天，先用牛粪、青草等作为基肥，以培育水质，每亩放青草 200～250 千克，牛粪 125～150 千克。待鱼苗下池后，每天投喂豆浆，但用量较苏浙地区豆浆饲养法为少，每天每亩施黄豆（磨成浆）1～3 千克。同时，在饲养过程中还适当投放几次牛粪和青草。本法实际上是两广大草法和苏浙豆浆法的混合法。

（5）无机肥料饲养法　在鱼苗入池前 20 天左右即可施化肥做基肥，通常每亩施硫酸铵 2.5～5 千克，过磷酸钙 2.5 千克，施肥后如水质不肥或暂不放鱼苗，则每隔 2～3 天再施硫酸铵 1 千克和过磷酸钙 0.75 千克，可直接泼洒池中。一般施追肥时，每 2～3 天施硫酸铵 1.5 千克，过磷酸钙 0.25 千克。作追肥时硫酸铵要溶解均匀，否则鱼苗易误食引起死亡。一般每亩水面培育鱼苗的总量为硫酸铵 32.5 千克，过磷酸钙 22.5 千克。

（6）有机肥料和无机肥料混合饲养法　鱼苗下塘前 2 天，每亩施混合基肥，包括堆肥 50 千克，粪肥 35 千克，硫酸铵 2.5 千克，过磷酸钙 3 千克。鱼苗入池后，每天施混合追肥 1 次，并适当投喂少量鱼粉和豆饼。

（7）综合饲养法　其要点如下：①作为池塘清整工作，鱼苗放养前 10～15 天，用生石灰带水清塘；②青鱼、草鱼、鲢、鳙鱼苗分别培育；③肥水下塘，鱼苗放养前 3～5 天用混合堆肥作基肥；④用麻布网在放养前拉去水生昆虫、蛙卵、蝌蚪等，或用 1 毫克/升敌百虫杀灭水蜈蚣；⑤改一级塘饲养为二级塘饲养，即鱼苗先育成 1.6～2.6 厘米火片（每亩放 15 万～20 万尾），然后再分稀（每亩放 3 万～5 万尾），育成 4～5 厘米夏花，二级塘也要先施基肥；⑥供足食料，每天用混合堆肥追肥，保持适当肥度，到后期食料不足时，辅以一些人工饲料，如豆浆饼等；⑦分期注水，随着鱼体增长，隔几天注新水 10～15 厘米；⑧及时防治病虫害，每隔 4～5 天检查鱼病 1 次，及时采取防治措施；⑨做好鱼体锻炼和分塘出鱼工作。

分析上述各种鱼苗的培育方法，其中，以综合饲养法和混合堆肥法的经济效果、饲养效果较好，但其他方法也各有一定的长处，因此，各地可因地制宜地加以选用。

3. 鱼苗培育成夏花的放养密度　鱼苗培育成夏花的放养密度，随不同的培育方法而各异。此外，也与鱼苗的种类、塘水的肥瘦有关。如鲮鱼苗可密些，鲢、鳙鱼苗次之，青、草鱼苗应稀些；早水鱼苗和中水鱼苗可密些，晚水鱼苗应稀些；老塘水肥可密些，新塘水瘦应稀些。

（1）一级培育法　采用鱼苗稀放直接培育到 1 龄鱼种。根据东北地区的经验，每亩放养 1.4 万～1.5 万尾，鱼苗下池前先放入网箱暂养数小时，剔除死鱼，正确过数，然后入池。这种方法适于产苗期晚、鱼种饲养期短的地区，其混养比例通常采用下列形式：

主养草鱼：草鱼 70%，鲢或鳙 20%（或鲢 15%、鳙 5%），鲤 10%。

主养鲢：鲢 70%，草鱼 15%，鳙 5%，鲤 10%。

主养鳙：鳙 70%，草鱼 20%，鲤 10%。

主养鲤：鲤 70%，草鱼 10%，鲢或鳙 20%。

江苏地区用本法培育鱼种，每亩放鱼苗 1 万～1.3 万尾，早期稀养，快速育成，并避免和减少了拉网搬运的次数。其优点是，鱼苗早期生长特别迅速，鲢、鳙、草鱼苗只培育 15 天，体长达 3.3 厘米以上，1 个月后体长达 6.6 厘米以上。此外，由于入池鱼苗稀和肥水下塘，因此，天然饵料丰富，早期可少喂或不喂精料。如苏州市水产养殖场，鳙采用一养到底的培育法，放养密度为每亩放养 1 万～1.2 万尾，另配养 1 000 尾左右的斜颌鲴或青鱼苗，出塘冬片鱼种规格在 16～20 厘米，饲料系数为 2～3。

（2）二级培育法　即鱼苗经 15～20 天的培育，长成体长达 1.7～2.5 厘米乌仔或 3～5 厘米的夏花，然后由夏花再培育到秋片鱼种。

目前，我国一些主要养鱼地区大多采用二级培育法。

鱼苗培育大都采用单养的形式，由鱼苗直接养成夏花，每亩放养 10 万～15 万尾；由鱼苗养成乌子，每亩放养 15 万～20 万尾；由乌子养到夏花时，一般放养密度为每亩放养 3 万～5 万尾。在北方由于无霜期短，为了延长苗种生长期，培育大规格鱼种，各地普遍利用塑料温室大棚进行早繁或南苗北运的方式，比传统育苗提早 15～20 天，从而延长了苗种生长期。

浙江地区采用豆浆发塘，水质比较稳定，放养密度一般为每亩放养 10 万～15 万尾。一般都是单养，但也有在草鱼塘中配养 20% 鲢或鳙，鳙塘中配养 10%～20% 草鱼，出塘时用鱼筛或漏箱将两种混养鱼分开。一般经 18～20 天饲养，鱼苗可长到 3.3 厘米左右。

江苏地区采用的方法，鱼苗放养密度每亩放养 5 万～8 万尾，要求培育出塘规格大的还可稀放。人工繁殖的鱼苗一般都单养。长江采捕的鱼苗，有条件时鲢、鳙和青鱼、草鱼分开培育，或初期混养、后期分养，每亩放养 10 万～12 万尾；青鱼、草鱼苗占的比例大时，每亩放养 10 万尾；晚鱼苗，每亩放养 8 万尾。一般饲养 15～20 天，鱼体可长到 2.31 厘米以上。

广东地区鱼苗培育采用单养，其放养密度如下：

鳙鱼苗：每亩放养 15 万～20 万尾（最高达 40 万尾）。

鲢鱼苗：每亩放养 15 万～25 万尾（最高达 40 万尾）。

草鱼苗：每亩放养 15 万～20 万尾（最高达 40 万尾）。

鲮鱼苗：每亩放养 40 万～50 万尾。

若培育塘较大，则略可增加放养数。一般经过 15 天的培育，鱼苗可长成 2.6 厘米（7 朝）或 3 厘米（7 朝半）的规格。

广西地区，草鱼苗每亩放养 15 万～20 万尾；鲢、鳙鱼苗每亩放养 20 万～25 万尾；鲤鱼苗每亩放养 30 万～35 万尾。草鱼苗经 15～20 天培育，体长可达 2.6～3 厘米（7～8 朝）；鲢、鳙鱼苗经 7～10 天培育，体长可达 2.6～3 厘米（7～8 朝）；鲤鱼苗经 20～25 天培育，体长可达 2.6～3 厘米（7～8 朝）。

湖北某些地区也采用二级培育法，每亩通常放苗 12 万～15 万尾，饲养 14～20 天，体长可达 1.7～2.6 厘米。

（3）三级培育法　即鱼苗育成火片（乌仔），再将火片育成夏花，再由夏花育成鱼种。一般每亩放养 15 万～20 万尾，多的可放 20 万～30 万尾。饲养 8～10 天后，鱼苗长到 1.7 厘米左右，即拉网出塘，通过鱼筛，捕大留小，分塘继续饲养。第二次培育，每亩放养 4 万～5 万尾或多达 6 万～8 万尾，再饲养 10 天，长成体长达 3.3 厘米左右的夏花。有些地区将鱼苗下池育成体长 1.7～2.5 厘米的火片称一级塘饲养，每亩放养青鱼、草鱼苗为 15 万～20 万尾；鲢、鳙鱼苗每亩放养 20 万～25 万尾。从体长 1.7～2.5 厘米的火片育成体长 4～5 厘米的夏花称二级塘，二级塘的放养密度为 3 万～5 万尾。

4. 鱼苗培育阶段的饲养管理　鱼苗下塘初期水位不宜太深，

水深 50～60 厘米左右，浅水可以提高池水温度，加速有机肥料的分解，有利于水中生物和鱼苗的生长，同时也节省精饲料的用量。随着鱼体长大，鱼苗需要更大的生存空间，加上水质变肥，溶氧减少，水中生物易衰退，需加注新水。每 3～5 天加注新水 1 次，每次 10 厘米左右。在整个鱼苗培育期间加注新水 4～5 次为好，最后加至最高水位。注水时需用 60 目筛绢网过滤进水，以防野杂鱼和其他敌害生物流入池内，同时，应防止水流冲起池底淤泥，搅混池水。

鱼苗池的日常管理工作，必须建立严格的岗位责任制。要求每天巡池 3 次，做到"三查"和"三勤"。即早上查鱼苗是否浮头，勤捞蛙卵，消灭有害昆虫及其幼虫；午后查鱼苗活动情况，勤除杂草；傍晚查鱼苗池水质、天气、水温、投饵施肥数量、注排水和鱼的活动情况等，勤做日常管理记录，安排好第二天的投饵、施肥、加水等工作。此外，应经常检查有无鱼病，及时防治。

5. 拉网和分塘　鱼苗经过一个阶段的培育，当鱼体长成 3.3～5 厘米的夏花时即可分塘。分塘前一定要经过拉网锻炼，使鱼种密集一起，受到挤压刺激，分泌大量黏液，排除粪便，以适应密集环境，运输中减少水质污染的程度，体质也因锻炼而加强，以利于经受分塘和运输的操作，提高运输和放养成活率。在锻炼时还可顺便检查鱼苗的生长和体质情况，估算出乌仔或夏花的出塘率，以便做好分配计划。

选择晴天、在 9:00 左右拉网。第 1 次拉网，只需将夏花鱼种围集在网中，检查鱼的体质后，随即放回池内。第 1 次拉网，鱼体十分嫩弱，操作需特别小心，拉网赶鱼速度宜慢不宜快，在收拢网片时需防止鱼种贴网。隔 1 天进行第 2 次拉网，将鱼种围集后，与此同时，在其边上装置好谷池（为一长形网箱，用于夏花鱼种囤养锻炼、筛鱼清野和分养），将皮条网上纲与谷池上口相并，压入水中，在谷池内轻轻划水，使鱼群逆水游入池内。鱼群进入谷池后，稍停，将鱼群逐渐赶集于谷池的一端，以便清除另一端网箱底部的粪便和污物，不让黏液和污物堵塞网孔。然后放入鱼筛，筛边紧贴谷池网片，筛口朝向鱼种，并在鱼筛外轻轻划水，使鱼种穿筛而过，将蝌蚪、野杂鱼等筛出。在清除另一端箱底污物并清洗网箱。

经这样操作后，可保持谷池内水质清新，箱内外水流通畅，溶氧较高。鱼种约经 2 小时密集后放回池内。第 2 次拉网应尽可能将池内鱼种捕尽。因此，拉网后应再重复拉 1 网，将剩余鱼种放入另 1 个较小的谷池内锻炼。第 2 次拉网后再隔 1 天，进行第 3 次拉网锻炼，操作同第 2 次拉网。如鱼种自养自用，第 2 次拉网锻炼后就可以分养。如需进行长途运输，第 3 次拉网后将鱼种放入水质清新的池塘网箱中，经一夜"吊养"后方可装运。吊养时，夜间需有人看管，以防止发生缺氧死鱼事故。

拉网锻炼需要注意：①拉网前停喂 1 天，因饱食的鱼耗氧大，易浮头，对拉网不利；②淤泥多、水又浅的塘，要加注新水后再拉网锻炼；③拉网速度不宜太快，以免搅混池水；④鱼苗在网中密集时，要清除网上污物；⑤拉网选择在晴天的清晨进行；⑥天气闷热、鱼浮头或是有病时，不能进行拉网锻炼。

6. 出塘过数和成活率的计算　夏花出塘过数的方法，各地习惯不一，一般采取抽样计数法。先用小海斗（捞海）或量杯量取夏花，在计量过程中抽出有代表性的 1 海斗或 1 杯计数，然后按下列公式计算：

总尾数＝捞海数（杯数）×每海斗（杯）尾数

根据放养数和出塘总数，即可计算成活率：

成活率（％）＝（夏花出塘数）/（下塘鱼苗数）×100

提高鱼苗育成夏花的成活率和质量的关键，除细心操作，防止发生死亡事故外，最根本的是保证鱼苗下塘后就能获得丰富适口的饲料。因此，必须特别注意做到合理放养密度、肥水下塘、分期注水和及时拉网分塘。

第三节　1龄鱼种培育

夏花经过3～5个月的饲养，体长达到10厘米以上，称为1龄鱼种或仔口鱼种。培育1龄鱼种的鱼池条件和发花塘基本相同，但面积要稍大一些，一般以2～10亩为宜。面积过大，饲养管理、拉网操作均不方便。水深一般1.5～2米，高产塘水深可达2.5米。备有电力设备和增氧机，在夏花放养前必须和鱼苗池一样用药物消毒清塘。清塘后适当施基肥，培肥水质。施基肥的数量和鱼苗池同，应视池塘条件和放养种类而有所增减，一般每亩施发酵后的畜（禽）粪肥150～300千克，培养红虫（枝角类），以保证夏花下塘后就有充分的天然饵料。

一、夏花放养

1. 适时放养　一般在6～7月放养。应先放主养鱼，后放配养鱼。尤其是以青鱼、草鱼和团头鲂为主的塘，以保证主养鱼优先生长，同时，通过投喂饲料、排泄的粪便来培肥水质，过20天左右再放鲢、鳙等配养鱼。这样既可使青鱼、草鱼、鳊逐步适应肥水环境，提高争食能力，也为鲢、鳙准备天然饵料。

2. 合理搭配混养　夏花阶段各种鱼类的食性分化已基本完成，对外界条件的要求也有所不同，既不同于鱼苗培育阶段，也不同于成鱼饲养阶段。因此，必须按养鱼种的特定条件，根据各种鱼类的食性和栖息习性进行搭配混养，才能充分挖掘水体生产潜力和提高饲料利用率。应选择彼此争食较少、相互有利的种类搭配混养。一般应注意以下几点：

（1）鳙为主鱼池一般不宜混养鲢，它们的食性虽有所差别，但也有一定矛盾。鲢性情急躁，动作敏捷，争食能力强；鳙行动缓慢，食量大，但争食能力差，常因得不到足够的饲料，生长受到抑制，所以一般鲢、鳙不宜同池混养。但考虑到充分利用池中的浮游动物，可以在主养鲢池中混养 10％～15％的鳙。江苏省的一些地方，为了提高鳙池的产量，待鳙种长大后到 9 月初再搭配放养鲢，获得了增产的效果。

（2）草鱼同青鱼在自然条件下的食性完全不同，没有争食的矛盾。但在人工饲养的条件下，均饲喂人工饲料，因此会产生争食的矛盾。草鱼争食力强，而青鱼摄食能力差，所以一般青鱼池不混养草鱼，只能在草鱼池中少量搭养青鱼。

（3）鲤是杂食性鱼类，喜在池底挖泥觅食，容易使水混浊。但因其贪食，在草鱼池可以少量搭配鲤，但一般不超过 5％～8％，以控制小青鱼暴食和清扫食场。也可以实行主养，搭配少量鳙。

（4）青鱼同鳙性情相似，饲料矛盾不大。鳙吃浮游生物，可以使水清新，有利于小青鱼生长，可以搭配混养。

（5）草鱼同鲢争食能力相似，鲢吃浮游植物，能促使水体转清，有利于小草鱼生长，因此，它们比较适宜混养。

在生产实践中，多采用草鱼、青鱼、鳊、鲤等中下层鱼类分别与鲢、鳙等上层鱼类进行混养。其中，以 1 种鱼类为主养鱼，搭配 1～2 种其他鱼类。

3. 放养密度　在生活环境和饲养条件相同的情况下，放养密度取决于出塘规格，出塘规格又取决于成鱼池放养的需要。一般每亩放养 1 万尾左右。具体放养密度，根据下列几方面因素来决定：

（1）池塘面积大、水较深、排灌水条件好，或有增氧机、水质肥沃、饲料充足，放养密度可以大些。

（2）夏花分塘时间早（在 7 月初之前），放养密度可以大些。

（3）要求鱼种出塘规格大，放养密度应稀些。

（4）以青鱼和草鱼为主的塘，放养密度应稀些；以鲢、鳙为主的塘，放养密度可适当密些。

根据出塘规格要求，可参考表4-8决定放养密度。

表4-8　1龄鱼池亩放养量参考

主养鱼	放养量（尾）	出塘规格（厘米）	配养鱼	放养量（尾）	出塘规格（厘米）	放养总数（尾）
草鱼	2 000	50～100 克	鲢	1 000	100～125 克	4 000
			鲤	1 000	13～15	
	5 000	10～12	鲢	2 000	50 克	8 000
			鲤	1 000	12～13	
	8 000	8～10	鲢	3 000	13～15	11 000
	10 000	8～10	鲢	5 000	12～13	15 000
青鱼	3 000	50～100 克	鳙鱼	2 500	13～15	5 500
	6 000	13	鳙	800	125～150 克	6 800
	10 000	10～12	鳙	4 000	12～13	14 000
鲢	5 000		草鱼	1 500	50～100 克	7 000
		13～15	鳙	500	15～17	
	10 000	12～13	团头鲂	2 000	10～12	12 000
	15 000	10～12	草鱼	2 000	12～13	20 000
鳙	4 000	13～15	草鱼	2 000	50～100 克	6 000
	8 000	12～13	草鱼	2 000	13～15	10 000
	12 000	10～12	草鱼	2 000	12～13	14 000
鲤	5 000		鳙	4 000	12～13	10 000
		10～12	草鱼	1 000	12～13	
团头鲂	5 000	10～12	鳙	4 000	12～13	9 000
	9 000	10	鳙	1 000	13～15	10 000
	25 000	6～7	鳙	100	500 克	25 100

表4-8所列密度和规格的关系，是指就一般情况而言。在生产中可根据需要的数量、规格、种类和可能采取的措施进行调整。如果能采取成鱼养殖的高产措施，每亩放20 000尾夏花鱼种，也能达到13厘米以上的出塘规格。

上海地区采取草鱼为主体鱼的养殖类型，采用提早繁殖的鱼苗发塘，主体鱼的下塘时间比常规夏花提早 20～25 天，作为配养鱼的鲫（或鲤）、团头鲂、鳙夏花比早繁夏花草鱼晚 30 天以上放养，而抢食能力最强的鲢夏花比主体鱼晚 60 天以上放养。采用此方法，其混养鱼类、出塘规格和总产量均有明显提高。放养及收获情况见表 4-9。

表 4-9　以早繁夏花草鱼为主体鱼亩放养及收获情况

鱼种	放养				成活率（%）	收获			
	日期（日/月）	规格（厘米）	尾	重量（千克）		日期（日/月）	规格（克）	尾	重量（千克）
草鱼	20/5	3.3	5 000	2.5	70	30/6	10 厘米	2 500	25
						5/8	50	500	25
						10/12	150	1 400	210
鳙	1/7	3.3	1 000	0.5	90	10/12	100	900	90
团头鲂	1/7	2.5	2 000	0.6	80	10/12	25	1 600	40
鲫	1/7	3.2	6 000	5.4	60	10/12	25	3 600	90
鲂	10/8	5.0	4 000	5.0	90	10/12	50	3 600	180
总计			18 000	14.0					660

　　注：①上述放养模式是由甲、乙两池为一组中的甲池。待甲池夏花草鱼生长到 10 厘米后（6 月 30 日），再进行分养至乙池（即甲、乙两池各 2 500 尾草鱼）。至甲、乙两池草鱼生长至 50 克左右（8 月 5 日），再分别用鱼筛筛出 50 克以上生长快的鱼种（俗称泡头鱼种）约 500 尾放入成鱼池，使主体鱼通过捕大留下，及时稀养成，保持同池规格均匀。②草鱼成活率以最后一次轮捕后的存塘数为基数计算。

　　北京市探索了 1 龄鲤鱼种的高产经验，放养及收获情况见表 4-10。

表 4-10　以夏花鲤为主体鱼亩放养及收获情况

鱼种	放养			成活率（%）	收获		
	规格（厘米）	尾	重量（千克）		规格（克）	尾	重量（千克）
鲤	4.5	10 000	10.00	88.2	100	8 820	882
鲢	3.5	200	0.15	95.0	500	190	95

（续）

鱼种	放养			成活率（%）	收获		
	规格（厘米）	尾	重量（千克）		规格（克）	尾	重量（千克）
鳙	3.5	50	0.15	95.0	500	48	24
总计		10 250	10.30			9 058	1 001

注：投喂高质量的鲤颗粒饲料，饲料系数 1.3～1.5。

二、饲养方法

鱼种饲养过程中，由于采用的饲料、肥料不同，形成不同的饲养方法。主要分为以下三种：

1. 以天然饵料为主、精饲料为辅的饲养方法 天然饵料除了浮游动物外，投喂草鱼的饵料主要有芜萍、小浮萍、紫背浮萍、苦草、轮叶黑藻等水生植物及幼嫩的禾本植物；投喂青鱼的饵料主要有粉碎的螺蛳、蚬子以及蚕蛹等动物性饲料。精饲料主要有饼粕、米糠、豆渣、酒糟、麦类和玉米等。现以草鱼为代表介绍其饲养方法。

根据 1 龄草鱼的生长发育规律以及季节和饲养特点，采用分阶段强化投饵的方法，务求鱼种吃足、吃好、吃匀。生产上按表4-12 的养殖模式，可将培育过程分成四个阶段，即单养阶段、高温阶段、鱼病高发阶段和育肥阶段（表4-11）。

表 4-11　早繁夏花草鱼池投饵情况

生长阶段	起止生长规格	起止日期（日/月）	间隔时间（天）	每天投饵		
				水草	菜饼粉	猪粪
单养阶段	3.3～7 厘米	20/5～10/6	20	原池水蚤、芜萍、浮萍，乙池培养的水蚤、芜萍、小浮萍或紫背浮萍 10 千克		
	7～10 厘米	11/6～30/6	20			

6 月 30 日筛出 2 500 尾 10 厘米以上的草鱼入乙池，然后放养鳙、团头鲂、鲫夏花

（续）

高温阶段	10～50 克	1/7～5/8	35	20～40 千克	3～4 千克	
8 月 5 日筛出 2 500 尾 50 克以上的草鱼套养在成鱼池中，然后放养鲢夏花						
鱼病高 发阶段	50～100 克	6/8～30/8	25	40～60 千克	6～8 千克	100 千克/5 日
	100～125 克	31/8～20/9	20	50～60 千克	10～15 千克	
育肥阶段	125～150 克	21/9～31/10	40	40～50 千克	6～10 千克	50 千克/5 日
		1/11～10/12	40	15～35 千克	5～7 千克	

注：①投饵以表 4 - 12 放养模式计算，原池和乙池培养的饵料未计算在内；②如投撒陆草，必须切碎，以 1 千克折算 2 千克水草计算。

（1）单养阶段　此阶段鱼类密度小，水质清新，水温适宜，天然饵料充足、适口、质量好。必须充分利用这一有利条件，不失时机地加速草鱼生长，注意池内始终保持丰富的天然饵料，使草鱼能日夜摄食。另一方面要继续做好乙池天然饵料的培育工作，及时将乙池饵料转入甲池。在后期如天然饵料不足，可投紫背浮萍或轮叶黑藻，也可投切碎的嫩陆草或切碎的菜叶。

（2）高温阶段　该阶段水温高，夜间池水易缺氧，应注意天气。适当控制吃食量，夜间不吃食，加强水质管理。并设置食台，将干菜饼粉加水调成糊状，做到随吃随调，少放勤放、勤观察。投饵时必须先投草类，让草鱼吃饱，再投精饲料，供其他鱼种摄食。

（3）鱼病高发阶段　此阶段应保持饵料新鲜、适口，当天投饵，当天务必吃清，并加强鱼病防治和水质管理。

（4）育肥阶段　此阶段水温下降，鱼病季节已过，要投足饵料，日夜吃食，并施适量粪肥，以促进滤食性鱼类生长。

2. 以颗粒饲料为主的饲养方法　现以鲤为例，介绍饲养方法（其放养收获模式见表 4 - 13）。以夏花鲤为主体鱼，专池培养大规格鱼种的主要技术关键如下：

（1）投以高质量的鲤配合饲料　饲料的粗蛋白质含量要达到35％～39％，并添加蛋氨酸、赖氨酸、无机盐和维生素合剂等，加工成颗粒饵料。除夏花下塘前施一些有机肥料作基肥外，一般不再施肥，不投粉状、糊状饲料。

（2）训练鲤上浮集中吃食　此为颗粒饲料饲养鲤的技术关键，其方法是在池边上风向阳处，向池内搭一跳板，作为固定的投饵点，夏花鲤下塘第二天开始投喂。每次投喂前人在跳板上先敲铁桶，然后每隔10分钟撒一小把饵料。无论吃食与否，如此坚持数天，每天投喂4次，一般在7天内能使鲤集中上浮吃食。为了节约颗粒饲料，驯化时也可以用米糠、次面粉等漂浮饵料投喂。通过驯化，使鲤形成上浮争食的条件反射，不仅能最大限度地减少颗粒饲料的散失，而且促使鲤鱼种白天基本上在池边的上层活动，由于上层水温高，溶氧充足，能刺激鱼的食欲，提高饵料消化吸收能力，促进生长。

（3）增加每天投饵次数，延长每次投饵时间　夏花放养后，每天投喂2～4次，7月中旬后每天增加到4～5次，投饵时间集中在9：00～16：00。此时，水温和溶氧均较高，鱼类摄食旺盛。每次投饵时间必须达20～30分钟，因此投饵都采用小把撒开，投饵频率缓慢。一般投到绝大部分鲤吃饱游走为止。9月下旬后投喂次数可减少，10月每天投1～2次。

（4）根据鱼类生长、配备适口的颗粒饲料　目前，生产的硬颗粒饲料直径都比较大，为此需要将硬颗粒饲料用破碎机破碎，用手筛筛出粒径为0.5毫米、0.8毫米和1.5毫米的颗粒，而直径为2.5毫米和3.0毫米的硬颗粒，可直径用硬颗粒饲料机生产。在驯化阶段用直径0.5毫米粒料，1周后用0.8毫米粒料，7月用1.5毫米粒料，8月用2.5毫米粒料，9月用3毫米粒料。

（5）根据水温和鱼体重量，及时调整投饵量　每隔10天检查1次生长。可在喂食时，用网捞出数十尾鱼种，计数称重，求出平均尾重，然后计算出全池鱼种总重量。参照日投饵率，就可以算出该池当天的投饵数量（表4-12）。

表 4 - 12　鲤鱼种的日投饵率（%）

水温（℃）	体重（克）				
	1～5	6～10	11～30	31～50	51～100
15～20	4～7	3～6	2～4	2～3	1.5～2.5
21～25	6～8	5～7	4～6	3～5	2.5～4
26～30	8～10	7～9	6～8	5～7	4～5

全年投饵量，可根据一般饲料系数和预计产量来计算：

全年投饵量＝饲料系数×预计产量（千克）

求出全年投饵量后，再根据一般分月投饲百分比，并参照当时情况决定当天投饲量（表 4 - 13）。

表 4 - 13　各月份投饲比例

月份	6	7	8	9	10	11	12	翌年 1～3	合计
投饲（%）	2	10	22	26	20	10	6	4	100

3. 施肥为主的饲养方法　该法以施肥为主，适当辅以精饲料，通常适用于以饲养鲢、鳙为主的池塘。施肥方法和数量，应掌握少量勤施的原则。因夏花放养后正值天气转热的季节，施肥时应特别注意水质的变化，不可施肥过多，以免遇天气变化而发生鱼池严重缺氧，造成死鱼事故。施粪肥可每天或每 2～3 天全池泼洒 1 次，数量根据天气、水质等情况灵活掌握。通常，每次每亩施粪肥 100～200 千克。养成 1 龄鱼种，每亩共需粪肥1 500～1 750 千克，每万尾鱼种需用精饲料 75 千克左右。

三、日常管理

每天早上巡塘 1 次，观察水色和鱼的动态，特别是浮头情况。如池鱼浮头时间过久，应及时注水。还要注意水质变化，了解施肥、投饲的效果。下午可结合投饲或检查吃食情况巡视鱼塘。

经常清扫食台、食场，一般 2～3 天清塘 1 次；每半个月用漂白粉消毒 1 次，用量为每亩 0.3～0.5 千克；经常清除池边杂草和池中草渣、腐败污物，保持池塘环境卫生。施放大草的塘，每天翻动草堆 1 次，加速大草分解和肥料扩散至池水中。

做好防洪、防逃、防治鱼病工作，以及防止水鸟的危害。

要保持良好的水质，就必须加强日常管理，每天早晚观察水色、浮头和鱼的觅食情况，一般采取以下措施予以调节：

1. 合理投饲施肥　这是控制水质最有效的方法。做到三看：一看天，应掌握晴天多投，阴天少投，天气恶变及阵雨时不投；二看水，清爽多投，肥浓少投，恶变不投；三看鱼，鱼活动正常，食欲旺盛，不浮头应多投，反之则应少投。千万不能有余食和一次大量施肥。

2. 定期注水　夏花放养后，由于大量投饲施肥，水质将逐渐转浓。要经常加水，一般每半个月 1 次，每次加水 15 厘米左右，以更新水质，保持水质清新，也有利于满足鱼体增长对水体空间扩大的要求，使鱼有一个良好的生活环境。平时，还要根据水质具体变化、鱼的浮头情况，适当注水。一般说，水质浓，鱼浮头，酌情注水是有利无害的，可以保持水质优良，增进鱼的食欲，促进浮游生物繁殖和减少鱼病的发生。

四、并塘越冬

秋末、冬初，水温降至 10℃ 以下，鱼的摄食量大大减少。为了便于翌年放养和出售，这时便可将鱼种捕捞出塘，按种类、规格分别集中蓄养在池水较深的池塘内越冬（可用鱼筛分开不同规格）。

在长流流域一带，鱼种并塘越冬的方法是在并塘前 1 周左右停止投饲，选天气晴朗的日子拉网出塘。因冬季水温较低，鱼不太活动，所以不要像夏花出塘时那样进行拉网锻炼。出塘后经过鱼筛分类、分规格和计数后即行并塘蓄养，群众习惯叫"囤塘"。

并塘时拉网操作要细致,以免碰伤鱼体和在越冬期间发生水霉病。蓄养塘面积为2～3亩,水深2米以上,向阳背风,少淤泥。鱼种规格为10～13厘米,每亩可放养5万～6万尾。并塘池在冬季仍必须加强管理,适当施放一些肥料,晴天中午较暖和,可少量投饲。越冬池应加强饲养管理,严防水鸟危害。并塘越多,不仅有保膘增强鱼种体质及提高成活率的作用,而且还能略有增产。

为了减少操作麻烦和利于成鱼和2龄鱼池提早放养,减少损失,提早开食,延长生长期,有些渔场取消了并塘越冬阶段,采取1龄鱼种出塘后随即有计划地放入成鱼池或2龄鱼种池。

五、鉴别鱼种质量

优质鱼种必须具备以下几项条件:①同池同种鱼种规格均匀;②体质健壮,背部肌肉肥厚,尾柄肉质肥满;③体表光滑,无病无伤,鳞片、鳍条完整无损;④体色鲜艳有光泽;⑤游泳活泼,溯水性强,在密集时,头向下尾向上不断扇动;⑥用鱼种体长与体重之比来判断质量好坏。具体做法是:抽样检查,称取规格相似的鱼种500克计算尾数,然后对照优质鱼种规格鉴别表(表4-14),每千克鱼种所称尾数等于或少于标准尾数为优质鱼种;反之,则为劣质鱼种。

表4-14 优质鱼种规格鉴别

鲢鱼		鳙鱼		草鱼		青鱼		鳊鱼	
规格（厘米）	尾/千克	规格（厘米）	尾/千克	规格（厘米）	尾/千克	规格（厘米）	尾/千克	规格（厘米）	尾/千克
16.67	22	16.67	20	19.67	11.6	14.00	32	13.33	40
16.33	24	16.33	22	19.33	12.2	13.67	40	13.00	42
16.00	26	16.00	24	19.00	12.6	13.33	50	12.67	46
15.67	28	15.67	26	17.67	16	13.00	58	12.33	58
15.33	30	15.33	28	17.33	18	12.00	64	12.00	70

（续）

鲢鱼		鳙鱼		草鱼		青鱼		鳊鱼	
规格（厘米）	尾/千克	规格（厘米）	尾/千克	规格（厘米）	尾/千克	规格（厘米）	尾/千克	规格（厘米）	尾/千克
15.00	32	15.00	30	16.33	22	11.67	66	11.67	76
14.67	34	14.67	32	15.00	30	10.67	92	11.33	82
14.33	36	14.33	34	14.67	32	10.33	96	11.00	88
14.00	38	14.00	36	14.33	34	10.00	104	10.67	96
13.67	40	13.67	38	14.00	36	9.67	112	10.33	106
13.33	44	13.33	42	13.67	40	9.33	120	10.00	120
13.00	48	13.00	44	13.33	48	9.00	130	9.67	130
12.67	54	12.67	46	13.00	52	8.67	142	9.33	142
12.33	60	12.33	52	12.67	58	8.33	150	9.00	168
12.00	64	12.00	58	12.33	60	8.00	156	8.67	228
11.67	70	11.67	64	12.00	66	7.67	170	8.33	238
11.33	74	11.33	70	11.67	70	7.33	188	8.00	244
11.00	82	11.00	76	11.33	80	7.00	200	7.67	256
10.67	88	10.67	82	11.00	84	6.67	210	7.33	288
10.33	96	10.33	92	10.67	92			7.00	320
10.00	104	10.00	98	10.33	100			6.67	350
9.67	110	9.67	104	10.00	108				
9.33	116	9.33	110	9.67	112				
9.00	124	9.00	118	9.33	124				
8.67	136	8.67	130	9.00	134				
8.33	150	8.33	144	8.67	144				
8.00	160	8.00	154	8.33	152				
7.67	172	7.67	166	8.00	160				
7.33	190	7.33	184	7.67	170				
7.00	204	7.00	200	7.33	190				
6.67	240	6.67	230	7.00	200				

第四节 2龄鱼种培育

所谓2龄鱼种培育，就是将1龄鱼种继续饲养1年，青鱼、草鱼长到500克左右，团头鲂长到50克左右的过程，是从鱼种转向成鱼的过渡阶段。在这个阶段中，它们的食性由窄到广、由细到粗，食量由小到大，绝对增重快，而病害较多，特别是2龄青鱼。因此，2龄鱼种的饲养比较困难。

一、2龄青鱼培育

1. 放养方式 鱼种放养，要根据鱼池条件、鱼种规格、出塘要求、饲料来源和饲养管理水平等多方面加以考虑（表4-15）。

表4-15 2龄青鱼培育放养模式

放养鱼类	放养		收获		
	规格（厘米）	尾/亩	成活率（%）	规格（千克/尾）	产量（千克/亩）
1龄青鱼	10~13	700	70	0.3	175
草鱼	7~10	150	70	0.3~0.5	45
团头鲂	8~10	220	90	0.2~0.25	45
鲢	13	250	90	0.55	125
鳙	13	40	90	0.75	25
鲤	3	500	60	0.5	150
合计					565

2. 饲养管理 鱼种放养前对池塘进行彻底清塘，选好鱼种，提前放养，提早开食，做好鱼病防治工作。特别应根据其食性、习性和生长情况，做到投饲数量由少到多，种类由素到荤，质地由软到硬，使鱼吃足、吃匀；同时，适时注水、施肥，保持水质肥、活、嫩、爽。

（1）投饲要均匀　在正常情况下，螺蛳以 9：00～10：00 投喂较为合适，如果 15：00～16：00 吃完，翌日可适当增加 1～2 成；16：00～17：00 还未吃完，翌日应酌量减少 1～2 成；如到翌日投饲时仍未吃完，则应停止给食，待饲料吃完后再投喂。精饲料一般上午投，以 1 小时吃完为适度。在每天 6：00～7：00 和 16：00～17：00，应各检查 1 次食场。水质不好或过浓，天气不好、有浮头等情况，也应考虑适当减少投饲量，甚至完全停食。按季节来说，春季可以满足鱼种的需要，夏季则要控制投饲量，白露以后可以尽量喂。每天的饲料投量，则应"看天、看水、看鱼"来加以调节。天好、水好、鱼好，可以多投饲；反之，则应少投饲。

投饲数量也可以根据预计产量、饲料系数和一般分月投饲百分比来计算。以每亩净产青鱼种 200 千克为例，一般经验投饲量和分月百分比是：糟糟 125 千克，3 月占 65％，4 月占 35％；蚬秧 1 500～2 000 千克，4 月占 10％，5 月占 90％；螺蛳 6 000 千克，5 月占 1.5％，6 月占 8％，7 月占 12.5％，8 月占 18％，9 月占 22％，10 月占 29％，11 月占 9％。

（2）饲料要适口　即通常所说的要过好转食关。饲料由细到粗、由软到硬、由少到多，逐级交替投喂。冬季在晴天、水温较高的中午投喂些糟糟，一般每亩投 2～3 千克。以后，根据放养鱼种的大小来决定投喂饲料的种类。如规格大的鱼种，在清明前后可投喂蚬秧，没有蚬秧时也可继续投喂糟糟或豆饼和菜籽饼；如放养规格小（13 厘米以下），则应将蚬秧敲碎后再投喂，或者仍投喂糟糟、菜籽饼或豆饼，一直到 6 月初前后再改投蚬秧。如果蚬秧缺少，可投螺蛳。6 月由于鱼种还小，螺蛳必须轧碎后投喂。7 月开始即可投喂用铅丝筛筛过的小螺蛳，随着鱼种的生长，逐渐调换筛目。7 月用 1 厘米的筛子，8 月用 1.3 厘米的筛子，9 月以后用 1.65 厘米的筛子。1、2 龄混养鱼种池，各期筛目可换大一些，中秋后可以不过筛。由轧螺蛳改为过筛螺蛳和每次改换筛目时必须注意，在开始几天适当减少投饲量。

二、2龄草鱼培育

1. 放养方式 2龄草鱼的放养量、混养搭配与2龄青鱼相似，放养方式较多，现介绍常见草鱼与青鱼、鲤、鳊、鲢、鳙等多种鱼类混养方式，供参考。这种方式产量比较高。鲢、鳙一般放养斤两鱼种，到7月中旬即可达500克，扦捕上市。于6月底、7月初套养夏花鲢。有肥料条件的应施足基肥，促使鲢、鳙在6月底起捕，以避免拉网对夏花造成损失（表4-16）。

表4-16 2龄草鱼培育放养模式

放养鱼类	放　养			收　获		
	规格（厘米）	尾/亩	千克/亩	成活率（%）	规格（克）	尾/亩	千克/亩
草鱼	50克	800	40	80	300	640	192
青鱼	165克	10	1.65	100	750	10	7.5
团头鲂	12	200	2.65	95	165	190	31.35
鲤	3	300	0.15	60	175	180	31.5
鲢	250克	120	30	100	500	120	60
鳙	125克	30	3.75	100	500	30	15
夏花鲢	3	800	0.4	95	100	760	76
鲫	3	600	0.4	60	125	360	45
合计		2 860	79			2 290	458.35

2. 饲养管理

（1）合理投饲 早春一般在水温升至6℃以上，可投喂豆饼、麦粉、菜籽饼等精料，每亩每次投饲2～5千克，数天投饲1次。4月投喂浮萍、宿根黑麦草、轮叶黑藻等，5月可投喂苦草、嫩旱草、莴苣叶等。投饲量应根据天气和鱼种吃食情况而定。天气正常时一般以上午投喂、16：00吃完为适度。在"大麦黄"（6月上旬）和"白露汛"（9月上旬）2个鱼病高发季节，应特别注意投饲量和吃食卫生。白露后天气转凉，投饲量可以尽量满足鱼种所需。早期投喂精料，饲料应投在向阳干净的池滩上，水、旱草投在用毛竹搭成的三角形或四方形的食场内。残渣剩草要随时捞出，以免沉入池底腐败后影响鱼池水质。如水温低，多投的水草可以不捞出，但第二天早晨应将水草上下翻洗1次，以防鱼病。

（2）做好鱼病防治工作　要针对草鱼不喜肥水和易患细菌性疾病的特性进行预防。除做好一般的水质管理外，在"大麦黄"和"白露汛"2个鱼病高发季节到来之前，用20～25毫克/升浓度生石灰水全池泼洒，翌日适量注水。每次间隔时间，具体看天气、池鱼活动、水质等情况灵活掌握，一般短到10天、长则20天泼1次，全期5次左右；同时，再结合投喂药饵、浸泡食盐溶液等综合措施，基本上可以控制鱼病的大量发生，提高成活率和产量。

三、2龄团头鲂和鳊培育

培育2龄团头鲂和鳊，一般只利用上半年鱼种池的空闲期（夏花分塘前），把不符合要求的团头鲂或鳊培育成小斤两鱼种，再放入成鱼池。现将专池培育2龄团头鲂的方法简单介绍如下（表4-17）。

培育2龄团头鲂，也可在2龄青鱼池或2龄草鱼池里搭配放养7～8厘米的团头鲂鱼种400～600尾，年终鱼种出池规格可达50克，成活率为80％。

2龄团头鲂的饲养管理与2龄草鱼池的饲养管理相似，一般来说，比2龄青鱼、草鱼容易饲养，产量也比青鱼、草鱼高。但是，由于放养密度较高，而团头鲂和鳊耐缺氧能力低，所以要注意浮头，做到及时注水增氧，以防 2 龄团头鲂窒息死亡。

表 4 - 17　以团头鲂为主的多种鱼种混养搭配放养

放养鱼类	放　养			收　获			
	规格（厘米）	尾/亩	千克/亩	成活率（%）	规格（克）	尾/亩	千克/亩
团头鲂	7～8	5 000	19.65	90	30	4500	135
草鱼	10	100	0.95	70	250	70	17.5
青鱼	12～13	100	1.7	70	100～250	70	12.5
鲢	12～13	500	8.95	95	150～200	475	80
鳙	12～13	100	1.35	95	150～200	95	17.5
夏花鲢	3	1 000	0.5	90	125	900	112.5
鲫鱼苗	1.5	3 000	0.85	90	5～7 厘米	2 700	15
合计		9 800	34.55			8 810	390

第五节　成鱼池套养鱼种的方法

这是实现 2 龄鱼种自给、提高经济效益和保证成鱼增产的有效方法。

一、套养 2 龄青鱼、草鱼的方式

根据养殖周期，成鱼池可套养 2 龄鱼种，也可以混养 1～2 龄鱼种。这样，比例适当就可以实行逐年升级，即 2 龄鱼种养成鱼，1 龄鱼种养成 2 龄鱼种。

1. 以青鱼为主的搭配放养方法　见表 4 - 18。

如果养殖周期短，青鱼可放养规格为 500 克/尾左右的 2 龄鱼种 50 千克，放养规格为 25 克/尾的 1 龄鱼种 10 千克左右，其增重倍数可分别达到 4 和 5。

表 4-18　以青鱼为主的搭配放养方式

放养鱼类	放养			收获				
	规格（克/尾）	尾/亩	千克/亩	成活率（%）	规格（克/尾）	尾/亩	千克/亩	增重倍数
青鱼	1 000	50	50	98	3 500~4 500	49	200	4
	250	60	15	90	750~1 250	54	54	3
	25	200	5	30	150~300	60	15	3
鲤	80	128	10.65	98	750~1 250	125	122	11.4
	0.5	1 000	0.5	50	85	500	46.65	83.3
团头鲂	36	154	5.5	95	250~350	146	40	7.3
	0.5	1 000	0.5	20	36	200	7.1	14.2
鲢	33	240	8	95	600~750	228	153.9	19.2
鳙	38	60	2.15	95	600~750	57	38.45	17.9
合计		2 897	97.3			1 419	672.1	6.9

2. 以草鱼和团头鲂为主的搭配放养方式　见表 4-19。

表 4-19　以草鱼和团头鲂为主的搭配放养方式

放养鱼类	放养			收获				
	规格（克/尾）	尾/亩	千克/亩	成活率（%）	规格（克/尾）	尾/亩	千克/亩	增重倍数
草鱼	750~1 250	50	50	98	3 000~3 500	49	150	3
	200~500	65	22.5	90	750~1250	58	60	2.6
	25	200	5	70	250~500	140	52.5	10.5
团头鲂	62	160	10	95	250~750	152	45.6	4.56
	3.7	200	0.75	80	62	160	10	13.3
	0.5	1 000	0.5	30	8.3	300	2.5	5
鲢	4.5	240	8	95	650~800	228	171	21.4
鳙	8.6	60	2.15	95	750~900	57	48.45	22.5
合计		2 975	98.9			1 144	540.05	5.46

如养殖周期短，可放养规格为 500 克/尾的 2 龄草鱼种 60 千克，放养规格为 25 克/尾的 1 龄草鱼种 10 千克，其增重倍数可分别达到 3 和 6。

成鱼池套养 2 龄鱼种，以青鱼、草鱼、团头鲂等"吃食鱼"为主，着重投喂螺蛳和草类，以养好"吃食鱼"，带来鲢、鳙等"肥水鱼"。不同规格的"吃食鱼"要一次放足，采用捕大留小的方法，为翌年培育大规格斤两鱼种创造条件，达到鱼种自给。

二、套养夏花鲢、鳙鱼种的方式

年初成鱼池放养大、中、小或大、小两种规格的斤两鲢、鳙鱼种，均在夏、秋季轮捕上市，7 月再套养夏花。这种放养方式的优点是放养量低，增肉倍数高，既养了成鱼，又为翌年培育了鲢、鳙鱼种。套养数量视要求出塘鱼种和成鱼规格而定，可达数百至数千尾。

三、团头鲂二级套养，鲤套养夏花

团头鲂采取二级或三级放养，即 2 龄、1 龄鱼种在同塘套养时，2 龄团头鲂能长成 150 克以上起水上市，大多数 1 龄团头鲂也达到 150 克/尾上市，少数上升为 2 龄团头鲂供翌年放养。套养时，由于团头鲂鱼种鱼体娇嫩，夏季轮捕时动作要轻快，扦捕次数不能太多。

实行成鱼池套养鱼种，要加强饲养管理，春节要以精饲料开食，5 月前要投喂轧碎螺蛳和嫩的水、旱草，而且最好用竹帘建立小鱼食场。进行夏秋轮捕时，操作要轻快，网目不宜大；或者在网的中间用五指网，尽量避免小鱼穿挂网目而造成伤亡。

第六节　苗种运输

一、苗种运输的准备工作

做好运输前的准备，是提高苗种运输成活率的基本保证。主要工作有以下几个方面：

1. 制订运鱼计划　在苗种运输前，事先要制订详尽的运输计划，包括运输路线、运输容器、交通工具、人员组织以及中途换水等事项，并根据不同的鱼种采用相应的运输方法。运输时要做到快装、快运、快卸，缩短运输时间。

2. 准备好运输工作　主要是交通工具、装运工具和操作工具。在运输前要检查是否完整齐全，如有损坏或不足，要修补或增添。运输工具详见表 4 - 20 和图 4 - 9 至图 4 - 13。

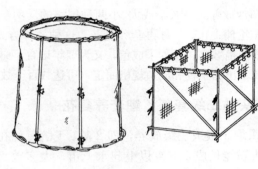

图 4 - 9　帆布桶

图 4 - 10　出　水

图 4 - 11　担　篓

图 4 - 12 笆 斗   图 4 - 13 吸 筒

表 4 - 20 运输鱼苗、鱼种工具

工具名称		最低需要量	用　途	备　注
装运工具	活鱼船	1	苗种运输工具	几种装运工具，可根据交通情况、苗种数量来确定一种和需要数量
	鱼篓	1		
	帆布桶	1		
	尼龙袋	1		
	塑料桶	1		
操作工具	水桶（或担篓）	2 副	挑鱼用	如运输苗种数量大，应相应增加数量
	网箱	1 个	暂养苗种	
	吸桶	1 个	吸脚用	
	出水	1 个	换水用	
	笆斗	1 个	换水用	
	捞子	2 把	抄鱼用	
	脚盆	2 个	拣鱼种过数用	
	小凉帘	根据水门多少	活水船进出水口用	
	小水车	1 个	活水船停船用	

3. 确定沿途换水地点　调查了解运输途中各站的水源和水质情况，联系并确定好沿途的换水地点。

4. 缩短运输时间　根据路途远近和运输量大小，组织和安排具有一定管理技术的运输管理人员，以利做好起运和装卸的衔接工作，以及途中的管理工作，做到"人等鱼到"，尽量缩短运输时间。

5. 做好运输前的苗种处理　鱼苗从孵化工具中取出后，应先放到网箱中暂养，使其能适应静水和波动，并在暂养期间换箱1~2次，使鱼苗得到锻炼。同时，借换箱的机会除去死苗、污物，对提高途中运输成活有较好的作用。鱼种起运前要拉网锻炼2~3次。

二、苗种运输方法

根据交通条件，选择适宜的运输方法。具体的运输工具和方法有以下几种：

1. 塑料袋充氧运输　塑料鱼苗种袋规格为70厘米×40厘米，装水10~12.5千克，每袋可装运鱼苗8万~10万尾或乌仔5 000~7 000尾、夏花1 200~1 500尾或装运5~7厘米长的鱼种600~800尾、7~8厘米的鱼种300~500尾，可保证在24小时内成活率达90%左右。

2. 帆布桶运输　一般0.4~0.5米^{3}的水，可装鱼苗15万~20万尾或乌仔2万~3万尾、夏花鱼种1.4万~1.8万尾、5~7厘米的鱼种1万~1.2万尾、6~10厘米鱼种0.3万~0.7万尾。

3. 塑料桶运输　塑料桶上装有进出水口及注排气孔，使用时装水1/3~1/2。容积为25升的塑料桶，可装鱼苗8万~10万尾。运载时间在20小时内，成活率可达95%以上。

三、严格把握运输方法

苗种运输讲求 16 字原则：快而有效，轻而平稳，妥善计划，尽量稀运。在运输的各个环节中应把握以下技术：

1. 合理装鱼 用塑料袋装苗种要求动作轻快，讲究方法，尽量减少对苗种的伤害。通常要注意以下几个环节：一是选袋。选取 70 厘米×40 厘米或 90 厘米×50 厘米的塑料袋，检查是否漏气。将袋口敞开，由上往下一甩，并迅速捏紧袋口，使空气留在袋中呈鼓胀状态，然后用另一只手压袋，看有无漏气处。也可充气后将袋浸没水中，看有无气泡冒出。二是注水。注水要适中，每袋注水 1/4～1/3，以塑料袋躺放时，苗种能自由游动为好。注水时，可在装水塑料袋外再套 1 只塑料袋，以防万一。三是放鱼。按计算好的装鱼量，将苗种轻快地装入袋中，苗种宜带水一批批地装。四是充氧。把塑料袋压瘪，排尽其中的空气，然后缓慢充氧，至塑料袋鼓起略有弹性为宜。五是扎口。扎口要紧，防止水与氧外流，先扎内袋口，再扎外袋口。六是装箱，扎紧袋口后，把塑料袋装入纸质箱或泡沫箱中，也可将塑料袋装入编织袋中，置于阴凉处，防止曝晒和雨淋。

2. 防治病害 做好防疫检疫工作，有疫病的苗种不能外运，以避免疫病传播。苗种在运输过程中，难免受伤，尤其是苗种体表的黏液，它是苗种体表的保护层，一旦受损脱落，常会使苗种感染病菌，在运输后不久就会发病死亡。一般情况下，可在每只运鱼袋中放入食盐 2～3 克，有较好的防病效果。

3. 酌情换水 运输途中要经常观察鱼的动态，调整充气量，每 5～8 小时换水 1 次，操作细致，先排老水约 1/3 后加新水，一旦发现鱼缺氧要及时充氧。若运输中塑料袋内鱼类排泄物过多，需要换水充氧。换水时注意所换水水温与原袋中水温基本一致。换水时切忌将新水猛冲加入，以免冲击鱼体造成受伤，换水量为 $1/3 \sim 1/2$。若换水困难，则可采取击水、淋水或气泵送气等方式补充溶氧，还可施用增氧灵等增氧药物。

第五章

成鱼养殖

第一节　概　述

成鱼养殖，是将鱼种养成食用鱼的生产过程，也是养鱼生产的最后主要环节。我国目前饲养食用鱼的方式，有池塘养鱼、网箱（包括网围和网拦）养鱼，稻田养鱼，工厂化养鱼，天然水域（湖泊、水库、海湾、河道等）鱼类增殖和养殖等。静水土池塘养鱼，是我国精养食用鱼的主要形式，也是其他设施渔业的基础。特别是在淡水养殖业中，其总产量占全国淡水养鱼总产量的75％以上。

我国池塘养鱼业，主要是利用经过整理或人工开挖面积较小的静水水体进行养鱼生产。由于管理较方便，环境较容易控制，生产过程能全面掌握，故可进行高密度精养，获得高产、优质、低耗和高效的结果。它体现着我国养鱼的特色和技术水平。

我国的淡水养鱼业，养殖周期一般为1～3年。在长江流域的池塘养鱼业，大多采用2年或3年的养殖周期，其中：鲢、鳙、鲤、鲫为2年，草鱼、鲂为2年或3年，青鱼一般需3～4年；珠江流域年平均气温较高，鱼类的生长期比长江流域长，在池塘中各种鱼类养殖周期比长江流域短0.5～1年；相反，东北地区年平均气温较低，这些鱼类的养殖周期则比长江流域长0.5～1年。

第二节　鱼种放养

鱼种既是食用鱼饲养的物质基础，也是获得食用鱼高产的前提条件之一。优良的鱼种在饲养中成长快，成活率高。饲养上对鱼种的要求是：数量充足，规格合适，种类齐全，体质健壮，无病无伤。

一、鱼种规格

鱼种规格大小，是根据食用鱼池放养要求所确定的。通常，仔口鱼种的规格应大，而老口鱼种的规格应偏小，这是高产的措施之一。但由于各种鱼的生长性能、各地的气候条件和饲养方法不同，鱼类生长速度也不一样，加之市场要求的食用鱼上市规格不同，因此，各地对鱼种的放养规格也不同。如青鱼市场要求达 2.5 千克以上才能上市，其鱼种的放养规格需 500～1 000 克的 2 龄或 3 龄鱼种；又如，鲢、鳙市场要求的上市规格为 750～1 000 克，则需放养 100～150 克的 1 龄大规格鱼种，为使鲢、鳙做到均衡上市，上半年就有 750 克以上的成鱼上市，可将 1 龄、2 龄鲢、鳙鱼密养，使其翌年达到特大规格（250～450 克）鱼种，供鲢、鳙第三年放养用。广东地区鱼类生长期长，可采用稀养方法，使鲢、鳙当年长到 150～500 克，供翌年放养用。

二、鱼种来源

池塘养鱼所需的鱼种应由本单位生产，就地供应。这样，鱼种的规格、数量和质量均能得到保证，而且也降低了成本。鱼种供应有以下两个途径：

1. 鱼种池专池培育　近年来，由于食用鱼池放养量增加，单靠鱼种池培育鱼种已无法适应食用鱼池的需要。鱼种池主要提供1龄鱼种。

2. 成鱼池套养 所谓套养，就是同一种鱼类不同规格的鱼种同池混养。将同一种类不同规格（大、中、小三档或大、小二档）鱼种按比例混养在成鱼池中，经一段时间的饲养后，将达到食用规格的鱼捕出上市，并在年中补放小规格鱼种（如夏花），随着鱼类生长，各档规格鱼种逐年提升，供翌年成鱼池放养用，故这种饲养方式又称"接力式"饲养。成鱼池套养鱼种有以下优点：

（1）挖掘了成鱼的生产潜力，培养出一大批大规格鱼种。通常，成鱼池产量中约有80％的鱼上市，还余20％左右为翌年成鱼池放养的大规格鱼种。这些鱼种占成鱼池总放养量的80％左右。

（2）淘汰2龄鱼种池，扩大了成鱼池面积。使成鱼池和鱼种池的比例由套养前30％∶70％调整为（10％～15％）∶（85％～90％），故总面积平均上市量明显增加。

（3）提高了2龄青鱼和2龄草鱼鱼种的成活率。由于成鱼池饵料充足，适口饵料来源广泛，大规格鱼种抢食比2龄鱼种凶，2龄鱼种在成鱼池中不易过饥、过饱。因此，套养在成鱼池中的2龄青鱼、草鱼鱼种，其成活率反而比2龄鱼种池的鱼种高。

（4）节约了大量鱼种池，节省了劳力和资金。

因此，无论在生产上和经济上看，成鱼池套养鱼种是合算的。

3. 确定放养密度的方法 在养鱼工作中确定鱼种放养密度的方法，有经验法和计算法两种：

（1）经验法 根据前一年某池塘所养鱼的成活率与实际养成规格和当年有关条件的变动，确定该池塘当年的放养量。例如，某池塘前一年养成规格偏小，当年又没有采取什么新措施，那么就应当将放养量适当调低；反之，如果前一年成活率正常而规格偏大，则应适当调高。如果采取了新的养殖技术和措施，那么放养密度应当相应的提高。

（2）计算法　放养密度计算公式是根据鱼产量、养殖的成活率、放养鱼苗或鱼种的规格和计划养成的规格等参数，计算该池塘某种鱼的适宜放养密度。

计算鱼苗、鱼种的需求量，不但要考虑当年成鱼池的放养量，还要为明年、后年成鱼池所需的鱼种做好准备。鱼苗、鱼种需求量可按下列公式计算：

鱼种放养量（尾）＝成鱼池中该种鱼类的产量÷该种鱼平均出塘规格÷该种鱼的成活率

对一些生产不稳定、成活率和产量波动范围较大的鱼种（如草鱼、团头鲂等），都应按上述每个公式计算后，再增加 25％的数量，作为安全系数，列入鱼种生产计划。

根据各类鱼苗、鱼种总需要数量，按成鱼池所要求的放养规格以及当地主客观条件，制定出鱼苗、鱼种放养模式，再加上成鱼池套养数量，计算出鱼苗、鱼种池所需的面积。

三、鱼种放养时间

提早放养鱼种，是争取高产的措施之一。长江流域一般在春节前放养完毕，东北和华北地区可在解冻后，水温稳定在 5～6℃时放养。在水温较低的季节放养，有以下好处：鱼的活动能力弱，容易捕捞；在捕捞和放养操作过程中，不易受伤，可减少饲养期间的发病和死亡率；提早放养也就可以早开食，延长了鱼类的生长期。近年来，北方条件好的池塘已将春天放养改为秋天放养鱼种，鱼种成活率明显提高。鱼种放养前必须整塘，再用药物清塘（方法与鱼苗培育池的清塘相同）。清整好的池塘，注入新水时应采用密网过滤，防止野杂鱼进入池内，待药效消失后，方可放入鱼种。鱼种放养必须在晴天进行，严寒、风雪天气不能放养，以免鱼种在捕捞和运输途中冻伤。

第三节 混养搭配

混养，是根据不同水生动物的不同食性和栖息习性，在同一水体中按一定比例搭配放养几种水生动物的养殖方式（图5-1）。混养是我国池塘养鱼的重要特色。目前，我国池塘养殖的青鱼、

图5-1 几种淡水鱼的混养示意图

草鱼、鲢、鳙、鲤、鲫、鳊、罗非鱼、鲮等常规鱼类已达十多种；而池塘养殖虾、蟹、鳖、龟、蛙、黄鳝等名特优新种类则更多。在池塘中进行多种鱼类、多种规格的混养，可充分发挥池塘水体的生产潜力，合理地利用饵料，提高产量。

混养是根据鱼类的生物学特性（栖息习性、食性、生活习性等），充分运用它们相互有利的一面，尽可能地限制和缩小它们有矛盾的一面，让不同种类和同种异龄鱼类在同一空间和时间内一起生活和生长，从而发挥池塘的生产潜力。

一、混养鱼之间的关系

混养，首先要正确认识和处理各种鱼相互之间的关系，避害趋利。混养鱼之间不能自相蚕食。

1. 青鱼、草鱼、鲤、鲂（俗称吃食鱼）与鲢、鳙（俗称肥水鱼）可以混养 由于吃食鱼与肥水鱼在食性、生活水层上的不同，同池混养时具有相互促进的关系，在不施肥的情况下，每长1千克吃食鱼，可带出 0.5 千克的肥水鱼。渔谚说"一草养三鲢"就是这个道理。

2. 青鱼与草鱼一般不可混养 青鱼较耐肥水，而草鱼则喜欢清水，故青鱼、草鱼是不能同池混养的。即使混养，草鱼的放养量只能占青鱼放养量的 25%，以充分缓解青鱼、草鱼在水质要求上的矛盾。

3. 鲢与鳙的关系 鲢以浮游植物为饵，鳙以浮游动物为饵。鲢争食性强，大量吞食浮游植物，势必影响浮游动物的生长。因而鲢、鳙同池混养时，鲢、鳙的放养比例一般宜控制在（3～5）∶1，即每放 3～5 尾鲢，顺带放养 1 尾鳙鱼，以解决它们在饵料上的矛盾，达到都能获得较好产量的目的。

4. 鲤、鲫、鲂与青鱼、草鱼的关系 青鱼吃螺蛳，草鱼、鲂吃草，鲤、鲫为杂食性的。这些鱼类同池混养，也能起到共生互利的作用。一般每放 1 千克青鱼种，可配养规格为 20 克左右的鲤 2～4 尾；每放 1 千克草鱼种，可放规格为 8～20 克的团头鲂 6～10 尾，还可适量搭养一些鲫。

5. 罗非鱼与鲢、鳙的关系 罗非鱼为杂食性的，也能摄食浮游生物和有机碎屑，在食性上与鲢、鳙有一定的矛盾。为解决这一矛盾，在饲养管理上，上半年重点抓好鲢、鳙的饲养，促其加快生长；自 7 月下旬开始捕捞鲢、鳙陆续上市，腾出水体和饵料，促进下半年罗非鱼加快生长。

6. 同种鱼不同放养规格之间的关系 2～3 龄的青鱼、草鱼，可放占总量的 70%～75%，同时，搭养 20%～25%的 2 龄以下青鱼、草鱼和 5%～10%的 1 龄青鱼、草鱼。鲢、鳙同样也可放 3 种规格，即 250 克/尾、100～150 克/尾和 13 厘米以上的 1 龄鱼种，放养比例根据轮捕轮放要求确定。大规格的当年养成商品鱼；中、小规格留作翌年的鱼种。

二、确定主养鱼类和配养鱼类

主养鱼又称主体鱼，它们不仅在放养量（重量）上占较大比例，而且是投饵施肥和饲养管理的主要对象；配养鱼是处于配角地位的养殖鱼类，它们可以充分利用主养鱼残饵、粪便形成的腐屑以及水中的天然饵料很好地生长。

确定主养鱼和配养鱼，应考虑以下因素：①市场要求。根据当地市场对各种养殖鱼类的需求量、价格和供应时间，为市场提供适销对路的鱼货。②饵肥料来源。如草类资源丰富的地区，可考虑以草食性鱼类为主养鱼；螺、蚬类资源较多的地区，可考虑以青鱼为主养鱼；精饲料充足的地区，则可根据当地消费习惯，以鲤或鲫或青鱼为主养鱼；肥料容易解决，可考虑以滤食性鱼类（如鲢、鳙）或食腐屑性鱼类（如罗非鱼、鲮等）为主养鱼。③池塘条件。池塘面积较大、水质肥沃、天然饵料丰富的池塘，可采用以鲢、鳙为主养鱼；新建的池塘，水质清瘦，可采用以草鱼、团头鲂为主养鱼；池水较深的塘，可以青鱼、鲤为主养鱼。

④鱼种来源。只有鱼种供应充足，而且价格适宜，才能作为养殖对象。此外，沿海如鳗鲡、鲻、梭鱼鱼苗资源丰富，可考虑将它们作为主养鱼或配养鱼。如罗非鱼苗种供应充足，也可将罗非鱼作为主养鱼或配养鱼。

目前，我国各地形成了多种混养模式。这些混养模式与鱼种、饵料来源、养殖习惯以及市场需求紧密联系在一起。精养鱼塘，一般每亩产量都可达500千克以上。主要混养模式有以下几种：

1. 以草鱼为主的混养模式　该模式以饲养草鱼为主，草鱼种通常放养3种规格，出池时草鱼产量要占总产量的35%。该模式适宜水草资源比较丰富，或饲料地较多，可以种植大量鱼饲草的地方采用。其主养鱼、搭养鱼的放养量和放养规格，以及商品鱼的收获量可参照表5-1。

表5-1　以草鱼为主的混养模式（亩）

鱼类	放养			成活率（%）	产量		
	鱼种规格（克）	尾数	重量（千克）		养成规格（千克）	毛产（千克）	净产（千克）
草鱼	500～750	100	60	90	1.5～2.5	180	120
	150～250	70	14	80	0.7～1.5	55	41
	20～40	140	4	70	0.3～0.5	40	36
团头鲂	200～300	120	15	90	0.5～0.7	66	50
鲢	夏花	320	80	98	0.5～1.0	240	160
	200～300	1 000		80	0.6～1.1	40	40
鳙	200～300	80	20	98	0.8～0.9	65	45
	夏花	250		80	0.6～0.8	10	10
鲤	40～60	40	2	90	0.15～0.25	25	23
鲫	25～35	250	7	90	0.15～0.25	45	38
合计			202			765	563

注：①捕捞热水鱼，将部分大规格的鲢、鳙、草鱼起捕上市；②6月放养鲢、鳙夏花，年底留作鱼种。

2. 以团头鲂为主的混养模式　团头鲂生长快，产量高，肉质好，很受消费者欢迎，目前市场上的需求量较大。该模式既适宜水旱草饵料资源比较丰富的地方，又适应使用团头鲂的配合饵料来源较方便的地区，因而该模式有着较大的发展前景（表5-2）。

表5-2　以团头鲂为主的混养模式（亩）

鱼类	放养			成活率（%）	产量		
	鱼种规格（克/尾）	尾数	重量（千克）		养成规格（千克/尾）	毛产（千克）	净产（千克）
团头鲂	80～120	700	70	90	0.35～0.45	252	182
草鱼	30～40	320	11	70	0.3～0.5	90	79
鲢	50～70	200	12	95	0.5～0.8	125	113
鳙	50～70	50	3	95	0.7～0.9	38	35
鲫	30～50	200	8	95	0.25～0.35	50	34
合计			104			555	451

注：①可以使用鳊颗粒饵料为主；②如果鲢、鳙生长良好，可以上市少量热水鱼，并套养少量夏花；③鳊耐低氧力较差，特别是防止浮头。

3. 以异育银鲫为主的混养模式　异育银鲫为优质淡水常规鱼类，饲养容易，种苗来源广，饵料易解决，养殖产量高，鱼肉品质好，是目前水产品市场上热销的品种之一，需求很大（表5-3）。

表5-3　以异育银鲫为主的混养模式（亩）

鱼类	放养			成活率（%）	产量		
	鱼种规格（克）	尾数	重量（千克）		养成规格（千克）	毛产（千克）	净产（千克）
银鲫	35～50	1 000	40	80	0.2～0.3	200	160
银鲫	80～100	300	30	80	0.4～0.5	120	90
鲢	40～60	200	10	95	0.5～0.7	114	104
鳙	50～70	50	3	95	0.6～0.8	36	33
团头鲂	100～150	150	19	90	0.6～0.8	95	76
合计			102			565	463

注：①可以使用鲫颗粒饵料；②如果饵料充足，管理较好，鲫放养量还可增加。

4. 以鲢、鳙为主的混养模式 目前，在全国各地仍然是一种主要的养殖形式，特别是城郊养鱼大多采用这种模式。该模式主要以施肥为主，还可和畜牧业结合起来，发展为鱼猪结合、鱼禽结合、鱼猪奶牛结合等多种生态养鱼模式。本模式成本低，经济效益好，生态效益也好，是今后池塘养鱼的重要内容之一（表5-4）。

表5-4 以鲢鳙鱼为主的混养模式（亩）

鱼类	放养			成活率（%）	产量		
	鱼种规格（克）	尾数	重量（千克）		养成规格（千克）	毛产（千克）	净产（千克）
鲢	200～300	200	50	98	0.6～1.0	160	110
	40～60	300	15	95	0.5～0.7	170	155
鳙	200～300	50	13	98	0.7～1:1	44	31
	40～60	60	3	95	0.6～0.8	40	37
草鱼	35～45	80	3	75	0.5～0.7	36	33
团头鲂	30～40	60	2	85	0.5～0.8	13	11
鲤	40～60	80	4	85	0.6～0.8	48	44
鲫	30～40	120	4	80	0.2～0.4	24	20
合计			94			535	441

注：根据鲢、鳙的生长情况，适时捕捞热水鱼上市。

5. 以鲤为主的混养模式 我国东北、华北等较寒冷地区普遍采用的模式。放养时，鲤用1龄鱼种入池，至收获时都能达到最低的食用规格（表5-5）。鲢、鳙放养2种规格，大者当年养成上市；小者则养成大规格供翌年放养之用。本模式采取施肥和商品饲料结合的饲养方式。

6. 以草鱼、鲢为主的混养模式 以草鱼和鲢为主的高产模式（表5-6），1年约轮捕4次左右。主要依靠种草或收集草类作为草鱼和团头鲂的饲料，辅以配合饲料或商品饲料，肥料主要依靠基肥。鲢、鳙的生长主要靠草食性鱼类所排泄粪便培育的浮游生物。所套养的鱼种，可部分解决翌年放养所需的大规格鱼种。此模式需要建设排灌渠道和安装增氧设备。

表 5-5　以鲤为主养的放养与收获模式（亩）

鱼类	放养			成活率（%）	收获		
	鱼种规格（克）	尾数	重量（千克）		养成规格（千克）	毛产（千克）	净产（千克）
鲤	100	650	65	65	0.75	440	375
鲢	40	150	6	96	0.7	111	105
	夏花	200		81	0.04	6.5	6.5
鳙	50	30	1.5	98	0.75	23.5	22
	夏花	50		80	0.05	2	2
合计			72.5			583	510.5

注：①鲤产量占总产 75% 以上；②由于北方鱼类的生长期较短，要求放养大规格鱼种，鲤由 1 龄鱼池供应，鲢、鳙由原池套养夏花解决；③以投鲤配合饲料（加工成颗粒饵料）为主，养鱼成本较高；④近年来，该混养类型已搭配异育银鲫、团头鲂等鱼类，并适当增加鲢、鳙的放养量，以扩大混养种类，充分利用池塘饵料资源，提高经济效益。

表 5-6　草鱼和鲢为主的放养与收获模式（亩）

鱼类	放养			收获			增肉倍数	占净产量（%）
	规格（克）	尾数	重量（千克）	规格（克）	毛产量（千克）	净产量（千克）		
草鱼	500	80	40	1 500	270	176	3.09	22.7
	200	24	48					
	10	200	2	200～500	30	28		
团头鲂	25	600	15	250	140	125	8.33	13.9
鲢	250	150	36	500～700	285	204	3.63	32.7
	150	350	45					
	夏花	450		250	90	90		
鳙	250	50	12.5	500～700	65	45	2.25	5
	125	50	7.5					
鲫	4～8	1 000～2 000	8	100～250	190	182	22.75	20.2
罗非鱼	夏花	500		100	50	50		5.5
合计		3 550～4 550	190		1 090	900		100

7. 以草鱼、鳙、鲮为主的混养模式 珠江三角洲高产鱼池的主要混养模式（表 5 - 7）。此模式中，鲢、鳙分别在 4 月、5 月、7 月、9 月放种 4 次，收获 4～5 次。大规格草鱼种一年放 2 次，收获 2 次；鲮一次放足 3 种规格，达到食用规格就捕出上市。所套养的部分鱼种，可以提供给翌年放养所需。这种模式是与栽桑养蚕、或种甘蔗、或种青饲料相结合的以鱼为主、多种经营的耕作制度，亦即所谓的"桑基鱼塘"、"蔗基鱼塘"、"菜基鱼塘"。若设置增氧机械或加强注排水，养鱼产量还能进一步提高。

表 5 - 7　以草鱼、鳙、鲮为主的混养模式（亩）

养殖鱼类	放　养			收　获				
	规格（克）	尾数	重量（千克）	规格（克）	毛产量（千克）	净产量（千克）	增肉倍数	占净产量（%）
草鱼	350	150×2	105	1250	295	190	2.16	28.2
	10～50	200	6	350	56	50		
鳙	500	45	22.5	1 000	225	148.5	1.94	17.5
	300	45×4	54					
鲮	50～100	600	35	125～200	150	100	2.22	14.2
	25～33	600	15					
	12.5～25	600	4	50	24	20		
鲢	100	40×3	12	1300	156	144	12	16.9
	10	600×2	12	120	130	118	9.83	13.9
鲤	50	50	2	550	22	20	10	2.4
银鲫	50	100	5	150	12	7	1.4	0.8
野鲮	25	150	3	250	30	27	9	3.2
鲂	10	100	1	250	20	19	19	2.2
斑鳢	夏花	20～30		300	6.5	6.5		0.7
合计		4 265	276		1 126	850		100

8. 以斑点叉尾鲴为主的混养模式 斑点叉尾鲴是鲇科鱼类，

食性杂，抗病能力强，生长速度快，可大量投喂 30％蛋白质含量的人工配合饲料。作为池塘主养品种，投放体长 10 厘米的鱼种，年底可长到 400～1 000 克（表 5－8）。

表 5－8 以斑点叉尾鲴为主的混养模式（亩）

鱼 类	放 养		成活率（％）	收 获	
	鱼种规格（克/尾）	尾数		养成规格（克/尾）	产量（千克）
斑点叉尾鲴	50～80	1 000	98	650	637
鲢	50	150	95	700	100
	夏花	200	70	50	7
鳙	30	30	95	750	21
	夏花	50	70	50	2
团头鲂	20～30	40	95	350	13
细鳞斜颌鲴	10～20	50	90	200	9
合计		1 520			789

9. 以泥鳅为主的放养模式 泥鳅为小型底栖鱼类，被誉为水中人参，市场需求不断增大。泥鳅耐低氧能力强，可在池塘中高密度饲养。泥鳅食性杂，能大量摄食人工配合饲料，也可与其他鱼类混养（表 5－9）。

表 5－9 以泥鳅为主的混养模式（亩）

鱼类	放 养		成活率（％）	收 获	
	鱼种规格（克/尾）	尾数		养成规格（克/尾）	产量（千克）
泥鳅	2～3	25 000	30	80	600
鲢	50	80	95	600	45
	夏花	100	80	50	4
鳙	30	20	95	650	12
	夏花	50	80	50	2
草鱼	250	50	95	2 000	95

（续）

鱼类	放养			收获	
	鱼种规格（克/尾）	尾数	成活率（％）	养成规格（克/尾）	产量（千克）
异育银鲫	10～20	100	95	125	12
团头鲂	20～30	40	95	350	13
细鳞斜颌鲴	10～20	50	90	200	9
合计		25 480			782

10. 以奥尼罗非鱼为主的放养模式 奥尼罗非鱼是以奥利亚罗非鱼（父本）和尼罗罗非鱼（母本）杂交所产生的子一代。雄性率达90％以上，适应性强，生长快，当年鱼种可长到600克。奥尼鱼5～10克（1 000尾）；搭养鲢200～300克（200尾）；鳙400～600克（40尾）；团头鲂50～60克（50尾）；异育银鲫20～30克（120尾）；南方大口鲇夏花20尾。

11. 以翘嘴红鲌为主的放养模式 翘嘴红鲌属于大型肉食性鱼类，以鱼为食，在人工驯化下，可大量摄取人工配合饲料。翘嘴红鲌在很多地方已经成功进行了池塘驯化养殖，而且取得了较好的养殖效益。主养翘嘴红鲌50～75克（400尾）；搭养鲢200～300克（200尾）；鳙200～300克（50尾）；鲫100～150克（500尾）。

12. 在成鱼池套养鱼种 解决成鱼高产和大规格鱼种供应不足之间矛盾的一种较好方法。套养是在轮捕轮放基础上发展起来的，它使成鱼池既能生产食用鱼，又能培养翌年放养的大规格鱼种。当前市场要求食用鱼的上市规格有逐步增大的趋势，大规格鱼种如依靠鱼种池培养，就大大缩小了成鱼池饲养的总面积，其成本必然增大。采用在成鱼池中套养鱼种，每年只需在成鱼池中增放一定数量的小规格鱼种或夏花，至年底，在成鱼池中就可套养出一大批大规格鱼种。尽管当年食用鱼的上市量有所下降，但却为翌年成鱼池解决了大部分鱼种的放养量。套养不仅从根本上革除了 2 龄鱼种池，而且也压缩了 1 龄鱼种池面积，增加了食用鱼池的养殖面积（表 5 - 10）。

表 5 - 10　江苏无锡市郊套养鱼种模式（亩）

鱼类	放养数量和规格	放养时间	成活率（％）	养成鱼种数量和规格	说　明
草鱼	70～80 尾 500～750 克	年初	80 以上		6 月开始达1.5 千克上市
	90～100 尾 100～400 克		80 以上	70 尾左右 500～750 克	生长快者年终可达 1.5千克
	150～170 尾 14～21 克	7 月	60～70	100 尾 100～400 克	
青鱼	35～40 尾 750～1 250 克	年初	80 以上		7 月开始达1.5 千克上市
	60～70 尾 150～300 克		70	40～50 尾 750～1 250 克	
	150～170 尾 15～20 克	7 月	50～60	80 尾左右 150～300 克	
团头鲂	300 尾 40～60 克	年初	90		7 月下旬达300 克即上市
	350 尾 12.5～17 克		90		大部分年终可达 300 克
	300 尾 夏花	7 月	60～70	200 尾 12.5～60 克	
鲢鳙	200 尾（鳙占 1/4） 250～350 克	年初	95		6 ～ 7 月达500 克以上上市
	450 尾（鳙占 1/4） 100～200 克		90	300 尾 250～350 克	年终达 500克以上上市
	300 尾 夏花	7 月	80～90	250 尾 100～200 克	
鲤	90～100 尾 50～150 克	年初	90 以上		年终可达0.5～1 千克上市
	150 尾 夏花	6 月	70～80	100 尾 50～150 克	

（续）

鱼类	放养数量和规格	放养时间	成活率（％）	养成鱼种数量和规格	说　明
鲫	600 尾 20 克	年初			8 月中旬达200 克上市
	900～1 000 尾 夏花	6 月	60	600 尾 20 克	

三、放养密度

在一定的范围内，只要饲料充足，水源水质条件良好，管理得当，放养密度越大，产量越高。故合理密养，是池塘养鱼高产的重要措施之一。只有在混养基础上，密养才能充分发挥池塘和饲料的生产潜力。

1. 密度加大、产量提高的物质基础是饵料　主要摄食投喂饲料的鱼类，密度越大，投喂饲料越多，则产量越高。但提高放养量的同时，必须增加投饵量，才能得到增产效果。

2. 限制放养密度无限提高的因素是水质　在一定密度范围内，放养量越高，净产量越高。超出一定范围，尽管饵料供应充足，也难收到增产效果，甚至还会产生不良结果，其主要原因是水质限制。我国几种主要养殖鱼类的适宜溶氧量为 4.0～5.5 毫克/升，如溶氧低于 2 毫克/升时，鱼类呼吸频率加快，能量消耗加大，生长缓慢。

如放养过密，池鱼常会处在低氧状态，这就大大限制了鱼类的生长。如天气变化，溶氧往往下降到 1 毫克/升甚至更低，鱼类经常浮头，有时发生泛池死鱼事故。此外，放养过密，水体中的有机物质（包括残饵、粪便和生物尸体等）在缺氧条件下，产生大量的还原物质（如氨、硫化氢、有机酸等），而这些物质对鱼类有较大的毒害作用，并抑制鱼类生长。

3. 决定放养密度的依据　在能养成商品规格的成鱼或能

达到预期规格鱼种的前提下，可以达到最高鱼产量的放养密度，即为合理的放养密度。决定合理放养密度，应根据池塘条件、鱼的种类与规格、饵料供应和管理措施等情况来考虑。

（1）池塘条件　有良好水源的池塘，其放养密度可适当增加。较深的（如2.0～2.5米）池塘放养密度可大于较浅的（如1.0～1.5米）池塘。

（2）鱼种的种类和规格　混养多种鱼类的池塘放养量可大于单一种鱼类或混养种类少的鱼池。此外，个体较大的鱼类比个体较小的鱼类放养尾数应较少，而放养重量应较大；反之则较小。同一种类不同规格鱼种的放养密度，与上述情况相似。

（3）饵、肥料供应量　如饵料、肥料充足，放养量可相应增加。

（4）饲养管理措施　养鱼配套设备较好，可增加放养量。轮捕轮放次数多，放养密度可相应加大。此外，管理精细，养鱼经验丰富，技术水平较高，管理认真负责的，放养密度可适当加大。

（5）历年放养模式在该池的实践结果　通过对历年各类鱼的放养量、产量、出塘时间、规格等技术参数的分析评估，如鱼类生长快，单位面积产量高，饵料系数不高于一般水平，浮头次数不多，说明放养量是较合适的；反之，表明放养过密，放养量应适当调整。如成鱼出塘规格过大，单位面积产量低，总体效益低，表明放养量过稀，必须适当增加放养量。

第四节　轮捕轮放与多级轮养

轮捕轮放，就是分期捕鱼和适当补放鱼种。即在密养的水体中，根据鱼类生长情况，到一定时间捕出一部分达到商品规格的成鱼，再适当补放鱼种，以提高池塘经济效益和单位面积鱼产量。概括地说，轮捕轮放就是"一次放足，分期捕捞，捕大留小，去大补小"（图5-2）。

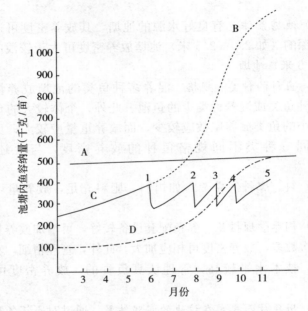

图5-2 轮捕轮放增产示意图

A. 假设该池鱼最大容纳量 B. 采用轮捕轮放措施的全年累计产量

C. 各次轮捕的产量 D. 不采用轮捕轮放措施的年终产量

一、轮捕轮放的作用

（1）有利于活鱼均衡上市，提高社会效益和经济效益。养鱼前、中期，市场上淡水鱼少、鱼价高；而后期市场上淡水鱼相对集中，养殖单位又往往出现"卖鱼难"现象，造成鱼价低廉。采用轮捕轮放，可改变以往市场淡水鱼"春缺、夏少、秋挤"的局面，做到四季有鱼，不仅满足社会需要，而且也提高了经济效益。有人认为产量较低的鱼池可不必搞轮捕轮放，这种观点是错误的。

（2）有利于加速资金周转，减少流动资金的数量。一般轮捕上市鱼的经济收入可占养鱼总收入的 40%～50%，这就加速了资金的周转，降低了成本，为扩大再生产创造了条件。

（3）有利于鱼类生长。在饲养前期，因鱼体小，活动空间大，为充分利用水体，年初可多放一些鱼种。随着鱼体生长，采用轮捕轮放方法及时稀疏密度，使池塘鱼类容纳量始终保持在最大限度的容纳量以下。这就延长和扩大了池塘的饲养时间和空间，缓和或解决了密度过大对群体增长的限制，使鱼类在主要生长季节始终保持合适的密度，促进鱼类快速生长。

（4）有利于提高饵料、肥料的利用率。利用轮捕控制各种鱼类生长期的密度，以缓和鱼类之间（包括同种不同规格）在食性、生活习性和生存空间的矛盾。使成鱼池混养的种类、规格和数量进一步增加，充分发挥池塘中"水、种、饵"的生产潜力。

（5）有利于培育量多质好的大规格鱼种，为稳产、高效奠定基础。通过捕大留小，及时补放夏花和 1 龄鱼种，使套养在成鱼池的鱼种迅速生长，到年终即可培育成大规格鱼种。

二、轮捕轮放的条件

成鱼池采用轮捕轮放技术，需要具备以下条件：

（1）各类鱼种规格齐全，数量充足，配套完善，符合轮捕轮放要求，同种规格鱼种大小均匀。年初放养数量充足的大规格鱼种，只有放养了大规格鱼种，才能在饲养中期达到上市规格，轮捕出塘。同种不同规格的鱼种个体之间的差距要大，否则易造成两者生长上的差异不明显，给轮捕选鱼造成困难。

（2）饵料、肥料充足，管理水平跟上，否则到了轮捕季节，因鱼种生长缓慢，尚未达到上市规格，生产上就会处于被动局面。

（3）捕捞技术要熟练、鱼货能及时销售。

三、主要对象和时间

轮捕主要对象是，放养密度较大的鲢、鳙和养殖后期不耐肥水的草鱼、团头鲂。罗非鱼只要达到商品规格也能轮捕，鲤、鲫、黄颡鱼因捕捞困难，难以轮捕。

如果 6 月以前由于鱼种放养时间不长，池鱼增重不多，那么一般不轮捕。7～9 月水温较高，鱼类生长快，需要轮捕稀疏密度。10 月以后水温日渐降低，鱼类生长慢，除捕出符合商品规格的鲢、鳙、团头鲂和草鱼外，主要应捕出易受低温影响致死的罗非鱼。

为了掌握轮捕的时间及数量，除经常观察池鱼浮头、摄食和生长情况外，还要了解不同时期、不同水温条件下，几种主要养殖鱼类的净产量和各饲养阶段的增重比例，以此推断鱼池最大容纳量的出现时间，作为适时轮捕套养依据。

四、轮捕轮放的方法

捕大留小和捕大补小。捕大留小，要求把放养不同规格或相同规格的鱼种饲养一定时间后，分批捕出一部分达到食用规格的鱼类，而让较小的鱼留池继续饲养，不再补放鱼种。捕大补小，是分批捕出食用鱼后，同时补放鱼种，这种方法产量较高，是池塘养殖常用方法。补放的鱼种可根据规格的大小和生产的目的，或养成食用鱼，或养成大规格鱼种。

一般在 3 月初投放鱼种，混养种类有鲢、鳙、草鱼、团头鲂、鲤、鲫、黄颡鱼等；4 月底投放越冬罗非鱼鱼种，投放量100 尾/亩左右；5 月底补放鲢、鳙、鲤、鲫夏花各 200 尾/亩，年终可部分达到上市规格；6 月底将 0.5 千克以上的鲢、鳙起捕上市，补放鲢、鳙夏花各 100 尾/亩，作为翌年养殖的大规格鱼种；7 月底将 0.5 千克的鲢、鳙、1.5 千克的草鱼、0.1 千克的罗非鱼起捕上市，补放 0.1 千克左右的鲢、鳙各 100 尾/亩，补放 10 厘米长的团头鲂 150 尾/亩；8 月底，只轮捕，不轮放；10 月底，捕大留小，并将罗非鱼全部捕出。需要注意的是，一般补放鱼种数与捕出数大致相等。

轮捕轮放的技术要点：在天气炎热的夏秋季捕鱼，水温高，鱼的活动能力强，捕捞较困难，加上鱼类耗氧量增大，不能忍耐较长时间密集，而捕在网内的鱼大部分要回池，如在网内停留时间过长，很容易受到伤害或缺氧死亡。因此，夏秋季水温高时捕鱼，需操作细致、熟练、轻快。捕捞前数天，要根据天气适当控制投饵和施肥量，以确保捕捞时水质良好。捕捞时间要求在水温较低、池水溶氧较高时进行，一般多在半夜、黎明或早晨捕捞。如果鱼池有浮头征兆或正在浮头，严禁拉网捕鱼。傍晚不能拉网，以免引起上下水层提早对流，加速池水溶氧消耗，造成鱼池浮头。捕捞后，鱼体分泌大量黏液，同时池水混浊，耗氧增加，需立即加注新水或开增氧机，使鱼有一段顶水时间，以冲洗鱼体过多黏液，增加水体溶解氧，防止浮头。在白天水温高时捕鱼，一般需加水或开增氧机 2 小时左右；在夜间捕鱼，加水或开增氧机一般到日出后才能停止。

五、多级轮养

多级轮养，就是采取多个鱼池联合养殖、不断分池降低密度的方法，调整水体载鱼量，使鱼群密度始终保持在正常生长范围内，达到充分利用水体、提高养殖产量和效益的目的。根据鱼种规格的大小及食用鱼的不同饲育阶段，按不同规格和密度分池养殖，进行分阶段混养或单养。将鱼池人为地分成鱼苗池、鱼种池和食用鱼池等几级，每一池塘为一级，专养一定规格的鱼，饲养一段时期后，达到一定规格后分疏到另外的池塘；当食用鱼池的鱼一次性出池后，其他各级池里的鱼依次筛出大的转塘升级。采用定期拉网分池、逐步稀疏的方法不断调整载鱼量，这样做不致由于高贮量抑制池鱼的生长，也不像轮捕时易伤鱼，操作简便，这一形式非常适合城镇近郊养鱼采用。及时分池，控制密度，这是多级轮养增产增收的技术核心。

1. 多级轮养的作用　通过多级轮养来调整池塘的贮存量，基本保持鱼类群体生长的最适范围。鱼种经常受到拉网分疏，起到"锻炼"鱼体的作用，更加有利于鱼类的快速生长。

（1）保证成鱼塘有足够的大规格鱼种供应　成鱼塘每隔30～40天出售1次，需要大量的大规格鱼种补充，维持长期生产所需。

（2）避免套养中的大鱼压小鱼现象　在同一池塘中，大规格鱼摄食能力强，小规格鱼采食量不足难以生长，造成养殖生产脱节。

（3）通过多次上市，提高了全年的产鱼量　成鱼塘每年通过拉网捕鱼3～5次，干塘清塘1次。

2. 多级轮养的条件限制　多级轮养的劳动强度大，经常分疏所需的劳动力较多。一般所有池塘每隔30～40天，都被拉网分疏1次。

（1）池塘要配套，总体养殖面积较大　合理安排池塘养殖不同规格的鱼种，选择面积小的池塘作为鱼苗、鱼种培育池，选择面积大的池塘作为成鱼养殖池。例如，池塘分五级轮养的面积大概分配比例为：鱼苗池2%，鱼种池4%，大鱼种池10%，半大鱼池22%，成鱼池62%。如果面积小的池塘不够，可以用网片围住塘角培育鱼苗。

（2）多级轮养的养殖品种要易拉网捕捞　如鳙、草鱼、罗非鱼、加州鲈，不宜选择难捕的底层鱼类（鲫、鲮、鳜等），这类鱼一般作为一次放足而在干池清塘前捕捉。

（3）要注意防病治病　经常拉网捕鱼搅拌池底，容易引起鱼病的发生，特别是暴发性鱼病。因此，要注意捕鱼后要注意进行药物消毒（表5-11）。

表 5 - 11 以草鱼为主五级轮养的放养情况

鱼 池	放养规格	放养密度（尾/亩）	饲养天数	收获规格
一级（鱼苗池）	水花鱼苗	15 万	25	3 厘米
二级（鱼种池）	3 厘米	0.8 万～1 万	40	7 厘米
三级（大鱼种池）	7 厘米	1 000～1 500	40	15 厘米
四级（半大鱼塘）	15 厘米	250～350	100	250～500 克
五级（食用鱼塘）	250～500 克	100～150	130～150	0.75～1.5 千克

第五节　鱼池施肥

一、肥料的种类

1. 有机肥料　有机肥料所含营养元素全面，故肥料的效果较好，施用后分解慢，肥效持久，又称迟效肥料。因有机肥料在发挥肥效的过程中，要经过发酵、分解，需消耗大量的氧气。根据研究，分解 1 吨人粪就需要 3.6 吨氧气。一般说来，施用有机肥料的高产鱼池的水质就相当于半污水，生物需氧量达 50 毫克/升左右。各种有机肥料的成分变化大，肥效不一致，施用时难以掌握确切的用量，一旦施用不当会造成严重缺氧。因此，施用有机肥料必须注意这个问题。有机肥料主要包括绿肥、粪肥及混合堆肥等。

（1）绿肥　凡采用天然生长的各种野生植物或各种人工栽培的植物，经过简单加工或不经过加工，作为肥料的均称为绿肥。一般茎叶鲜嫩、在水中容易腐烂分解的绿肥均是养鱼优质绿肥。常用的绿肥有菊科、豆科植物及少数禾本科植物，以及各种无毒陆生杂草等。绿肥既可以做基肥，也可以做追肥。

（2）粪肥　人粪尿、家畜粪尿、家禽粪、蚕粪等都是生产上常用的粪肥。粪肥的营养成分丰富，尚含有一定的钙、硫、铁等元素。粪肥在施用前应经过腐熟、发酵，在人粪尿中可能带有寄生虫和致病菌，所以发酵前应加 $1\%\sim2\%$ 的生石灰，杀死寄生虫和细菌，防止疫病的传播。施用粪肥多用堆放和泼洒的方法。

（3）混合堆肥　利用绿肥、粪肥混合堆制发酵而成。其肥效因堆制物的种类和比例而不同。混合堆肥的制作方法：在土坑或砖坑内，将各种原料分层堆放，一层青草，上撒石灰，一层粪肥，按次装入，装好后加水至肥料完全浸入水中为止，上面用泥土密封，让其发酵腐熟后即可应用。堆肥发酵时间随气温而不同，$20\sim30$℃时，$10\sim20$ 天即可取用。在使用时要掌握开坑时间不能太久，以免氮肥挥发，影响肥效。施用时，取出堆肥加水冲洗，除去肥渣，只取堆肥液汁，均匀泼入水中。或者在取肥时，将发酵坑一角的堆肥翻到其他角上，使液汁在翻开的角上露出，只取坑中液汁，不必冲淡，按规定分量，泼入池中。混合堆肥虽具有一定优点，但是操作较复杂，花费劳动力较多。因此，在生产中应用还不很普遍。

2. 无机肥料　无机肥料养分含量高，肥效快，但养分比较单纯，不含有机物，肥效持续时间较短。所以，一般都是几种无机肥料和有机肥料配合使用，以便更好地发挥培育鱼类天然饵料的作用。无机氮肥中有液态氮肥和固态氮肥。液态氮肥是碱性氮肥。施用液态氮肥要注意它的毒性，水温越高、碱性越强，其毒性越大。液态氮应在池水 pH 小于 7 时施用，并注意少量多次，选晴天在午前施入。固态氮肥中，硫酸铵、氯化铵是酸性肥料，在池水中 pH 较高时施用，碳酸氢铵、硝酸铵和尿素是中性肥料，使用后水中无残留。使用尿素肥料可先将它溶于水，然后全池泼洒，或盛在若干只塑料袋内，在塑料袋上穿些小孔，挂在池塘中，让其慢慢释放到水中，效果更好。养鱼生产中常用的无机肥料有：

（1）氮肥　氮是蛋白质的主要成分，也是叶绿素、维生素、生物碱以及核酸和酶的重要成分。氮是植物主要的营养元素之一，所以是鱼池施肥的主要原料之一。鱼池中施放氮肥后浮游植物很快繁殖起来，使水色呈现绿色。

（2）磷肥　一般来说，鱼池中磷的含量均能满足鱼类生长的需要，但是在夏、秋季节，浮游植物大量繁殖生长、鱼类生长旺盛，鱼池中磷大量消耗，往往使磷含量极低。如在这段时间中合理地向鱼池施用磷肥，提高水质的肥度，对提高鱼产量有重要意义。当前，在生产上常用的无机磷肥主要有以下几种：①过磷酸钙，为灰白色粉末，一般含磷量为 $16\% \sim 20\%$，主要是水溶性磷酸钙，肥效迅速、良好；②重过磷酸钙，含磷量为 40% 左右。上述两种磷肥施入鱼池后，只有在几天内才发生作用，因磷酸根很快被土壤吸收固定，降低了浮游植物对磷的利用率，这是磷肥施用上值得注意的问题。磷肥最好与有机肥一起沤制后再施用。为了使磷肥长时间保留在水表层，以利于浮游生物吸收，避免沉到池底固定，可以采用挂袋法施磷肥。

（3）钾肥　一般说来，鱼池对钾需要量较少，不会产生缺钾现象。常用的钾肥有硫酸钾，含钾量为 $48\% \sim 50\%$；氯化钾，含钾量为 50% 左右及草木灰等。

（4）钙肥　施用钙肥对改良鱼池环境和土壤的理化状况，促进有机物质矿化分解，预防鱼病的发生起着重要的作用。生产上常用的钙肥是生石灰。

施用无机肥时碳酸氢铵、硝酸铵、磷肥不能和生石灰、草木灰等碱性物质一起施用。施化肥应在晴天进行。一般施肥后第 2 天水色便开始转肥。池水混浊、胶粒多时，不要施氮肥和磷肥，以免肥料被胶粒吸附而丧失肥效。

二、肥料的使用方法

1. 粪肥的施用方法　常用的粪肥是以猪、牛粪为主的畜、禽粪和人粪。用粪肥做基肥，每公顷施肥量为 $6\ 000 \sim 7\ 500$ 千克，秋、冬季和早春施用。以小堆肥的方式分开堆在水下，让其缓慢分解，一旦水温上升到 $15℃$ 以上，应及时推散开。

2. 绿肥的施用方法　常用的绿肥是以各种野生蒿草和人工种植的豆科植物为主的植物茎叶。用绿肥做基肥，每公顷施肥量为 3 000～4 000 千克。施用时，以一定的厚度、条状堆放池边水下，并插小杆固定，让其腐化分解。转化利用周期，在水温 25℃左右时为 7～10 天，中期翻动 1 次，最后捞出残渣。

3. 化肥的施用方法　常用的氮肥是尿素和碳酸氢铵，磷肥是过磷酸钙和钙镁磷肥。化肥一般多用于追肥，并根据水质状况灵活掌握，一般每公顷 1 次使肥量 30～50 千克或碳酸氢铵加倍，配合再施过磷酸钙或钙镁磷肥 60～100 千克。转化周期，在水温 25℃左右为 5～7 天。氮、磷肥应分开化水全池遍洒。

无论施用哪种肥料，首先必须控制好一次用量，然后注意采取稳妥的施用方法。

三、鱼池施肥

池塘养鱼施肥的主要作用是繁殖浮游生物，增加天然饵料，调节水质。在施肥方面，应遵循"以施有机肥料为主、无机肥料为辅"的原则。

1. 施基肥　瘦水池塘或新建池塘，由于池底淤泥很少或没有淤泥，水质较难变肥，可利用施基肥进行肥塘。方法是冬季池塘排水清整后，将肥料遍施池底或积水区的边缘，经日光曝晒数天，适当分解矿化后翻动肥料，再晒数天，即可注水。基肥的数量应视池塘肥瘦、肥料种类与浓度，一次施足。施用的肥料有粪肥、绿肥和有机肥等。有时在池塘注水后施基肥，主要是肥水而非肥底泥。肥水池塘和养鱼多年的池塘，池底淤泥较多，一般不需要施基肥。

2. 施追肥　为了不断补充池塘水中的营养物质，养鱼过程中需要施追肥。施肥的数量、次数，应随水温、天气、养殖鱼的种类等不同而异。水温较高时施肥量酌减，施肥次数增加；水温较低时，则相反。天气晴朗可正常施肥，雨天或欲下雷雨时少施或不施肥。以鲢、鳙或鲮为主体鱼的池塘要求水质较肥，施肥量应大些；以草鱼或青鱼为主体鱼的池塘，施肥量则须小些。施肥量以施肥后池水仍保持"肥、活、嫩、爽"，透明度在 25～40 厘米为宜。

四、注意事项

池塘施肥，特别是施用有机肥，会不同程度地污染水体，消耗水中溶氧，尤其是在夜间，常会造成池水缺氧，导致鱼类浮头。因此，要尽量做到合理施用，才能充分发挥施肥的效果。

1. 有机肥料必须腐熟 施用有机肥料要经过发酵腐熟后再施放下塘，这样可减少污染，也可较快地发挥肥效，同时也有利于卫生，避免传播疾病。不经发酵或未经处理的粪肥最好不要直接施入池塘中。塘边建有养猪场的，猪粪尿应冲洗至发酵池内，经过发酵方可流入池塘。

2. 根据天气、水温、鱼种放养情况追肥 施肥时间应选择晴天中午，采用泼洒的方法，充分利用上层的过饱和氧气，既可加速有机肥料的氧化分解，又降低水中的氧值，这样夜间就不易因耗氧过多而引起浮头。雨天或闷热天气，不能施肥。水温较高时施肥应次多量少，水温低时则相反。以鲢、鳙、鲮为主的池塘要求水质较肥，施肥量应大些；以草鱼为主的池塘，施肥量则小些。

3. 合理搭配，有效混合 施基肥以有机肥为主，施追肥则有机肥与无机肥混合使用，水色淡时追施有机肥，水色浓时追施化肥。一般鱼塘水中含磷量较低，限制了浮游植物的生长，施化肥应以磷肥为主。施用有机肥为主的鱼塘，应增施氨水或碳酸氢铵等化肥作追肥。

4. 冲水增氧，保持水质良好 施肥地点要避开食场。经常施肥的池塘，必须定期注换新水，避免水质过肥。还要注意采取其他增氧措施，防止池塘缺氧，导致鱼类浮头。

第六节　投饲管理

一、投饵数量的确定

1. 全年投饵计划和各月分配　事先根据生产需要作出饵料量的计划，是养鱼生产非常重要的一环。养鱼之前，应该计划好全年的饵料量及各月份的饵料分配。一般是根据预计的净产量，结合饵料系数，计算出全年的投饵量。然后，依据各月份的水温和鱼的生长规律，制订出各月份的饵料量。全年投饵量，可以根据饲料的饵料系数和预计产量计算：

全年投饵量＝饵料系数×预计净产量，月份投饵量＝全年投饵量×月份配比例

一般全价配合饲料饵料系数为 $2\sim2.5$，混合性饲料则为 $3\sim3.5$。如果是几种饲料交替使用，则分别以各自的饵料系数计算出使用量，然后相加即为年投饵总量（表 5 - 12、表 5 - 13）。

表 5 - 12　鲤成鱼投饵量月份分配及日投喂次数

月　　份	5	6	7	8	9
月份分配占全年比例（%）	10	15	30	30	15
日投喂次数	2~3	4	4	4	3~1

表 5 - 13　鲤成鱼月投饵量逐旬分配表（%）

月份	5	6	7	8	9
上旬	20.0	30.0	31.1	36.7	46.7
中旬	33.3	33.3	33.3	33.3	33.3
下旬	46.7	36.7	35.6	30.0	20.0

注：日投饵量按旬投饵量的10%计算。

以配合饲料为主的投喂方式，除了计算月投饵百分比外，还应根据池塘吃食鱼的重量、规格、水温确定日投饵量。每隔10

天，根据鱼增重情况调整 1 次。

日投饵量＝水体吃食鱼总重量×日投饵率

影响投饵率的因素有鱼的规格、水温、水中溶氧量和饲养管理水平等，投饵率在适温下随水温升高而升高，随鱼规格的增大而减少。鱼种阶段日参考投饵率为吃食鱼体重的 4%～6%，成鱼阶段日参考投饵率为吃食鱼体重 1.5%～3%（表 5-14、表 5-15）。

表 5-14　不同鱼规格、水温的日饵率（%）与投饵次数

尾重（克）	水温（℃）			
	10～15	15～20	20～25	25～30
1～10	1	5.0～6.5	6.5～9.5	9.0～11.7
10～30	1	3.0～4.5	5.0～7.0	5.0～9.0
30～50	0.5～1.0	2.0～3.5	3.0～4.5	5.0～7.0
50～100	0.5～1.0	2.0～3.5	3.0～4.5	5.0～5.3
100～200	0.5～0.8	1.0～1.5	1.5～3.0	3.1～4.3
200～300	0.4～0.7	1.0～1.7	1.7～3.0	3.0～3.5
300～500	0.2～0.5	1.0～1.6	1.8～2.6	2.6～3.5
日投饵次数	2～3 次	3～4 次	4～5 次	4～5 次

注：当水温上升到 35℃以上时，要适当减少投饵次数和投饵量。

表 5-15　以青鱼、草鱼为主的月投饵百分比（江苏、无锡，单位：%）

饵料种类	时间（月）									全年
	3	4	5	6	7	8	9	10	11	
精饲料	1.0	2.5	6.5	11	14	18	24	20	3.0	100
草类	1.0	5.0	10	14	17	22	20	10	2.0	100
贝类	0.5	3.0	7.0	9.0	15	21	24	17	3.5	100

2. 不同季节投饵的技术要求　冬春季节水温低，鱼类的代谢缓慢，摄食量不大，但在晴好天气温度稍有回升时，也需要投给少量精饲料，使鱼不致落膘。此时，投喂一些糟麸类饵料较

好，这些饵料易被鱼类消化，有利于刚开始摄食的鱼类吃食。初春气候开始稳定升温后，要避免给刚开食的鱼类大量投饵，防止空腹鱼暴食而亡。特别是草鱼，易患肠炎，尤其要控制投饵。4月中旬至5月上旬，是各种鱼病的高发期，必须控制投饵量，并保证饵料新鲜、适口、均匀。水温升至25～30℃时，鱼类食欲大增，鱼病的危险期已过，要提高投喂量，力求使大部分草鱼在6～9月达到食用规格，轮捕上市。9月上旬之后，水温27～30℃，此时由于上半年大量投饵，使水质变浓，不利于草鱼等的生长，但这个季节螺蚬等数量多，是青鱼生长的良机，应抓住时机，尽量满足青鱼的吃食。9月下旬之后，气候正常，鱼病减少，对各种鱼类都应加大投饲量，日夜摄食均无妨，以促进所有的养殖鱼类增重，这对提高产量非常有利。10月下旬之后，水温逐渐回落，要控制投饵量，以求池鱼不落膘。一年中投饵的量可用"早开食，晚停食，抓中间，带两头"来概括。

3. 每天投饵量的确定 精养鱼池每天的实际投饵量，要根据池塘的水温、水色、天气和鱼类的生长及吃食情况来定，即所谓"四看"。

（1）水温 水温在10℃以上即可开食，投喂易消化的精饲料（或适口颗粒饲料）；15℃以上可开始投嫩草、粉碎的贝类和精饵料。1～4月和10～12月水温低，应少投或不投；5～9月水温高，是鱼生长的最佳季节，适量多投。

（2）水色 一般肥水呈油绿色或黄褐色，上午水色较淡，下午渐浓。水的透明度在30厘米左右，表明肥度适中，可进行正常投喂；透明度大于40厘米时，水质太瘦，应增加投饲量；透明度小于20厘米时，水质过肥，应停止或减少投饵。主养鲤的水面可根据水的混浊度来确定投喂量的多少，如整池水都很混浊，呈泥黄色，排除大雨或人为的原因，可证明鲤在池底活动频繁，不断拱泥而致水体混浊，由此可判定鲤处于饥饿状态，应加大投喂量。

（3）天气　晴天溶氧充足，可多投，阴雨天溶氧低，应少投；阴天、雾天或天气闷热，无风欲下雷阵雨应停止投饵；天气变化反复无常，鱼类食欲减退，应减少投食量。

（4）鱼类吃食情况　每天早晚巡塘时检查食场有无残饵，投食时观察鱼类抢食是否积极，由此可基本判断所投饵料充足与否。若很快吃完，应适量增加投饵；若长时间才吃完或有剩饵，可酌情少投。随着鱼类的生长，投饵量应该是逐渐增加的。每次投饵量一般以鱼吃到七八成饱为准（大部分鱼吃饱游走，仅有少量鱼在表层索饵）。这样有利于保持鱼旺盛的食欲，提高饲料利用率。

二、投饵技术

1. 饲料投喂方法　主要有手撒、饲料台和投饵机三种：

（1）手撒　方法简便、灵活、节能，缺点是耗费人工较多。对鱼类进行驯化投喂，可减少饲料浪费，提高利用率。在投饵前5分钟，用同一频率的音响（如敲击饲料桶的声音）对鱼类进行驯化，使鱼类形成条件反射。每敲击1次，投喂一些饵料。每天驯化2～3次，每次不少于30分钟，驯化5～7天就可正常上浮摄食。驯化时不可随意改变投喂点，并须确保驯化时间。在正常化后，每次投喂时间上要控制，不宜过长。投喂过程中，注意掌握好"慢-快-慢"的节奏和"少-多-少"的投喂量。开始时，前来吃食的鱼较少，撒饵料要少而慢；随着吃食鱼的数量增加不断增量，且随着鱼群扩大，就要加快速度并扩大撒饵范围；当多数鱼类吃完游走，此时撒饵应慢而少，剩余少量鱼抢食速度缓慢时，即可停止投喂。

（2）饲料台　可在安静向阳离池埂1～2米处的塘埂边搭设饲料台，饲料台以木杆和网布、竹片等搭建成，沉入水面下30厘米左右，并套以绳索，以便拉出水面检查。青饲料需要利用木质或竹质框架固定在水面上，防止四处飘散。一般面积7.5亩的池塘搭建1~2个,以便定点投喂。通过设置食台,可以及时、准确判断鱼类的吃食情况,还有利于清除残饵、食场消毒和疾病防治。

(3)投饵机 可自动投放颗粒饲料,适用于各类养殖池塘,一般7.5~15亩池塘配备1台投饵机。自动投饵机是代替人工投饵的理想设备,它具有结构合理、投饵距离远、投饵面积大和投饵均匀等优点,大大提高饵料利用率,降低养殖成本,提高养殖经济效益,是实现机械化养殖的必备设备。

2. "四定"投饵原则

(1)定质 饲料要求新鲜、适口。草类饵料要求鲜嫩、无根、无泥,鱼喜食。贝类饵料要求纯净、鲜活、适口、无杂质。提倡使用优质配合饲料,配合饲料具有营养全面、配方科学合理、粒度大小适宜、水中稳定性好和饵料系数低等特点。如鲤配合颗粒饲料,饲料营养要求:饲料中粗蛋白含量为28%~33%。颗粒饲料的直径:鱼体重50~100克时,粒径为3毫米;鱼体重100~250克时,粒径为4~5毫米;鱼体重300克以上时,粒径为5~6毫米。要根据鱼类品种及不同生长阶段营养需要,做到精、青搭配,不投霉烂腐败的变质饵料。

(2)定量 每天投饵量不能忽多忽少,在规定时间内吃完,以避免鱼类时饥时饱,影响消化、吸收和生长,并易引起鱼病发生。一般生长旺季,每天按摄食性鱼类体重8%左右的精饲料量喂鱼,每天的饵料应分2~3次投喂,每次投喂的最适食量应为鱼饱食量的70%~80%;投食过量,易引起池塘水质败坏,应尽量做到少量多次,提高饵料利用率。青饲料则按草食性鱼类体重的30%~40%量喂鱼;一般在傍晚巡塘检查食台时不应有剩饵,否则第二天应减少投饵量。

(3)定时 选择每天溶氧较高的时段,根据水温情况定时投喂。当水温在20℃以下时,每天投喂1次,时间在9:00或16:00;当水温在20~25℃时,每天投喂2次,在8:00及

17：00；当水温在 25～30℃时，每天投喂 3 次，分别在 8：00、14：00 和 18：00；当水温在 30℃以上时，每天投喂 1 次，为 9：00。遇到季节、气候变化略作调整。在鱼类的生长季节，必须坚持每天投饵，坚持"匀"当头、"匀"中求足、"匀"中求好，保证鱼类吃食均匀。切忌时断时续，要记住"一天不吃，三天不长"，"一天不投，三天白投"。

（4）定位　池中应设置固定投饵地点。鱼类对特定的刺激容易形成条件反射，将饲料投放在固定地点的饲料框、食台或食场上，既便于检查摄食情况，清除饲料残渣，进行食场消毒等工作，又养成池鱼在固定地点摄食的习惯，有利于提高饵料利用率。同时，在鱼病季节可以进行药物挂篓、挂袋、消毒水体，防止鱼病发生。浮性饲料，如浮萍、水草、陆草和浮性颗粒饲料等，要投放在浮于水面的饲料框内；沉性饲料，如豆饼、菜籽饼、花生饼和硬性颗粒饲料等，要投放在水中的食场上。

第七节　日常管理

池塘的管理工作，是池塘养鱼生产的主要实施过程。一切养鱼的物质条件和技术措施，最后都要通过池塘日常管理，才能发挥效能，获得高产。

一、池塘管理的基本要求

池塘管理工作的基本要求是，保持良好的池塘生态环境，促进鱼类快速生长，达到高产低耗和安全生产。

池塘养鱼是一项较复杂的生产活动，它牵涉到气候、饵料、水质、营养、鱼类个体和群体之间的变动情况等各方面的因素，这些因素又时刻变化、相互影响。因此，管理人员既要全面了解养鱼的全过程，了解各种因素之间的关系，又要抓住管理中的主要矛盾，以便控制池塘生态环境，取得稳产高产。

二、池塘管理的基本内容

（1）经常巡视池塘，观察池鱼动态。每天早、中、晚坚持巡塘 3 次。黎明时观察池鱼有无浮头现象，浮头程度如何，以便决定当天的投饵施肥量；日间结合投饵和测水温等工作，检查池鱼活动和吃食情况，以判断鱼类是否有异常现象和鱼病的发生；近黄昏时检查全天吃食情况和观察有无浮头预兆。酷暑季节，天气突变时，还须在半夜前后巡塘，以便及时制止浮头，防止泛池发生。检查各种设施，搞好安全生产，防止逃鱼和其他意外事故发生。

（2）做好鱼病防治工作，随时除去池边杂草和池面污物，保持池塘环境卫生，预防鱼病的发生。鱼病防治应做到"以防为主、以治为辅，无病先防、有病早治"。水体、食场、渔用工具等生产场所应进行定期消毒。在鱼病流行期间定期对池鱼投喂药饵，增强鱼体质和抵抗力，加以预防。应及时将死鱼捞出，以防病菌传染和水质恶化，查明原因，并正确诊断，及时治疗。

（3）根据天气、水温、季节、水质、鱼类生长和摄食情况，确定投饵、施肥的种类和数量。在高温季节要准确掌握投饵量。尽量使用颗粒饲料，不使用粉状饲料。停止施有机肥，改施化肥，并以磷肥为主。

（4）掌握好池水的注排，保持适当的水位，做好防旱、防涝和防逃工作。根据情况，10 天或半个月注水 1 次，以补充蒸发损耗。经常根据水质变化情况换注新水，并结合定期泼洒生石灰水，改良水质。

（5）种好池边（或饲料地）的青饲料，选择合适的青饲料品种，做到轮作、套种，搞好茬口安排，及时播种，施肥和收割，提高青饲料的质量和产量。

（6）合理使用渔业机械，搞好维修保养和安全用电。

（7）做好池塘管理记录和统计分析。每口鱼池都有养鱼日记，对各类鱼种的放养及每次成鱼的收获日期、尾数、规格、重量，每天投饵、施肥的种类和数量以及水质管理和病害防治等情况，都应有相应的表格记录在案，以便统计分析，及时调整养殖措施，并为以后制订生产计划、改进养殖方法打下扎实的基础。

三、池塘水质管理

通过合理的投饵和施肥来控制水质变化，并通过加注新水、使用增氧机等方法调节水质。养鱼群众有"要想养好一塘鱼，先要养好一塘水"的说法，反映了池塘养鱼对水质的管理是十分重要的。

养鱼生产中所指的水质，是一个综合性的指标，往往是通过水的呈色情况来判断，实际上水质既包含了理化指标，也表示了水的浮游生物状态。对养鱼来说，优良的水质可用"肥、活、嫩、爽"来形容。其相应的生物学含义是：

肥——指水色浓，浮游植物含量（现存量）高，且常常形成水华。透明度25～35厘米，浮游植物含量为20～50毫克/升。

活——指水色和透明度有变化。以膝口藻等鞭毛藻类为主构成的水华水，藻类的聚集与分散与光照强度变化密切相关。一般的"活水"在清晨时由于藻类分布均匀，所以透明度较大，天亮以后藻类因趋光移动而聚集到表层，使透明度下降，呈现出水的浓淡变化，说明鱼类容易消化的种类多。如果水色还有10天或半个月左右的周期变化，更说明藻类的种群处于不断被利用和增长的良性循环之中，有利于鱼类的生长。

嫩——是与"老水"相对而言的一种水质状态。"老水"有两个主要特征：一是水色发黄或发褐色；二是水色发白。水色发黄或褐色，往往表明水中浮游植物细胞老化，水体内的物质循环受阻，不利于鱼类生长；水色发白，是小型蓝藻滋生的征象，也不利于鱼类生长。

爽——指水质清爽，透明度适中。浮游植物的含量不超过100毫克/升。水中泥沙或其他悬浮物质少。

综上所述，对养鱼高产有利的水质指标应说是：浮游植物量20～100毫克/升；隐藻等鞭毛藻类丰富，蓝藻较少；藻类的种群处于增长期；浮游生物之外的其他悬浮物质不多。

鱼类在池塘中的生活、生长情况是通过水环境的变化来反映的，各种养鱼措施也都是通过水环境作用于鱼体的。因此，水环境成了养鱼者和鱼类之间的"桥梁"。人们研究和处理养鱼生产中的各种矛盾，主要从鱼类的生活环境着手，根据鱼类对池塘水质的要求，人为地控制池塘水质，使它符合鱼类生长的需要。池塘水质管理，除了前述的施肥、投饵培育和控制水质外，还应及时加注新水。

经常及时地加水，是培育和控制优良水质必不可少的措施。对精养鱼池而言，加水有四个作用：

1. 增加水深 增加了鱼类的活动空间，相对降低了鱼类的密度。池塘蓄水量增大，也稳定了水质。

2. 增加了池水的透明度 加水后，使池塘水色变淡，透明度增大，使光透入水的深度增加，浮游植物光合作用水层（造氧水层）增大，整个池水溶氧增加。

3. 降低藻类（特别是蓝藻、绿藻类）**分泌的抗生素** 这种抗生素可抑制其他藻类生长。将这种抗生素的浓度加水稀释，有利于容易消化的藻类生长繁殖。在生产上，老水型的水质往往在下大雷阵雨以后，水质转为肥水，就是这个道理。

4. 直接增加水中溶解氧 使池水垂直、水平流转，解救或减轻鱼类浮头并增进食欲。由此可见，加水有增氧机所不能取代的作用。在配置增氧机的鱼池中，仍应经常、及时地加注新水，以保持水质稳定。此外，在夏秋高温季节，加水时间应选择晴天，在14：00～15：00以前进行；傍晚禁止加水，以免造成上下水层提前对流，而引起鱼类浮头。

四、增氧机的合理使用

近年来，我国水产养殖已逐步向高密度、集约化方向发展，水产养殖总产量逐年上升，这与水产养殖业逐步实现机械化，特别是增氧机的广泛使用是密不可分的。可以说，增氧机是我国实现渔业现代化必不可少的基本装备。

1. 增氧机的作用　增氧机不但能解决池塘养殖中因为缺氧而产生的鱼浮头的问题，而且可以消除有害气体，促进水体对流交换，改善水质条件，降低饲料系数，提高鱼池活性和初级生产率，从而可提高放养密度，增加养殖对象的摄食强度，促进生长，使单产大幅度提高，充分达到养殖增收的目的。

2. 增氧机的类型及适用范围　增氧机产品类型比较多，其特性和工作原理也各不相同，增氧效果差别较大，适用范围也不尽相同。生产者可根据不同养殖系统对溶氧的需求，选择合适的增氧机以获得良好经济性能。

（1）叶轮式增氧机（图5-3）　具有增氧、搅水、曝气等综

不锈钢叶轮　　　　尼龙叶轮

图5-3　叶轮式增氧机

合作用，是目前最多采用的增氧机。其增氧能力、动力效率均优于其他机型，但是运转噪声较大，一般用于水深 1 米以上的大面积的池塘养殖。

（2）水车式增氧机（图 5-4） 具有良好的增氧及促进水体流动的效果，适用于淤泥较深、面积 1 000～2 540 米² 的池塘使用。

图 5-4　水车式增氧机

（3）射流式增氧机（图 5-5） 其增氧动力效率超过水车式、充气式、喷水式等增氧机。其结构简单，能形成水流，搅动水体。射流式增氧机能使水体平缓地增氧，不损伤鱼体，适合鱼苗池增氧使用。

图 5-5　射流式增氧机

（4）喷水式增氧机（图5-6） 具有良好的增氧功能，可在短时间内迅速提高表层水体的溶氧量，同时还有艺术观赏效果，适用于园林或旅游区养鱼池使用。

图5-6 喷水式增氧机

（5）充气式增氧机 水越深效果越好，适合于深水水体中使用。

（6）吸入式增氧机 通过负压吸气把空气送入水中，并与水形成涡流混合把水向前推进，因而混合力强。它对下层水的增氧能力比叶轮式增氧机强，对上层水的增氧能力稍逊于叶轮式增氧机。

（7）涡流式增氧机（图5-7） 主要用于北方冰下水体增氧，增氧效率高。

（8）增氧泵 因其轻便、易操作及单一的增氧功能，故一般适合水深在0.7米以下、面积在400米^{2}以下的鱼苗培育池或温室养殖池中使用。

（9）微孔曝气式增氧机（图5-8） 促进水底有害气体的释放，使用时不受时间限制。

（10）桨叶充气组合式增氧机（图5-9） 现在真正用于池塘急救增氧的组合式增氧机。

随着渔业需求的不断细化和增氧机技术的不断提高，出现了

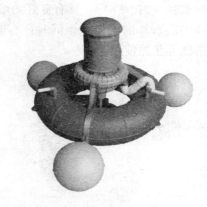

图 5-7　涡流式增氧机

图 5-8　微孔曝气式增氧机

许多新型的增氧机，如涌喷式增氧机、喷雾式增氧机等多种规格的增氧机。

3. 增氧机的配备原则　　增氧机的选配原则是，既要充分满足鱼类正常生长的溶氧需要，有效防止缺氧死鱼和水质恶化降低饲料利用率和鱼类生长速度，引发鱼病现象的发生，又要最大限度地降低运行成本，节省开支。因此，选择增氧机应根据池塘的水深、不同的鱼池面积、养殖单产、增氧机效率和运行成本等综

图 5-9 桨叶充气组合式增氧机

合考虑。

据测定：每千克鱼每小时耗氧总量约为 1.0 克。其中：生命活动耗氧约为 0.15 克；食物消化及排泄物分解耗氧约为 0.85 克。以 10 亩面积的精养鱼池为例，增氧机的配备如表 5-16。

表 5-16　10 亩面积的鱼池不同养殖单产增氧机配备表

养殖单产（千克/亩）	400	500	600	700	800	900	1 000
耗氧总量（千克/小时）	4.0	5.0	6.0	7.0	8.0	9.0	10.0
1.5 千瓦叶轮增氧机（台）	1~2	2	2~3	3	3	3~4	4
3.0 千瓦叶轮增氧机（台）	1	1	1	1~2	2	2	2
2.2 千瓦喷水增氧机（台）	2	2	2~3	3	3~4	4	4~5
1.5 千瓦水车增氧机（台）	2	2	3	3	4	4	4~5

4. 增氧机的正确使用　合理使用增氧机，可有效增加池水中的溶氧量，加速池塘水体物质循环，消除有害物质，促进浮游生物繁殖。同时，可以预防和减轻鱼类浮头，防止泛池以及改善池塘水质条件，增加鱼类摄食量及提高单位面积产量。

（1）如何确定增氧机类型和装载负荷　确定装载负荷一般考虑水深、面积和池形。长方形池以水车式最佳，正方形或圆形池以叶轮式为好；叶轮式增氧机每千瓦动力基本能满足 2 500 米^{2}水面成鱼池塘的增氧需要，3 000 米^2 以上的鱼池应考虑装配 2 台以上的增氧机。

（2）安装位置　增氧机应安装于池塘中央或偏上风的位置。一般距离池堤 5 米以上，并用插杆或抛锚固定。安装叶轮式增氧机时，应保证增氧机在工作时产生的水流不会将池底淤泥搅起。另外，安装时要注意安全用电，做好安全使用保护措施，并经常检查维修。

（3）开机时间和运行时间　增氧机一定要在安全的情况下运行，并结合池塘中鱼的放养密度、生长季节、池塘的水质条件、天气变化情况和增氧机的工作原理、主要作用、增氧性能、增氧机负荷等因素来确定运行时间，做到起作用而不浪费。正确掌握开机的时间，需做到"六开三不开"。"六开"：晴天时午后开机；阴天时次日清晨开机；阴雨连绵时半夜开机；下暴雨时上半夜开机；温差大时及时开机；特殊情况下随时开机。"三不开"：早上日出后不开机；晴天傍晚不开机；阴雨天白天不开机。浮头早开，鱼类主要生长季节坚持每天开机。增氧机的运转时间，以半夜开机时间长、中午开机时间短；施肥、天热、面积大或负荷大开机时间长，相反则时间短等为原则灵活掌握。

（4）定期检修　为了安全作业，必须定期对增氧机进行检修。电动机、减速箱、叶轮、浮子都要检修，对已受到水淋侵蚀的接线盒应及时更换。同时，检修后的各部件应放在通风、干燥的地方，需要时再装成整机使用。

五、防止鱼类浮头和泛池

水中溶氧低下时鱼类无法维持正常的呼吸活动，被迫上升到水面利用表层水进行呼吸，出现强制性呼吸，这种鱼类到水面呼吸的现象称为鱼类浮头。鱼类出现浮头时，表明水中溶氧量已下降到威胁鱼类生存的程度。如果溶氧量继续下降，浮头现象将更为严重，如不设法制止，就会引起全池鱼类的死亡，这种由于池塘缺氧而引起的池塘大量成批死鱼现象，称为泛池。由于鱼类浮头时不摄食，体力消耗很大，经常浮头严重影响鱼类生长，因此，要防止浮头和泛池的发生。

1. 浮头的成因　池塘养鱼中，造成池水溶氧量急剧下降而导致鱼类浮头的原因，有以下几个方面：

（1）池底沉积大量有机物质，当上下水层急速对流时，造成溶氧量迅速降低。成鱼池一般鱼类密度大，投饵施肥多，在炎热的夏天，池水上层水温高、下层水温低，出现池水分层现象。表层水溶氧量高，下层水由于光照弱，浮游植物光合作用微弱，溶氧供应很差，有机物处于无氧分解的过程中，产生了氧债，当由于种种原因引起上下水层急剧对流时，上层水中的溶氧便由于偿还氧债而急剧下降，极易造成鱼类的浮头和泛池。特别是在夏季傍晚下雷阵雨或刮大风，就会出现池水上下层急剧的对流。在秋天天气由热转冷，池水开始降温时，也会出现池水上下层的急剧对流，这时如果出现几天的雨天，更会促进这个过程而出现浮头甚至泛地。

（2）水肥鱼多。当天气连绵阴雨，溶氧量供不应求，终于导致鱼类浮头。

（3）水质败坏，溶氧量急剧下降。水质老化，长期不注入新水，浮游植物生活力衰退，当遇上阴天光照不足时会促发大批死亡，继而引起浮游动物死亡，池水的溶氧量急剧下降，并发黑发臭而败坏，常引起鱼类泛池。

（4）大量施用有机肥，有机物耗氧量急剧上升。在高温季节，大量施用有机肥，会使有机物耗氧量上升和溶氧量下降而出现鱼类浮头，特别是施用未发酵的肥料更为严重。

2. 浮头的预测　预测浮头可以从以下四个方面进行：

（1）根据天气预测　如夏季傍晚下雷阵雨，或天气转阴，或遇连绵阴雨，气压低，风力弱，大雾等，或久晴未雨鱼类吃食旺盛，水质浓，一旦天气变化，翌晨均有可能引起鱼类浮头。

（2）根据季节预测　水温升高到 25℃ 以上投饵量增大，水质逐渐转浓，如遇天气变化鱼容易发生暗浮头。此外，梅雨季节光照强度弱，也容易引起浮头。

（3）根据水色预测　水色浓，透明度小，或产生"水华"现象，如遇天气变化，易造成浮游生物大量死亡而引起泛池。

（4）根据鱼类吃食情况预测　经常检查食场，当发现饵料在规定时间内没有吃完，而又没有发现鱼病，说明池塘溶氧条件差，有可能浮头。

3. 浮头的预防　①池水过浓应及时加注新水，提高透明度，改善水质；②夏季气象预报有雷阵雨，中午应开增氧机，事先消除氧债；③天气连绵阴雨，应经常、及时开增氧机，以增加溶氧；④估计鱼类可能浮头时，应停止施有机肥，并控制投饵量，不吃夜食，捞出余草。

4. 浮头轻重的判断　池塘鱼类浮头时，可根据以下几方面的情况加以判断（表 5-17）：

（1）浮头开始的时间　浮头在黎明时开始为轻浮头，如在半夜开始为严重浮头。浮头一般在日出后会缓解和停止，因此开始得越早越严重。

（2）浮头的范围　鱼在池塘中央部分浮头为轻浮头，如扩及池边及整个鱼池为严重浮头。

（3）鱼受惊时的反应　浮头的鱼稍受惊动（如击掌或夜间用手电筒照射地面）即下沉，稍停又浮头，是轻浮头；如鱼受惊不下沉，为严重浮头。

（4）浮头鱼的种类　缺氧浮头，各种鱼的顺序不一样，可据以判断浮头的轻重。鳊、鲂浮头，野杂鱼和虾在岸边浮头，为轻浮头；鲢、鳙浮头，为一般性浮头；草鱼、鲢、青鱼浮头，为较重的浮头；鲤浮头更重。如草鱼、青鱼在岸边，鱼体搁在浅滩上，无力游动，体色变淡（草鱼现微黄，青鱼淡白），并出现死亡，表示将开始泛池。

表 5 - 17　鱼类浮头轻重程度判别

开始时间	池内地点	鱼类动态	浮头程度
早上	中央、上风	鱼在水上层游动，可见阵阵水花	暗浮头
黎明	中央、上风	罗非鱼、团头鲂、野杂鱼在岸边浮头	轻
黎明前后	中央、上风	罗非鱼、团头鲂、鲢、鳙浮头，稍受惊动即下沉	一般
半夜2:00～3:00 以后	中央	罗非鱼、团头鲂、鲢、鳙、草鱼或青鱼（如青鱼饵料吃得多）浮头，稍受惊动即下沉	较重
午夜	由中央扩大到岸边	罗非鱼、团头鲂、鲢、鳙、草鱼、青鱼、鲤、鲫鱼浮头，但青鱼、草鱼体色未变，受惊动不下沉	重
午夜至前半夜	青鱼、草鱼集中在岸边	池鱼全部浮头，呼吸急促，游动无力，青鱼体色发白，草鱼体色发黄，并开始出现死亡	泛池

5. 浮头的解救　发生浮头时应及时采取措施加以解救，如注入新水，开动增氧机等。可根据各池浮头的轻重，先解救严重浮头的鱼池。如果拖延了时间，草鱼、青鱼已分散到池边才注水或开增氧机，鱼不能集中到水流处，仍会发生死亡。

用水泵注水解救时，应使水流成股与水面平行冲出，形成一股较长的水流，使鱼能够较容易地集中在水流处。

在抢救浮头时，切勿中途停机停泵停水，以免浮头的鱼又分散到池边，不易再引集至水流处而发生死亡。

六、做好养鱼日志

一般情况下，每隔半个月至 1 个月要检查 1 次鱼体成长度（抽样尾数，每尾鱼的长度、重量，平均长度、重量），以此判断前阶段养鱼效果的好坏，采取改进的措施，发现鱼病也能及时治疗。

池塘养鱼日志是有关养鱼措施和池鱼情况的简明记录，是据以分析情况、总结经验、检查工作的原始数据，作为改进技术、制订计划的参考，必须按池塘为单位做好日志。

每口鱼塘都有养鱼日记（俗称塘卡），内容包括：①放养和捕捞：池塘面积、放养或捕捞日期、种类、尾数、规格、重量、转池或出售；②水质管理：天气、气温和水温、水深、水质、水色变化、注排水、开增氧机时间等；③投饵施肥：每天的投饵、施肥的种类和数量，吃食情况、生长测定等；④鱼病防治：鱼病情况、防治措施、用药种类、时间、效果等；⑤其他：鱼的活动、浮头、设施完好情况等。

第八节 鱼类越冬

一、越冬鱼类的生理状况

越冬期间，冰下水温较低，大多数养殖鱼类很少摄食，活动性减低，新陈代谢减缓，生长缓慢或停止。草食性鱼类在越冬池有天然饵料的条件下，整个越冬期均可少量摄食，其肠管充塞度一般变化在 2～3 级；其他鲤科鱼类在越冬期一般摄食很少；室内越冬的鱼类仍少量投喂。

越冬鱼类体重的变化，依种类和规格而异。在静水越冬池中，滤食性鱼类在越冬后体重略有增加；而吞食性鱼类，越冬后体重有不同程度的下降，这可能与天然饵料的存在与否有关。相近规格的鱼类，草鱼减重率偏大，镜鲤次之，杂交鲤较小；同种鱼类，规格小的减重率偏大。如体长 8.4 厘米的杂交鲤，减重率为 18.3％；而体长 15.1 厘米的杂交鲤，减重率仅在 0.4％左右。

越冬鱼类不同组织及其组成成分的变化也不同。Sykora 和 Valenta（1982）发现，在 10 月至翌年 3 月间，鲤肌肉和肝中总脂和胆固醇减少了 20％～30％，而脑中的却很少减少；10～11 月饱和脂肪酸减少的多，不饱和脂肪酸减少的少，12 月至翌年 3 月相反。影响这种变化的因素及与越冬鱼死亡之间的关系，尚待深入研究。

鱼体消耗的多寡，一方面取决于取食和消化状况，同时还要看其代谢强度（耗氧量）的大小。耗氧量与鱼的种类、规格、运动情况以及水温等因素有关。

各种鱼类对低温和低氧的适应力是不同的，多数鲤科和鲑科鱼类在 0.5℃以下会冻伤，小于 0.2℃时开始死亡；鲈形目鱼类长期在水温低于 7℃的水中会死亡。

二、鱼类在越冬期死亡的原因

1. 鱼体质差　通常规格大的鱼种体质好，越冬成活率高。据试验，体重 5～10 克的鱼种，成活率为 48％；20～30 克的 82％；30～50 克的 86.5％；50 克以上的 94.2％。这是因为规格小的鱼种含脂肪和蛋白量均低，不足越冬期的消耗，特别是难以补偿因管理不善而加大体耗所造成的体质亏虚。鱼种体质差，抵抗疾病和不良环境的能力就差，染病机会增加，因此引起鱼的死亡。

偏肥的鱼种含水量过多，缺乏必要的锻炼（可能还缺乏必需脂肪酸），在越冬水温偏低时也会造成死亡。

2. 鱼病　鱼种受伤或体质不佳，在越冬期常感染水霉、竖鳞病或车轮虫、指环虫、斜管虫等寄生虫，某些病毒性鱼病如鲤春病等在冬末、初春亦时有发生，导致越冬鱼类的死亡，尤以春季融冰前后其发病率较高。如 1988—1989 年冬，朝阳水库鲤鱼种死于竖鳞病的就有近万千克。有时气泡病也可导致越冬鱼类的死亡。

3. 缺氧　因缺氧造成越冬死鱼的现象屡见不鲜，其原因大致有：扫雪不及时或面积过小，透光性差；水体清瘦、缺肥；浮游动物过多；水质过肥，水呼吸耗氧量过大；水位太浅等。

4. 低温　当水温降至 $0.5 \sim 0.2 \, ℃$ 时，鱼体就会冻伤乃至冻死，尤其是含水量高、偏肥的杂交鲤，更不耐此低温。所以当溶解氧告急时，长时间采用机械增氧，往往可使水温降至 $0.5 ℃$ 以下，造成大量死鱼。

5. 管理不善　管理不善而引起死鱼的主要原因是，责任心不强和不懂技术。如在有大量越冬鱼种的渔场，由于并塘和停食较早，造成越冬后期的消瘦死亡；越冬水体不清淤，水质差，水位浅，又未监测氧而缺氧死鱼；盲目补水，尤其是污水的补入，造成严重缺氧死鱼；拉网操作受伤，感染鱼病，造成死亡；盲目连续用药，造成环境条件恶化、药物中毒等使鱼死亡；长时间搅水，水温低死鱼等。

三、鱼类安全越冬技术

1. 培养体质健壮的越冬鱼种　鱼体健壮肥满，耐寒抗病能力强，耐越冬期的消耗，因此越冬死亡率低。在越冬前要精养细喂，增加脂肪积累，提高肥满度。临近秋末培育结束之前，对于高密度精养的杂交鲤，应在配合饲料中减少盐类的添加量，避免鱼种体内含水分过多。越冬鱼种应进行必要的锻炼，以排除过多水分，增强鱼种体质。并塘前 5～6 天停止投饵，还要拉网 2 次，锻炼鱼体，拉网扞捕宜选择在晴朗无风的日子。因为寒冷天气，鱼体易冻伤。青鱼、草鱼、鲢、鳙可以用网捕尽；鲤、鲫则要干塘捕，捕上的鱼种放入网箱。然后对不同种类的鱼，采用大小不同的鱼筛过筛分类，分规格、品种下塘。越冬鱼种规格最好在

20 克/尾以上。

　　鱼种体质的强弱，是影响越冬效果的主要因素。越冬期间，鱼种主要靠秋天体内积蓄营养维持生活。所以并塘拉网时，要进行鱼种体质强弱的挑选，把体质差、有病的和受伤的鱼，剔除或专塘培育。严格进行鱼体消毒，尽量减少病、伤鱼。越冬鱼类的放养密度，应根据越冬的方式、鱼的种类以及管理措施等具体条件而定。一般静水越冬池的放养密度为：深水越冬池（最大冰厚时的平均水深在 1～2 米）放鱼量为 0.5～0.75 千克/米^2。

　　2. 温水性鱼类越冬技术　鲢、鳙、青鱼、鳊、鲂、鲤、鲫等在冬季不结冰或冰封时间极短的南方一般可以自然地安全越冬，但在年冰封期长达百余天的黄河以北地区，需采取人为越冬措施。越冬方式有室内外流水越冬、网箱越冬和静水池塘越冬等。

　　（1）流水越冬　将泉水、河水或水库水引入越冬池，使鱼类在流水环境下度过低温季节。池水交换量同补给水的含氧量与池鱼的密度有关。苏联资料指出，在水中溶氧量为 8 毫克/升时，每 10 万尾鱼种需要的补水量为 2 升/秒，池水交换周期控制在 12～20 天或稍长一些时间。交换周期太短，会导致水温偏低；注水量过大，则可能造成池鱼逆水，体耗加大。若越冬水的溶氧量有保障，鱼的密度可大些，可达 1 千克/米^3。

　　（2）网箱越冬　选择溶氧丰富，水深合适的水库、湖泊等大中型水体为设置网箱地点。放鱼密度视水中溶氧量而定，一般为 5～10 千克/米^3。网箱应设置在水温 1℃的水层，盖网离水面 1～1.5 米。

　　（3）静水池塘越冬　将养殖鱼类置于池塘等静水的水体中越冬，如东北的泡沼、水库、湖泊中的鱼类越冬等。这种方法由于水体静止、底质复杂、耗氧因素多，溶氧量是决定能否安全越冬的限制因子。为使不缺氧，生产上常采取打冰眼、池水曝气、生物增氧等措施。

①选塘和清塘：越冬池（包括鱼种池和成鱼池）水的最适深度为 1.1～1.8 米。在东北地区，最大冰厚时能保持住冰下有效平均水深 80 厘米的池塘，以背风向阳的位置较好，池塘底泥不超过 20 厘米厚。池底腐殖质和残屑太多，及渗漏严重而又难以补水的池塘，则不宜采用。选定的越冬池最好放鱼前 10～15 天（哈尔滨地区大约在 9 月中旬）要将池水尽量排干，晾晒 3～7 天。在此期间，用 1 000～1 500 千克/公顷生石灰浆全池泼洒，如有杂草应彻底清除。

②老水处理：对池水难以排干或因缺水源而必须用部分原塘老水的越冬池，可将原塘水适当排除（冰下平均水深超过 2 米的深水越冬池最好排掉 2/3，冰下水深平均不足 1.5 米的浅水越冬池可排掉 1/2，或全部留用老水），进行鱼体锻炼之后，泼洒一些生石灰（250～350 千克/公顷）。同时，用使池水成相当于有效氯 1 毫克/升的漂白粉（也可用相当浓度的漂白精）杀菌消毒，对无鱼的空池用药可酌量增加。

对不排水的原塘越冬池，也可少量泼洒一些生石灰（150～250 千克/公顷）和漂白粉（0.5～1 克/米^3）调节水质。1～2 天后，有条件的地方最好再使池水成 1～2 克/米^3 的晶体敌百虫遍洒以防害（浮游动物）、防病。封冰前 3～5 天，使用效果更好。

③注水和施肥：越冬池的水以深井水为佳，河水或水库水亦可。注水后的透明度最好在 80～100 厘米范围内。如果是原塘越冬的鱼池，应当搅动底泥，以排除塘底过多的还原性物质，降低封冰期的耗氧。注水后在封冰前的 3～5 天内，全池泼洒 1.5～2.0 克/米^3 的敌百虫，防止越冬期轮虫的大量出现。

④放鱼：深水越冬池（最大冰厚时的冰下平均水深超过 2 米，放鱼时照此有效水深计算），0.3～0.4 千克/米^3（相当于 2.5 米水深放 0.75～1 千克/米^2）；浅水越冬池（最大冰厚时的平均水深不足 1.5 米，包括原塘越冬池），0.5～0.6 千克/米^3（相当于 1.5 米水深放 0.75～0.9 千克/米^2）。

⑤追肥：对一些营养盐含量极少的越冬池，在 12 月应追施无机肥。方法是：根据池水量按 1.5 克/米³ 有效氮和 0.2 克/米³ 有效磷，将硝酸铵和过磷酸钙（或相应的氮和磷肥）混合装入稀眼布袋，挂在冰下。实际施用量，相当于 2 米水深每亩用硝酸铵 5~6 千克，过磷酸钙 3~4 千克。

⑥控制浮游动物：经过用晶体敌百虫处理后的越冬池中，封冰期是较少有浮游动物的；但一些消毒后又灌注部分河水、湖水、泡、沼水或养过鱼的老水的越冬池，封冰一段时间后，可能再繁生一些浮游动物。因此，应在监测溶氧的同时经常注意浮游动物的种和量。如果发现大量剑水蚤（100 个/升以上）时，可用使池水成 1 克/米³ 浓度的晶体敌百虫全池施用。施用时先用开水化成溶液，再用水泵均匀地冲入池中。如发现大量犀轮虫（1 000 个/升以上）且已严重影响池水溶氧（<5 毫克/升）时，可将 2 克/米³ 的敌百虫按上法施用。

⑦扫雪：结冰时应保证明冰，若遇阴雨雪天气结乌冰，应及时破除，重新结明冰。无论是明冰还是乌冰上的积雪都应及时清除，以保证冰下有足够的光照，扫雪面积应占全池面积的 80% 左右。

⑧补水和增氧：越冬池应在封冰前注满池水，越冬期池水如能保持一定深度（深水越冬池冰下水深 2 米，浅水越冬池冰下水深 1 米）可不必添水。对一些渗漏比较严重的池塘，要定期添注新水以保持水深，但也切忌无限制地大量补水，以免抑制浮游植物的繁生，同时还可节约电能。添注水要注意水质，对含有大量铁和硫化氢的深井水，或已缺氧，大量繁生浮游动物的泡沼水，要慎用或不用。当越冬池严重缺氧时，可采取机械增氧的方法来增氧，但要注意水温的下降情况，一般以开开停停、白天开、夜间停等措施降低水温的下降速度。当水温降到 1.0℃ 以下时，应立即停止。

⑨鱼病防治：池水溶氧过高，会使池鱼发生气泡病。春季气

温回升，当池水溶氧过饱和时（大于 15 毫克/升），要及时冲注含氧较低的井水，使溶氧降到 10 毫克/升左右。越冬池的水体流动性差，鱼密度较大，鱼病传播率也较大。一旦发现鱼病，应立即对症下药。对斜管虫和车轮虫，可用硫酸铜＋高锰酸钾（5：2）挂袋（使池水成 0.3～0.4 克/米³，约相当于水深 1.5 米、每公顷 6～7.5 千克/袋），或将鱼拉出进行鱼体消毒（置 5％盐水浸浴后再放入培育池中）。

3. 暖水性鱼类越冬技术　鲮、罗非鱼、露斯塔野鲮、革胡子鲇、麦瑞加拉鲮、淡水白鲳、尖吻鲈等暖水性鱼类，耐寒力差，冬、春季节水温下降到最低致死温度时不能存活。越冬时间随各地低温持续时间而异。一般在 11 月中下旬入越冬池保暖，具体入池时间应根据当地气温下降情况确定。当预计有较强冷空气入侵，最低气温将下降到 13℃以下，平均气温 18℃以下，或日平均气温降温幅度达 8℃，选晴暖天气进行入池，同时应保证鱼进池后有 3～4 天暖期。越冬方式有保温、增温以及两者结合的方式，各地不尽相同。无论采用何种方式，都必须保持清新的水质、适宜的水温和良好的溶氧等条件。

（1）越冬方式

①塑料大棚、玻璃房保温与增温结合的越冬：越冬池建在避风向阳，水质较好，水、电源方便的地方。池为长方形，长20～25 米、宽 2.5～4 米、深 2 米左右。池底为沙、壤土，池壁高出地面 5～10 厘米，池顶架设人字形棚架。棚架采用玻璃暖房结构，棚顶距地面 1～1.5 米，也可覆盖 2 层塑料薄膜，薄膜上盖 1 层大网目网衣，防止大风将薄膜掀起，外围建挡风墙。天气回暖时，将鱼池两端薄膜各掀起 2～3 米，以流通空气，日落前仍将薄膜盖严；遇阴雨严寒天气，水温降至 17℃以下时，用红外线灯泡、电热棒加热或输入热蒸汽，提高水温至 17～20℃。利用玻璃房越冬池，可用太阳能来增温，但必须备有增氧设备。

②温泉水越冬：温泉水水温较高，不含有毒物质，有一定流

量，经过拦蓄或建池可用于鱼类越冬。越冬池分水泥池和土池两种。水泥池面积 $200\sim500$ 米^2，土池面积 $500\sim3\,000$ 米^2，水深 2 米左右，形状多样。长方形池一端设进水口，另一端靠底部处设排水、排污口；圆形池由中心点排水、排污。温度达 $40\sim50℃$ 以上的温泉水，要建调温池，降低泉水温度。低于 $20℃$ 的泉水，要加设塑料薄膜覆盖越冬池。如冬季水温能经常保持在 $25\sim35℃$，罗非鱼、革胡子鲇等暖水性鱼类不但可以安全越冬，还能生长、繁殖。

③工厂余热越冬：越冬鱼池建在余热水或蒸汽的出口处附近，池一端设进水口，另一端设排水、排污口。在蒸汽的排出管口处设一金属网罩，防止越冬鱼游进管口烫死。在引入蒸汽或余热水时要控制水温，维持在 $20℃$ 左右。室外越冬池，最好搭塑料棚保温。

④池边搭盖防寒棚：广东、广西一般在水深 $2.5\sim3$ 米的池塘北面搭 1 座高 $3\sim4$ 米的防寒棚，棚上覆盖塑料薄膜。经此处理后，越冬池水温比一般池塘高 $4\sim6℃$，能确保绝大部分鲮安全越冬（鲮在水温 $7℃$ 左右时死亡）。

(2) 越冬期的管理 越冬鱼在放养前，要做好鱼池和鱼种消毒，土池用茶粕或生石灰；新建水泥池要先洗刷 $1\sim2$ 次，旧池也要清洗，然后用 20 克/米^3 漂白粉液浸洗。对越冬鱼，可用 3% 食盐水浸浴 $20\sim30$ 分钟。静水越冬条件下，每立方米水体放亲鱼 $1.5\sim2.5$ 千克；若静水池增设增氧机或空气压缩机充气增氧，每立方米水体放养亲鱼 $4\sim5$ 千克；对微流水越冬池，每立方米水体可放养亲鱼 $7\sim9$ 千克；若流水量较大，每立方米水体可增加到 $10\sim15$ 千克。小规格鱼种的放养量，一般为亲鱼放养量的 $60\%\sim70\%$。

①水温：整个越冬期，水温应保持在 $17\sim20℃$，不能忽高忽低。水温过高，鱼摄食旺盛，活动力强，耗氧量大，水质易变，难于管理；水温过低，影响正常生活，容易感染水霉病乃至

死亡。寒潮到来时，水温会急剧下降，应用红外线灯泡、电热加温器或锅炉加温；早春气温回升后，有光照的鱼池，可利用太阳光加温，并适当掀起越冬池的两端薄膜通气，避免越冬鱼缺氧死亡。

②投饵：根据水温、水质和鱼的食欲，灵活掌握投饵量。静水越冬池一般 5～10 天投饲 1 次，每次投喂量为鱼体重量的 0.2%～0.6%，以投饲后 1 小时内吃完为度。若是温流水越冬池，水温在 25℃以上，要求鱼类快长或在冬、春季节繁殖，每天投饲量应占鱼体重量的 1%～2%。

③防病：及时清理鱼池，把死鱼捞出，每立方米水体加入 150～200 克食盐，以防止水霉病发生；寒潮过后，应及时换水，保持良好水质；换水时应调节水温，防止温差过大。此外，越冬期还应做好鱼病防治。

鱼类配合饲料与投喂技术

第一节　鱼类配合饲料的概述

一、我国饲料工业发展的概况

中国饲料业起步较晚，但它却有着辉煌的发展历程。在短短的 20 多年内，经历了萌芽、起步、快速发展三个阶段，我国也一跃成为继美国之后的世界第二大饲料生产国。我国饲料产业的发展历程，划分为三个大的阶段：

1. 饲料产业起步阶段（1978—1984）　为适应养殖业迅速崛起的需要，20 世纪 70 年代后半期，我国产生了饲料工业。1978 年我国建起了第一个饲料厂——北京南苑饲料厂，标志着我国饲料产业的开始。1978 年，全国的配混合饲料产量为 300 万吨。这段时期饲料的品种单一，质量较低。20 世纪 80 年代初，生产的配混合料以混合料为主，而技术含量较高的配合饲料仅占工业饲料的 10％左右。由于国内蛋白质饲料缺乏，一些添加剂不能生产，需要从国外进口，饲料质量无法与国外同类产品相比。1984 年，国务院批转了国家计委《1984—2000 年全国饲料工业发展纲要（试行草案）》，将饲料工业正式纳入国民经济发展计划。

2. 饲料产业成长阶段（1985—1997）　从 1985 年开始，我国的饲料产业进入了快速成长阶段，配混饲料产量迅速增加。随着饲料工业和添加剂工业开始起步，许多依赖进口的添加剂逐步由国内生产替代，以及菜粕、棉粕等蛋白质饲料资源得到初步开发利用，大大改善了我国饲料的质量。1993年起，我国饲料产业进入了持续成长阶段。此阶段特点是饲料用粮继续增加，蛋白质饲料匮乏状况有所改善，饲料产量持续增加，质量进一步提高，品种更趋多样化、系列化，产品质量管理体系初步建立，但产品质量不高问题仍然存在。1997年，工业饲料产量达6 299.2万吨，比1993年增长了94.1%，年均增长速度达15.8%。1997年年底，我国已制定了国家和行业饲料标准162项，建成各级饲料质检中心281个，其中国家级2个，部级3个，省级36个，市级40个，地县级200个。质量管理体系的初步建立，促进了饲料产品质量的不断提高。但是，由于对饲料标准的贯彻落实不够，部分饲料企业，特别是中小型企业执行国家和行业标准时大打折扣，自行删减、降低企业标准，影响了饲料产品的质量。

3. 饲料产业调整阶段（1998年以后）　此阶段实质是饲料产业从成长阶段逐步向成熟阶段。饲料总量增长缓慢，饲料产品结构进行调整，产品中科技含量逐步加大，饲料企业人员素质进一步提高，产品质量管理体系不断完善，产品质量进一步提高，饲料行业竞争激烈和趋于微利，大型集团化企业稳步发展。饲料产业是我国国民经济的重要支柱产业，是保障国家粮食安全和养殖产品质量、发展农村循环经济的有效手段。据统计，2011年中国饲料产量达到1.784亿吨，居全球第一，整个世界的饲料产量为8.73亿吨，中国饲料产量占全球饲料总产量20%左右。

二、我国鱼类配合饲料的概况

改革开放以来，我国水产业发展很快，渔用配合饲料工业也逐渐发展成为饲料工业中一个新的分支，一个独立的行业，水产动物营养研究与饲料工业取得了相当大的进展。20世纪

80 年代是我国水产饲料工业的萌芽期，到 1991 年我国水产饲料产量仅 75 万吨，到 2006 年达到 1 275 万吨，2010 年 1 474 万吨，19 年间增长了 20 倍左右，产生了世界最大的水产饲料生产企业，逐步建立了较为完整的水产饲料工业体系。一些饲料品种质量达到世界领先水平。已成为有 40 余万人就业、年产值 800 多亿元的产业，成为我国饲料工业中发展最快、潜力最大的产业。从 2006 年世界主要水产饲料生产国家和地区的饲料产量和比例来看，我国无疑是世界上水产饲料的唯一产量大国（表 6 - 1）。

　　我国渔用配合饲料的研究始于 1958 年，起初是将几种原料混合投喂，由于当时水产养殖业尚处于传统生产阶段，配合饲料的研究生产并未得到重视。直到 20 世纪 80 年代初对虾人工育苗成功之后，由于鲜活饵料不足，配合饲料便逐渐普及，并提高了投喂比例，并且国家开始对水产动物营养及其饲料配制技术等进行科研课题立项攻关，配合饲料从而逐渐代替鲜活饵料。90 年代以来，水产饲料加工工业发展迅速，逐步获得了主要水产养殖动物如青鱼、草鱼、鲤、鲫、鲂、罗非鱼、鳗鲡和对虾等主要营养需求和配合饲料的主要营养参数，研制了人工配合饲料；制订了水产饲料的质量检测技术和饲料生物学综合评定技术标准；开发了一批渔用饲料添加剂。2005 年以来，我国饲料工业生产建设发展十分迅速，水产饲料总产量已超过 1 000 万吨，对水产养殖业的健康发展作出了巨大贡献，但离水产养殖的需求还相差较远。但是产业所面临的问题仍然十分突出，主要表现为：①养殖种类众多，多数营养参数尚未研究，饲料配方无法精准设计，饲料效率不高；②世界的鱼粉鱼油等优质饲料资源枯竭，价格飞涨，成为我国水产饲料工业和养殖业持续发展的主要瓶颈；③饲料添加剂研发不能满足产业发展需求，部分仍依赖进口，水产专用的饲料添加剂种类不全；④对养殖产品安全的营养调控机理研究不足，加上因蛋白源短缺引起的造假售假、尚未全面构建与实

255

施饲料生产良好操作规范和可追溯技术体系等，食品安全事件时有发生，威胁产业的持续发展；⑤配合饲料产量不能满足饲养业发展的需要，产品质量和养殖效益不理想，仍然存在巨大的提升空间；⑥原料前处理和饲料加工技术不能满足养殖种类的多样性；⑦养殖方式粗放，环境污染与浪费严重；我国水产养殖生产仍处于粗放型发展阶段，造成资源浪费、环境污染、病害发生、影响可持续发展的重要因素。

表 6 - 1　2006 年世界主要水产饲料生产国家或地区的产量及比例

国家（地区）	产量（万吨）	比例（%）	国家（地区）	产量（万吨）	比例（%）
中国（大陆）	1 275	56.1	加拿大	17.5	0.8
中国（台湾）	35	1.5	韩国	15.5	0.7
泰国	120	5.3	洪都拉斯	11	0.5
智利	110	4.8	西班牙	10.5	0.4
挪威	95	4.2	哥伦比亚	10	0.4
印尼	83	3.6	意大利	8	0.3
美国	80	3.5	法国	6	0.2
越南	80	3.5	澳大利亚	5	0.2
日本	65	2.9	德国	5	0.2
菲律宾	38	1.7	丹麦	4.5	0.2
埃及	30	1.3	以色列	2.8	0.1
希腊	24	1.1	秘鲁	2.3	0.1
厄瓜多尔	23.5	1.0	爱尔兰	2	0.1
印度	23	1.0	马达加斯加	2	0.1
墨西哥	23	1.0	哥斯达黎加	1.6	0.1
英国	23	1.0	尼日利亚	1.1	0.1
巴西	22	1.0	新喀里多尼亚	0.4	0
土耳其	19.5	0.9	南非	0.2	0

注：引自 Tacon 和 Metian（2008）整理。

第二节　鱼类的营养需求

　　饲料是动物维持生命和生长、繁殖的物质基础。动物需要的营养素有蛋白质、脂肪、糖类、维生素、矿物质和水等六类。一般来说，蛋白质主要用以构成动物体，糖类和脂肪主要供给能量，维生素用以调节新陈代谢，矿物质则有的构成体质，有的调节生理活动。在体内的主要功能如下：①供给能量，动物只有在不断消耗能量的情况下才能维持生命。能量被用来维持体温，完成一些最主要的功，如机械功（肌肉收缩、呼吸活动等）、渗透功（体内的物质转运）和化学功（合成及分解代谢）；②构成机体，营养素是构成体质的原料，用以生长新组织，更新和修补旧组织；③调节生理机能，动物体内各种化学反应需要各种生物活性物质进行调节、控制和平衡，这些生物活性物质也要由饲料中的营养物质来提供。

一、蛋白质和氨基酸的需求

　　1. 鱼类对蛋白质的需要量　我国的养殖种类数量之多是众所周知的，形成一定养殖产量的种类数量就多达 50 种以上。目前，营养研究有一定基础的种类也仅 10 余种，如青鱼、草鱼、团头鲂、大口鲇、长吻鮠、建鲤、彭泽鲫、异育银鲫、湘云鲫、奥利亚罗非鱼、斑点叉尾鮰和虹鳟等。蛋白质是决定鱼类生长的最关键的营养物质，也是饲料成本中最大的部分。确定配合饲料中蛋白质最适需要量，这在鱼类营养学与饲料生产上极为重要。如果未知某种水产养殖种类的蛋白质需要量，一般来说可以根据养殖种类的食性来确定。如肉食性鱼类蛋白质需要量较高，一般在 34% ~ 40%，这些种类包括乌鳢、黄鳝、大口鲇、鲇、长吻鮠、加州鲈、翘嘴红鲌、中华鲟、史氏鲟、黄颡鱼、瓦氏雅罗鱼和梭鲈等；杂食性鱼类蛋白质需要量可以在

257

30％～34％，这些种类包括中华倒刺鲃、倒刺鲃、银鲴、泥鳅、云斑鮰和斑点叉尾鮰等；对于草食性鱼类，蛋白质量不宜设置得过高，蛋白质需要量可以在24％～28％，这些种类包括草鱼、鲢和鳙等。从表6-2可知，各种鱼类对蛋白质的需要有所不同，

表6-2　主要养殖鱼类蛋白质的需要量

（引自刘焕亮等，2008）

鱼的种类	试验蛋白源	鱼体重（克）	最适 CP（％）	参考文献
草鱼	酪蛋白	2.4～8.0	22.77～27.66	林鼎等，1980
草鱼	酪蛋白		36.70	毛永庆等，1985
草鱼	酪蛋白		41	陈茂松等，1976
草鱼	酪蛋白		28～32	廖朝兴等，1987
草鱼	酪蛋白		41～43	Dabrowski，1977
青鱼	酪蛋白	1.0～1.6	41	杨国华等，1981
青鱼	酪蛋白	37.12～48.32	29～41	王道尊等，1984
鲮	酪蛋白		36～38	毛永庆等，1985
团头鲂	酪蛋白	21.4～30.0	33.91	邹志清等，1987
团头鲂	酪蛋白	4.0	27.04～30.39	石文雷等，1985
团头鲂	酪蛋白	31.08～38.48	25.58～41.40	石文雷等，1985
鲤	酪蛋白	7.0	31～38	Ogino 等，1970
斑点叉尾鮰	全卵蛋白		32～36	Garling 等，1976
日本鳗鲡	酪蛋白		44.5	Nose 等，1972
虹鳟	酪蛋白＋浓缩鱼蛋白		30～40	Ogino 等，1976
小口鲈	鱼蛋白		45	Anderson 等，1981
大口鲈	酪蛋白＋浓缩鱼蛋白		40	Anderson 等，1981
莫桑比克罗非鱼	白鱼粉		40	Jauncey，1982
奥利亚非鲫	酪蛋白＋卵蛋白		56	Winfree 等，1981

这主要跟鱼类的食性和代谢类型有关，并与鱼生长发育阶段、饲料原料的组成、养殖水体温度（季节）等有关。

2. 鱼类对氨基酸的需要量

（1）必需氨基酸的需要 从新陈代谢本质上讲，鱼类对蛋白质的需求实际是对氨基酸的需求。氨基酸可分为必需氨基酸和非必需氨基酸。鱼类的必需氨基酸，经研究确定有异亮氨酸、亮氨酸、赖氨酸、蛋氨酸、苯丙氨酸、苏氨酸、色氨酸、缬氨酸、精氨酸和组氨酸等 10 种氨基酸。目前，只有部分鱼类的必需氨基酸需要量基本确定，绝大多数淡水养殖对必需氨基酸的需要量还没有确定。对于还没有确定必需氨基酸需要量的种类，可以参考养殖对象肌肉氨基酸组成模式和蛋白质需要量，来确定其配合饲料中必需氨基酸的需要量。（表 6 - 3）。

表 6 - 3 我国主要养殖鱼类的氨基酸推荐量（%）

（石文雷等，1998）

营养物质	青鱼			草鱼		团头鲂		鲤			罗非鱼	
	1 龄	2 龄	成鱼	鱼种	成鱼	鱼种	成鱼	1 龄	2 龄	成鱼	鱼种	成鱼
粗蛋白	40.0	35.0	30.0	25.0	22.0	30.0	25.0	38.0	35.0	32.0	30.0	28.0
精氨酸	2.20	2.10	1.90	1.75	1.40	2.04	1.52	1.60	1.47	1.34	1.75	1.50
组氨酸	0.90	0.74	0.65	0.50	0.46	0.61	0.51	0.80	0.74	0.67	0.68	0.60
异亮氨酸	1.30	1.20	1.16	1.23	1.40	1.40	0.88	0.88	0.81	0.74	1.15	1.02
亮氨酸	2.40	2.10	1.90	2.13	1.70	2.02	1.55	1.29	1.19	1.09	1.91	1.76
赖氨酸	2.20	2.00	1.80	1.70	1.40	1.92	1.60	2.17	2.00	1.82	1.60	1.40
蛋氨酸	0.80	0.74	0.70	0.60	0.50	0.62	0.52 [a]1.18	[a]1.09	[a]0.99	0.90	0.80
苯丙氨酸	1.20	1.10	1.08	1.58	1.42	1.43	1.26	[b]2.47	[b]2.38	[b]2.08	1.09	0.98
苏氨酸	1.35	1.30	1.10	0.90	0.84	1.19	0.91	1.48	1.30	1.25	0.97	0.90
色氨酸	0.35	0.28	0.24	0.28	0.16	0.20	0.17	0.30	0.28	0.26	0.31	0.28
缬氨酸	2.10	1.71	1.45	1.08	0.86	1.44	1.15	1.37	1.26	1.15	1.33	1.20

注：a——蛋氨酸＋胱氨酸；b——苯丙氨酸＋酪氨酸。

（2）氨基酸平衡 所谓氨基酸平衡，是指配合饲料中各种必需氨基酸的含量及其比例等于鱼对必需氨基酸的需要量，这就是理想的氨基酸平衡的饲料，其相对不足的某种氨基酸，称之为限制性氨基酸。因此，对鱼饲料不仅要注意蛋白质的数量，而更重要的要注意蛋白质质量，优质蛋白质必需氨基酸种类齐全，数量比例合适，容易被鱼吸收利用。配合饲料中必需氨基酸比例（平衡模式）的调整方法，主要依赖于饲料蛋白质的氨基酸互补作用调整各种饲料原料的配合比例来实现；其次是在配合饲料中补足限制性氨基酸的方法，来进行氨基酸模式的修整。

（3）限制性氨基酸　所谓限制性氨基酸，是指在饲料蛋白质中必需氨基酸的含量和鱼、虾的需要量和比例不同，其相对不足的某种氨基酸称之为限制性氨基酸。水产动物出现限制性氨基酸概率较高的为赖氨酸、蛋氨酸、苏氨酸。在实际配方设计时如何进行必需氨基酸的平衡、如何控制限制性氨基酸的产生，是一个永恒的主题（表6-4）。

对于特定饲料原料蛋白质中的氨基酸组成和比例是无法改变的，但是，配合饲料中的氨基酸组成和比例，尤其是必需氨基酸的组成和比例，是可以通过不同原料的组合进行调整的。通过饲料蛋白质氨基酸的互补作用，实现必需氨基酸模式的平衡，从而显著提高配合饲料蛋白质的利用效率，这就完全可以采用低鱼粉或无鱼粉的饲料配方，实现养殖动物对必需氨基酸的种类、数量和比例的需要。这既可以有效提高植物蛋白质原料资源利用效率，又可以显著降低饲料成本，这将是鱼类营养学和饲料学的重要发展方向。

（4）氨基酸缺乏症及相互关系　缺乏必需氨基酸，会导致鱼类的生长减缓。对某些鱼类来讲，蛋氨酸或色氨酸不足会引发病症，因为这两种氨基酸不但用于蛋白质合成，而且用于其他重要物质的合成。饲料中结构相关的氨基酸不平衡时，它们之间将产生颉颃作用。有证据表明，鱼体内赖氨酸和精氨酸之间存在颉颃作用。

（5）单体游离氨基酸　水产动物对饲料中单体游离氨基酸的利用效果比较差，在饲料中补充限制性氨基酸难以达到理想的效果。在水产饲料中建议不要添加单体游离氨基酸，而是采用适当增加蛋白质水平的方法，达到理想的增长效果。

表 6-4　常用饲料中的限制性氨基酸

（工恬等，1994）

饲料	第一限制性氨基酸	第二限制性氨基酸
玉米	赖氨酸	色氨酸
小麦	赖氨酸	苏氨酸
高粱	赖氨酸	苏氨酸
大麦	赖氨酸	?
大豆饼	含硫氨基酸	苏氨酸
棉籽饼	赖氨酸	苏氨酸
花生饼	赖氨酸	?
之麻饼	赖氨酸	?
葵籽饼	赖氨酸	?
亚麻籽饼	赖氨酸	?
玉米胚饼	赖氨酸	色氨酸
鱼粉	色氨酸	?
肉骨粉	色氨酸	?
玉米	赖氨酸	色氨酸

二、脂类和必需脂肪酸的需要量

1. 脂类的生理功能　脂类是鱼类组织细胞的组成部分，也是鱼体内绝大多数器官和神经组织的防护性隔离层，可保护和固定内脏器官；脂类可为鱼类提供能量，是饲料中的高热量物质，其产热量高于糖类和蛋白质，贮备脂肪是鱼类越冬的最好形式。

脂类物质有助于脂溶性维生素 A、维生素 D、维生素 E、维生素 K 等的吸收和体内的运输；脂类物质可为鱼类提供生长与发育的必需脂肪酸；脂类还可作为某些激素和维生素的合成原料，如麦角固醇可转化为维生素 D，而胆固醇则是合成性激素的重要原料。饲料中添加适量脂类可节省蛋白质，提高饲料蛋白质的利用率。

2. 脂类的需要量　脂肪是鱼类生长所必需的一类营养物质，是必需脂肪酸和能量来源。配合饲料中脂肪的营养作用和养殖效果是仅次于蛋白质的。此外，脂肪又是脂溶性维生素的载体，还可以起到节约蛋白质的作用。饲料中脂肪含量不足或缺乏，可导致鱼代谢紊乱，饲料蛋白质利用率下降，同时还可并发脂溶性维生素和必需脂肪酸缺乏症。但饲料中脂肪含量过高，又会导致鱼体脂肪沉积过多，尤其是肝脏中脂肪积聚过多，引起"营养性脂肪肝"，鱼体抗病力下降，同时也不利于饲料的贮藏和成型加工，因此饲料中脂肪含量必须适宜（表 6-5）。

不同鱼种类对配合饲料中脂肪的需求量有很大的差异，一般是冷水性鱼类对脂肪的需要量高于温水性鱼类；低水温季节，尤其是在 14℃ 以下时，对脂肪的需要量较水温高时要大。虹鳟、鲑鱼等冷水性鱼类对脂肪的需要量可以达到 10% 以上，最高的可以达到 18%～20%，饲料的加工也只能为膨化饲料。对于一般的温水性鱼类（如鲤、草鱼、鲫、团头鲂等），鱼种配合饲料中脂肪总量应该保持在 5% 以上；而对于成鱼配合饲料中脂肪用量，应该保持在 4% 以上。一般情况下，要满足脂肪总量，需要在配合饲料中添加 1%～2% 的脂肪。在这种脂肪营养水平下，鱼体的生长速度和饲料转化效率会保持在较高的水平。同时，可以适当增加一些含油量高的饲料原料在配方中的使用比例。

表 6-5　不同的淡水鱼类对脂类的需求量

名称	脂肪水平（%）	脂肪源	体重（克）	参考文献
草鱼	8.8	鱼油/豆油/猪油 1/1/1	4～7	刘玮等，1995
团头鲂	4～6	豆油鱼油	1.75	周文玉等，1997
青鱼	6.5	鱼肝油	37.12～48.32	王道尊，1989
鲤	5～8	鱼肝油	鱼苗、鱼种	Watanabe T，1975
异育银鲫	4.08～6.04	鱼油	17	王爱民等，2008
齐口裂腹鱼	7.18～8.21	菜油	1.45	段彪等，2007
鳜	7～12	豆油/鱼油 2/1	61	王贵英等，2003
史氏鲟	7.6～9.6	豆油鱼油	15.9	肖懿哲，2001
哲罗鱼	10～15	鱼油	7～8	徐奇友等，2007
奥尼罗非鱼	12	玉米油/鱼油/猪油 1/1/1	1.31～1.36	Chou 等，1996
尼罗罗非鱼	10	豆油	120	庞思成，1994
石首鱼	15.3～19.4	鱼油	1.7	Lus 等，2009
红鼓鱼	1.5～5.2	大豆油	0.4	Tucker 等，1997
军曹鱼	5.76	鱼油	33	Chou 等，2001
青石斑鱼	9.86	鱼油	39.33	周立红等，1995
红笛鲷	12	鱼油	0.44	彭志东等，2007

3. 必需脂肪酸（EFA）的需要量　必需脂肪酸（EFA）是指那些为鱼、虾类生长所必需，但鱼体本身不能合成，必须由饲料直接提供的脂肪酸。必需脂肪酸是组织细胞的组成成分，在体内主要以磷脂形式出现在线粒体和细胞膜中。必需脂肪酸对胆固醇的代谢也很重要，胆固醇与必需脂肪酸结合后才能在体内转运。此外，必需脂肪酸还与前列腺素的合成及脑、神经的活动密切相关。

淡水鱼的必需脂肪酸有 4 种，即亚油酸（$C_{18:2n-6}$）、亚麻酸

（$C_{18;3n-3}$）、二十碳五烯酸（$C_{20;5n-3}$）和二十二碳六烯酸（$C_{22;6n-3}$）。对不同的鱼来说，这 4 种必需脂肪酸的添加效果有所不同。

鱼类对必需脂肪酸的需要量，一般占饲料的 $0.5\%\sim2.0\%$。如果饲料中必需脂肪酸超过鱼类需要，不仅不利于饲料贮藏，而且还会抑制鱼类生长。

4. 氧化酸败油脂的毒副作用　油脂氧化酸败的有毒物质，一般是随着脂肪一起被鱼体吸收和储存在鱼体内，尤其是肝胰脏。当鱼体内脏器官组织积累的脂肪氧化酸败产物达到一定量后，就会对鱼体的生长、生理机能产生严重的毒副作用。主要表现在配合饲料对养殖动物的生产性能明显下降，如生长速度下降、饲料系数增加等；鱼体肝功能受到严重伤害，在初期出现脂肪浸润，往后形成脂肪肝，再往后就出现肝纤维化、肝细胞坏死等严重现象；鱼体生理机能受到严重影响，如免疫防御机能明显下降，鱼体出现的畸形，严重的可造成养殖鱼体死亡。

三、碳水化合物的需要量

1. 碳水化合物的生理功能　碳水化合物按其生理功能，可分为可消化糖类和粗纤维两大类。可消化糖类包括单糖、低聚糖、糊精和淀粉等。糖类及其衍生物是鱼类组织细胞的组成成分；糖类可为鱼类提供能量和合成体脂的重要原料。糖类可为鱼体合成非必需氨基酸提供碳架，改善饲料蛋白质的利用。粗纤维一般不能为鱼、虾类消化、利用，但却是维持鱼类健康所必要的。饲料中适量的粗纤维，具有刺激消化酶分泌、促进消化蠕动的作用。

2. 鱼类对糖类的需要量　碳水化合物是提供能量的三大营养素之一，但与蛋白质和脂肪相比，碳水化合物是可供能源物质中最经济的一种。摄入量不足，则饲料蛋白质利用率下降；长期摄入不足，还可导致鱼体代谢紊乱，鱼体消瘦，生长速度下降。

但摄入过多，超过了鱼对碳水化合物的利用限度，多余部分则用于合成脂肪；长期摄入过量碳水化合物，会导致脂肪在肝脏和肠系膜大量沉积，发生脂肪肝，使肝脏功能削弱，肝解毒能力下降，鱼体呈病态型肥胖。碳水化合物还给生长所必需的各种中间代谢物（如非必需氨基酸和核酸）提供前体。

一般认为，海水鱼类饲料糖含量不宜超过 20%，淡水鱼类不宜超过 40%。温水性鱼类饲料中碳水化合物的适宜含量为 30%，冷水性鱼类为 20%。虾蟹类、肉食性类（虹鳟、青鱼、鳗鲡等）和中华鳖饲料中糖类的适宜含量一般低于 20%，而草食性草鱼、杂食性鲤、尼罗罗非鱼饲料中糖类的适宜含量高于 30%。此外，鱼的生长阶段、生长季节也会影响其对碳水化合物的需要量。一般来说，幼鱼对碳水化合物需要量低于成鱼（表6-6）。

表 6-6　几种鱼类饲料中碳水化合物的需要量

鱼 种 类	糖		数据来源
	可消化糖	纤维素	
罗非鱼（*Oreochromis* spp. *Gunther*）	≤40 30.0~40.0		Luquet 等，1991 手岛等，1986
草鱼（*Ctenopharyngodon idellus*）	36.5~42.5		杨国华等，1983；王道尊等，1995
鲤（*Cyprinus carpio*）	37~56 40 38.5	≤3.0~10.0	Lin 等，1991 杨国华等，1983 吴遵霖等，1992
青鱼（*Mylopharyngodon piceus*）	25.0~38.0 9.5~18.6 20		杨国华等，1981 杨国华等，1984 王道尊等，1995
团头鲂（*Megalobrama amblycephala*）	25.0~28.0		杨国华等，1985；王道尊等，1995
斑点叉尾鮰（*Ictalurus Punetaus*）	25.0 25.0~30.0		王吉桥，1985 Wilson，1991
黄颡鱼（*Pelteobagrus fulvidraco*）	20.0~23.0 33.0~41.0	5.0~6.0	沈庭栋，2003 韩庆等，2002

（续）

鱼　种　类	糖		数据来源
	可消化糖	纤维素	
中华鳖（*Pelodiscus sinensis*）	21.0~28.0 20.0~25.0 18.2		毛吉轵等，1992 涂涝等，1995 王凤累等，1996
红鳍东方鲀（*Fugu rubripes*）	20		杨家新，2002
红拟石首鱼（*Sciaenops ocellatus*）	≤25.0		EllisandReigh，1991
中华鲟（*Acipenser sinensis*）	25.56		肖慧等，1999
鳗鲡（*Anguilla japonica*）	20.0~30.0		Nose 等，1991
虹鳟（*Oncorhynchus mykiss*）	18.0~27.0	1.0~3.0	前苏联
虹鳟（*Oncorhynchus mykiss*）	≤20.0		NRC，1981
真鲷（*Pagrus major*）	8.3	2.1	郑微云等，1993
鲕（*Seriola lalandi*）	≤10.0		Shimeno，1991
大西洋鲑（*Salmon salar*）	≤20.0		Hellandetal，1991
尖吻鲈（*Lates calcarifer*）	≤20.0		Boonyaratpatin，1991
条纹狼鲈（*Morone saxatilis*）	25.0~30.0		BergerandHalaver，1987
大麻哈鱼（*Oncorhynchusketa*）	≤20.0		Hardy，1991
鲽（*Cleisthenes nerensteini*）	≤20.0		Coweyetal，1975
南方鲇（*Silurus meridionalis Chen*）	12.0~18		付世建等，2005

3. 鱼类对纤维素的需要量　鱼类虽然不能消化吸收纤维素，但是，纤维素能促进鱼类肠道蠕动，有助于其他营养素扩散、消化吸收和粪便的排出，是一种不可忽视的营养素。一般来说，鱼类饲料中粗纤维适宜含量为 5%～15%，草鱼能利用一部分的纤维素，其他鱼类对粗纤维的消化吸收目前还无报道。

四、矿物质的需要量

1. 矿物质的生理功能

（1）矿物质的主要生理功能　矿物元素在动物体内含量甚微，但在肌体生命活动中起着重要作用。微量矿物质元素与养殖动物的生产性能有关；与鱼体正常的生理代谢活动、重要的生理功能、免疫等有密切的关系；与鱼体的骨骼系统的生长和发育也有直接关系，对鱼体正常形体的维持有重要作用。矿物元素是酶的辅基成分或酶的激活剂；构成软组织中某些特殊功能的有机化合物；维持神经和肌肉的正常敏感性；无机盐是体液中的电解质，维持体液的渗透压和酸碱平衡，保持细胞的定形，供给消化液中的酸或碱等。

（2）微量元素的主要生理功能

①铁：铁是一种重要的微量元素，它是鱼类等脊椎动物血红蛋白的组成成分，参与氧的运输；在细胞氧化中，是细胞色素氧化酶和色素蛋白等的组成成分，在氧化还原反应中起传递氢的作用；同时，铁与养殖鱼类骨骼发育及鱼体生长直接相关，足够量的铁可以使养殖鱼类的生长速度加快。

②铜：铜也是一种非常重要的微量元素，它不仅在赖氨酸氧化酶、细胞色素氧化酶、过氧化物歧化酶等生命活动中起着重要作用，还是虾蟹等甲壳类血液中血蓝蛋白的重要组成成分，虾体内 40％的铜存在于血蓝蛋白中。另外，铜能增强机体的免疫机能；铜作为酪氨酸酶的辅因子参与鱼体黑色素的代谢，并影响体表色素的形成。在最近的试验中发现，鲇、黄颡鱼等种类肌肉、脑等器官组织中铜的含量较一般鱼类要高，而这些种类在养殖条件下经常出现"白化"现象，这些鱼类对铜的需要量是否高于其他鱼类，还值得进一步的研究。但是，要注意的是鱼类对铜非常敏感，过量的铜会是鱼体生长发育受阻，严重的还会引起养殖鱼类死亡率显著增高。

③锰：锰是鱼虾类骨骼中含量较高的成分，对骨骼的形成有重要作用。锰的最低需要量尚未确定，鱼虾类能有效利用鱼粉中的锰，但利用率受鱼粉的种类和加工工艺的影响。锰含量的不足会影响鱼体的生长，还会出现鱼体尾鳍畸形和短体征。

④锌：锌也是动物生命活动中必需的微量元素。锌缺乏对生

长的影响是鱼类营养中研究较多的，如缺锌会导致生长不良，鳍糜烂，死亡率高，鲤还易患白内障。锌对蛋白质的合成具有重要意义，缺锌可降低动物对氮的利用效率；在细胞分裂和氨基酸合成蛋白质的过程中，都需要有锌的存在。对草鱼生长的试验表明，在生长阶段吸收锌，能够促进合成核糖核酸（RNA），且鱼体长与锌、RNA、RNA/DNA 呈显著正相关。

⑤硒：硒协同维生素 E，维持鱼类细胞的正常功能和细胞膜的完整性。大西洋鲑缺乏硒，可导致死亡率上升、血浆谷胱甘肽过氧化酶的活性降低，缺乏硒和维生素 E 会引起肌肉萎缩症。

⑥碘：碘是甲状腺激素的主要组成成分，与动物的基础代谢有密切关系。

⑦钴：钴也是一种重要的微量元素，是维生素 B_{12} 构成成分，并以辅酶的形式影响某些酶的活性，在生物体内参与许多生化反应。有研究表明，在饲料中添加氯化钴或硝酸钴或在养殖水体中加氯化钴，均可提高鲤的生长速度和血红蛋白的形成。

2. 鱼类对矿物质的需要量　鱼类能有效地通过鳃、皮肤等从水中吸取相当数量的钙，鱼类一般不会出现钙缺乏症，但钙、磷之间关系密切，故饲料中还要有一定的含钙量。鱼类对水中的磷吸收量很少，远不能满足需要，因此，在饲料中必须添加足量的磷（表 6-7）。

虽然饲料原料中都含有矿物盐，但某些矿物盐元素的供给量并不能完全满足鱼类的营养需求，因此还需额外添加。这些矿物盐多以硫酸盐、碳酸盐或磷酸盐的形式添加。但鱼类对同一元素的不同剂型的吸收率是不同的，因此其在饲料中的添加量也有区别。常用矿物质添加剂有磷酸二氢钙、磷酸氢钙、磷酸钠、硫酸镁、氯化镁、碘化钾、碘化钠、硫酸亚铁、硫酸铜、硫酸锰、亚硒酸钠和硫酸钴等。

表6-7　主要养殖鱼类矿物盐的需要量

（引自刘焕亮等，2008）

名称	青鱼	草鱼	鲤	团头鲂	罗非鱼		斑点叉尾鮰
钙（%）	0.68	0.65~0.73	0.84~1.12	0.31~1.07	0.7	0.17~0.65	0.45
磷（%）	0.57	0.44~0.49	1.68~2.34	0.38~0.72	0.94	0.8~1.0	0.42
钾（%）		0.50~0.57					
氯（%）		0.42~0.47	0.6~0.7	0.41~0.57			
钠（%）		0.15~0.17	0.08	0.14~0.15			
镁（%）	0.06	0.03~0.04	0.04~0.05	0.04	0.06~0.08	0.06~0.08	0.04~0.05
铁（毫克/千克）	41	820~920	50	100	240~480	150	30
锌（毫克/千克）	92	88~100	15~30	20	20	10	20
钴（毫克/千克）		9.0~10.2		1			
锰（毫克/千克）		9.0~10.2	13	12.9	20~50	12	2.4
铜（毫克/千克）	4.5	0.6~5.0	3	5			5
碘（毫克/千克）		1.00~1.20		0.6			
硒（毫克/千克）				0.12			0.24

3. 矿物盐的缺乏症 鱼类常见矿物盐缺乏症及过量中毒情况见表6-8、表6-9。

表6-8 鱼类常见矿物盐缺乏症及过量中毒

(引自刘文斌等，2008)

矿物质	缺乏症、过量中毒
钙、磷	生长差、骨中灰分含量降低，饲料效率低和死亡率高。骨骼发育异常，头部畸形，脊椎骨弯曲，肋骨矿化异常，胸鳍刺软化，体内脂肪蓄积，水分、灰分含量下降，血磷含量降低，饲料转化率差
锰	生长缓慢，肌肉软弱，痉挛惊厥，白内障，骨骼变形，食欲减退，死亡率高等缺乏症
钠、钾、氯	未曾发现缺乏症，严重缺乏时，则出现蛋白质和能量利用率下降。但过多鱼呈现出水肿等中毒症状
铁	缺铁时，鱼体出现贫血症。鳃呈浅红色（正常为深红色），肝呈白至黄色（正常为黄、褐至暗红色），并不影响鱼的生长。铁过量会产生铁中毒，导致生长停滞、厌食、腹泻和死亡率高
铜	一般来说，鱼不缺铜。鱼缺乏铜，会出现生长缓慢和白内障
锌	缺锌鱼生长缓慢，食欲减退，死亡率增高，骨中锌和钙含量下降，皮肤及鳍糜烂，躯体变短。在鱼的孵卵期，饲料中缺锌，则可降低卵的产量及卵的孵化率
锰	鱼类缺乏锰时，导致生长减缓和骨骼变形
钴	容易发生骨骼异常和短躯症，不易发生钴中毒
碘	鱼类能从环境中摄取碘，所以在水中添加少量的碘，即可防止甲状腺肿病的发生
硒	在饲料中补充维生素E和硒，可防止鱼类肌肉营养不良

表6-9 几种常见养殖鱼类矿物质添加剂的缺乏症

(引自李爱杰等，1996)

营养物质	鲑	斑点叉尾鮰	日本鳗鲡	鲤	罗非鱼	真鲷
钙	生长下降		生长下降、厌食		生长下降	生长下降、厌食

（续）

营养物质	鲑	斑点叉尾鲴	日本鳗鲡	鲤	罗非鱼	真鲷
磷	生长下降，饲料转化率低，骨质矿化不全	生长下降，饲料转化率低，骨质矿化不全	生长下降，厌食	生长下降，骨化差，头骨及骨骼变形，内脏脂肪增加		饲料转化及骨矿化能力差，脊柱弯曲呈海绵状肿大
镁	生长下降，厌食，呆滞，白内障，肌纤维、幽门盲囊上皮细胞及鳃丝退化，骨骼变形，骨矿化不全，骨镁含量降低	生长下降，厌食物滞，骨镁含量降低，死亡	生长下降，厌食	生长下降，厌食，呆滞，惊厥，骨镁含量降低，白内障，死亡	饲料转化率低，骨质矿化不全	饲料转化率低
钾	厌食，惊厥，痉挛，死亡					
铜	肝脏中铜-锌超歧化物氧化酶下降，心脏中细胞色素c氧化酶活性下降	生长下降，心脏中细胞色素c氧化酶活性下降				
碘	甲状腺肿大					
铁	血红细胞低，色性贫血	生长下降，饲料转化较差	小血红细胞低，色性贫血	小血红细胞低，色性贫血		小血红细胞低，色性贫血
硒	肌营养不良，渗出性素质，谷胱甘肽过氧化物酶活性降低	生长下降，谷胱甘肽过氧化物酶活性降低		生长下降，白内障，贫血		

（续）

营养物质	鲑	斑点叉尾鲴	日本鳗鲡	鲤	罗非鱼	真鲷
锌	生长下降，体长过短，白内障，烂鳍致死	生长下降，厌食，骨中铜、锌含量降低，血溶锌浓度下降		生长下降，厌食，白内障，鳍及皮肤溃烂		生长下降，厌食失去平衡，死亡

五、维生素的需要量

1. 维生素的概念 维生素是维持动物健康、促进动物生长发育所必需的一类低分子有机化合物。这类物质在体内不能由其他物质合成或合成很少，必须经常由食物提供。但动物体对其需要量很少，每天所需量仅以毫克或微克计算。一般分为脂溶性维生素和水溶性维生素两大类。

脂溶性维生素，包括维生素 A、维生素 D、维生素 E、维生素 K；水溶性维生素，包括维生素 B_1（硫胺素）、维生素 B_2（核黄素）、维生素 B_3（泛酸）、维生素 B_5（烟酰胺）、维生素 B_6（吡哆素）、维生素 B_7（生物素）、叶酸、维生素 B_{12}（氰钴素）、维生素 C（抗坏血酸）等。

2. 维生素的生理功能 维生素营养对于鱼类而言十分重要，配合饲料中维生素不足，会导致生产性能下降，鱼体生理机能受到一定程度的伤害。如鱼体出现免疫、抗应激能力下降，鱼体体表黏液分泌减少，造血机能受到影响出现贫血反应等。脂溶性维生素的生理功能：维生素 A 能够促进黏多糖的合成，维持细胞膜及上皮组织的完整性和正常的通透性，并参与构成视觉细胞内感光物质，对维持视网膜的感光性有着重要作用；维生素 D 的主要功能是促进钙吸收、骨骼生长作用；维生素 E 的生理功能较为广泛，除有抗不育功用外，主要是作为抗氧化剂；维生素 K 在体内有着广泛的作用，但主要是参与凝血作用。水溶性维生素种类较多，其结构和生理功能各异，其中，绝大多数维生素都是通过组成酶的辅酶对动物物质代谢发生影响。

3. 鱼类对维生素的需要量　鱼类对维生素的需要量见表 6-10。

4. 维生素缺乏症　鱼类维生素的缺乏症见表 6-11。

表 6-10　**鱼饲料维生素需要量**（国际单位或毫克/千克饲料）

[资料来源：NRC（1981、1983）]

维生素	尼罗罗非鱼	草鱼	青鱼	团头鲂	鲤	斑点叉尾鮰	鲑鳟
B$_1$	25	20	5		5	1	10
B$_2$	100	20	10		7～10	9	40
B$_6$	25	11	20		5～10	3	10
烟酸	375	100	50	20	29	14	150
泛酸钙	250	50	20	50	30	10～20	80
肌醇	1 000	100		100	440		400
B$_{12}$	0.05	0.01	0.01			0.02	
K	20	10	3			40	
E	200	62	10		50～100	30	400
胆碱	2 500	550	500	100	500～700		800
叶酸	7.5	5	1			1	
C	500	600	50	50	50～100	60	100
A（国际单位）		5 500	5 000		2 000	2	4 000
D（国际单位）		1 000	1 000		1 000	1 000～2 000	
生物素					0.5～1.0	500～1 000	1

表 6-11　鱼类维生素的缺乏症

(引自刘文斌等，2008)

维生素	缺乏症
维生素 A	眼突出，浮肿，肾脏出血，肤色变浅鳍，皮肤出血，鳃盖变形
维生素 D	骨中灰分降低，钾、钙降低
维生素 E	肤色变浅，肌营养不良，脂肪肝，胰脏萎缩，蜡质状沉积，椎前凸
维生素 K	皮肤出血
硫胺素	皮肤发黑，失衡，易惊吓，皮下出血
核黄素	体长过短，鲤鱼会消瘦，怕光，易惊吓，皮肤和鳍出血，前肾坏死
维生素 B_6	神经失调，痉挛，游动不正常，蓝绿色
泛酸	消瘦，无活力，表皮损伤，贫血，致死
烟酸	皮肤及鳍溃疡，颌部变形，突眼，贫血，致死
生物素	肤色变浅，过敏，表皮黏液细胞增加，无活力
叶酸	不活跃，贫血，易被细菌感染
维生素 B_{12}	生长下降，血细胞比容下降
胆碱	肝增大，肾脏及肠出血，鲤鱼会出现脂肪肝，肝细胞空泡化
肌醇	皮肤黏液分泌减少
维生素 C	体内外出血，烂鳍，骨胶原下降，脊椎前凸、侧凸

六、鱼类的能量需求

1. 能量的概念

（1）总能　总能量是饲料中三大能源物质完全氧化燃烧所释放出来的全部能量，其能量值取决于饲料中蛋白质、脂肪、糖类的含量和比例。

（2）消化能　摄入的饲料总能减去粪便能的差值，即被动物消化吸收的能量，实际上等于总能与表现消化率的乘积。

（3）代谢能　摄取的饲料总能减去粪能、尿能与鳃排泄能的差值，即动物完全用于代谢的有效能量，又称可利用能。

（4）特殊动力作用或体增热　动物摄食后，代谢率普遍增高的现象称为特殊动力作用。这种现象主要表现为体热迅速增加，又称体增热。

（5）净能　净能是代谢能减去体增热的差值，即用于维持生命的标准代谢，及运动代谢和生长与繁殖的热量，前者称维持净能，后者称生产净能。

2. 能量的需要量　鱼类是变温动物，加之鱼类用于维持其在水中体态的能量比陆生动物维持姿势的能量低，所以鱼类维持热需求低于恒温动物。鱼类与其他动物一样，能量的满足始终是第一位的，所不同的是鱼类优先利用氨基酸作为能量物质，其次是脂肪，再次是可消化糖。在饲料中保障一定量的油脂、碳水化合物，以满足养殖鱼类快速生长的需要，可以节约鱼体对饲料蛋白质的利用（表6-12）。

表6-12　鱼饲料的适宜蛋白能量比

（引自刘文斌等，2008）

名称	体重（克）	蛋白质（%）	总能（千焦/克）	蛋白/能量（毫克/千焦）
青鱼	3.5	35～40	13.31～15.22	26.29
	100.2～130.7	40	16.35	24.26
	100.2～130.7	30	14.89	20.15
草鱼	1	41～45		26.79
	5	29～37		22.73～28.71
	15	29～37		22.73～26.32
鲤	20	31.5	12.12	25.99
团头鲂	稚鱼	35	12.54	27.91
		28.92～40.81	12.95～13.539	22.33～30.16
尼罗罗非鱼	50	30	12.12	24.75
	526	22.2	9.74	22.79
斑点叉尾鮰	34	28.8	12.83	22.45
	10	27.0	11.62	23.24
	266	27.0	13.13	20.56

3. 能量收支平衡 鱼类摄取了含营养物质的饲料，也就摄取了能量。随着物质代谢的进行，能量在鱼体内被分配。已知鱼类摄入饲料的总能并不能全部被吸收利用，其中一部分随粪便排出体外。被鱼体吸收的能量中，一部分作为体增热而消耗，一部分随鳃的排泄物和尿排出而损失。最后剩下的那部分称为净能的能量，才真正用于鱼类的基本生命活动和生长繁殖的需求（图6-1）。

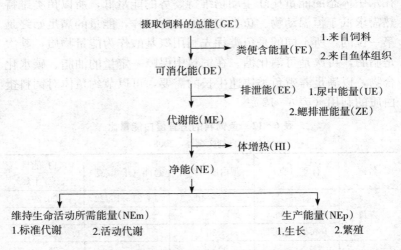

图6-1 鱼体内能量转化过程示意图

能量收支公式：GE = FE + EE（UE + ZE）+ HI + NE（NEm + NEp）

鱼类的能量收支情况与食性有关，肉食性和草食性摄入的饲料能量在体内的分配差异较大：

肉食性鱼类 GE（100）= 20FE + 7EE + 14HI + 30NEm + 29NEp

草食性鱼类 GE（100）= 41FE + 2EE + 10HI + 27NEm + 20NEp

由此可见，肉食性鱼类用于生长的能量高于草食性鱼类，而粪便与尿等排泄能量则低于草食性鱼类。这是由于两种不同食性鱼类的饲料营养成分和代谢特点不同所致。

第三节 渔用配合饲料的添加剂

一、概述

1. 饲料添加剂的基本概念 饲料添加剂是指为了满足某种特殊需要，在配合饲料中添加的少量或微量物质。其主要作用是：完善饲料的营养配比，改善适口性，提高饲料利用率，促进鱼类生长和发育，预防疾病，改善鱼类产品品质，减少饲料在加工与运输储藏过程中营养物质的损失等。

饲料添加剂根据其目的和作用机理，分为营养性添加剂和非营养性添加剂（改善饲料质量的添加剂）。营养性添加剂是指本身可以补充、完善饲料营养成分的添加剂；而非营养性添加剂是指本身不作为饲料的营养成分，只是改善饲料或动物产品品质的添加剂。

在水产上，根据饲喂对象，可将添加剂分为鱼（包括各类鱼）、虾、蟹、鲍鱼及贝类用等；根据添加剂的加工形态不同，又有粉状、颗粒状、微型胶囊、块状和液状饲料添加剂；根据动物营养学原理，一般将饲料添加剂分为两大类，即营养类饲料添加剂及非营养类饲料添加剂（图 6 - 2）。

2. 预混料 预混料是指一种或多种饲料添加剂与载体或稀释剂，按一定比例配制成的均匀混合物，又称添加剂预混合饲料，简称添加剂预混料。若在饲料中逐一添加各种添加剂，不易混合均匀。因此，需要在饲料添加剂中加入适合的载体或稀释剂制成预混料。预混料分为单项预混料和复合预混料。前者如维生素预混料、微量元素预混料等；后者是将两类以上的微量添加剂如维生素、促生长剂及其他成分混合在一起的预混料。

3. 载体和稀释剂 载体是指用于承载添加剂活性组分，并

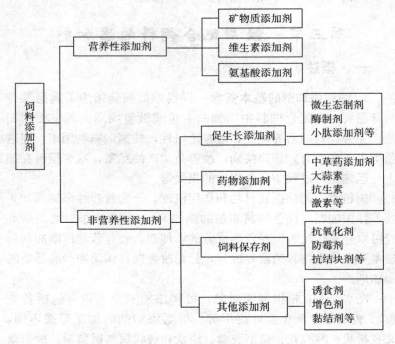

图 6-2 饲料添加剂分类

改变其物理特性，保证添加剂成分能够充分均匀地混合到饲料中的物质；稀释剂是渗入到一种或多种微量添加剂中起稀释作用的物质，但它不起承载添加剂的作用。

作为载体和稀释剂应符合以下条件：①一般载体粒度要求在 30～80 目（0.59～0.177 毫米），稀释剂粒度一般为 30～200 目（0.59～0.074 毫米）。②若载体和稀释剂与添加剂容重相差太大，在混合过程中，容重大的物质易沉在底部，与容重小的物料不易混合均匀。因此，其容重应与添加剂微量活性组分基本一致，以便在混合过程中能均匀混合，其容重一般在 0.5～0.8 千克/升为宜。③载体和稀释剂水分含量一般低于 10%，而无机载体和稀释剂水分含量在 5% 以下。含水量过高，会变质、发霉、结块，使添加剂在贮藏过程中失去活性，所以需经过干燥处理后才能使用。④载体吸附性越好，对添加剂活性组分的承载能力就越强。有时可在混合时加入适量的植物油，添加量一般为 1%~3%，这种措施不仅可以提高载体的吸附性，还可消除添加剂和载体中的静电，减少粉尘。⑤载体使用后应不改变添加剂的生理功能，不影响其生物学作用，如维生素在酸性和碱性环境中都不稳定，用弱碱性的碳酸钙就不适宜，应选用中性，一般可用玉米粉等。

常见载体或稀释剂分为有机和无机两类。有机载体或稀释剂有脱胚玉米粉、玉米淀粉、玉米芯粉、小麦次粉、麦麸、米糠和淀粉等；无机载体或稀释剂有碳酸钙、磷酸氢钙、食盐、硅酸盐和沸石等。

4. 使用饲料添加剂应注意的问题

（1）合理的使用　水产动物的种类很多，不同种类的动物或者同种动物在不同的生理状态、发育情况及饲养环境条件的不同，对饲料添加剂的需要量也是不一样的，应有针对性地选择。如酶制剂、微生态制剂等用在幼龄水产动物，能更好地促进动物生长。

各种饲料添加剂均应按照使用说明进行添加，而不是越多越好。某些添加剂，如硒、铜、铁、锌添加过多不但会增加成本，而且还会影响动物生长发育，甚至中毒。此外，还要考虑载体种类，各种营养元素的平衡，如钙、磷只有在平衡时才能被很好地利用，否则会造成浪费，氨基酸的平衡也是一样。

（2）混入干粉饲料或稀释剂中　饲料添加剂一般混于干粉载体中，短期储存待用，不得混于加水储存的饲料或发酵过程中的饲料内，更不能与饲料一起煮沸使用。通常，当预混料中添加剂的质量接近或超过 50% 时，或当两种或两种以上添加剂原料的比重差别很大时，则应考虑选用稀释剂。

（3）搅拌均匀　由于饲料添加剂添加到日粮中的量很少，故使用时一定要注意搅拌均匀。可先用少量饲料与添加剂先混合，然后逐级放大，一层层混合，直至混合均匀，这样才能充分发挥饲料添加剂的作用。

（4）防止引起中毒　饲料添加剂中微量元素、维生素都有大致的需要量，若超过需要量，水产动物可能引起中毒，产生生理障碍。如美洲河鲇饲料中铜含量高达 16～32 毫克/升时，则会造成生长抑制或贫血。

（5）配伍与禁忌　饲料添加剂之间有协同与颉颃作用，常见的可以发生颉颃添加剂有：①钙、磷在碱性环境中难于被吸收，所以钙、磷不能与碱性较强的胆碱同时使用；②磷可降低机体对铁的吸收，所以补充铁制剂时，不宜添加过多的骨粉或磷酸氢钙；③镁可降低机体对磷的吸收，所以补磷时不宜添加过多的氧化镁或硫酸镁；④锌、钙之间有对抗作用，所以添加硫酸锌时不要添加过多的钙制剂；⑤铁、锌、锰、铜、碘等化合物，可使维生素 A、维生素 K_3、维生素 B_6 和叶酸效价降低；⑥维生素 C 过多时，可减少铜在体内的吸收和贮存；⑦胆碱碱性较强，可使维生素 B_1、维生素 B_2、维生素 B_6、维生素 K_2、维生素 K_3、维生素 C 和烟酸、泛酸等失效；⑧铁制剂可加快机体维生素 A、维生素 E、维生素 D 的氧化破坏过程；⑨维生素 C 可使维生素 B_1、维生素 B_2、维生素 B_{12} 和泛酸降低作用。

（6）保存　饲料添加剂应保存在干燥、低温和避光处，以免氧化、受潮而失效，如维生素、微量元素等易失效。

二、营养性添加剂

1. 氨基酸类添加剂

（1）L-赖氨酸　可被动物机体利用，为有效赖氨酸，是常用的添加剂。一般使用的是 L-赖氨酸或 L-酸盐赖氨酸，饲用 L-赖氨酸的纯度不得低于 98.5%，其中，纯赖氨酸含量为 78.8%。

（2）蛋氨酸及类似物 饲料工业中使用的蛋氨酸有两类：一类是粉状 L-蛋氨酸或 DL-蛋氨酸，另一类是 DL-蛋氨酸羟基类似物及其钙盐。羟基蛋氨酸（MHB）为深褐色黏液，含水量约 12%（即纯度 88%），具有添加量准确、操作简便、无粉尘等优点，但在使用时要有添加液体的相应设备，易受到生产规模的限制。羟基蛋氨酸钙（MHA）为浅褐色粉末或颗粒，其中，MHA 的含量为 >97%，无机钙盐的含量为 ≤1.5%。

（3）色氨酸 色氨酸添加剂有 L 型和 D-L 型两种，前者有 100% 的生物活性，后者活性仅为前者的 60%～80%。色氨酸能促进核黄素功能的发挥，并参与血浆蛋白质的更新。

（4）苏氨酸 在以小麦、大麦等谷物为主的饲料中，苏氨酸的含量往往不能满足需要，需添加。在大多数以植物性蛋白质为基础的饲料中，苏氨酸与赖氨酸均为第一限制性氨基酸。

（5）复合氨基酸 复合氨基酸是利用动物毛、发、蹄、角等废弃物，通过加工处理获得复合氨基酸粗制品，再经纯化而得的复合氨基酸浓缩液，用载体吸附，即为一定浓度的复合氨基酸产品。在配合饲料中适量添加，有助于提高鱼类生产水平。

（6）微量元素氨基酸螯合物 近年来在国内外发展较快的第三代新型微量元素添加剂，以微量元素离子为中心原子，通过配位键、共价键或离子键同配体氨基酸或低分子肽键整合而成的复杂螯合物。其中，水解氨基酸的平均分子量必须为 150 左右，生成的螯合物分子量不得超过 800。氨基酸微量元素螯合物是一种新型的有机微量元素添加剂，具有较好的稳定性、较高的生物学效价、使用安全性高、适口性好、与维生素无配伍禁忌等特点，还具有杀菌和改善免疫功能，是一种非常理想的微量元素添加剂。同时，氨基酸微量元素螯合物在水生动物消化道中先被降解后再被吸收，可以达到与结合态氨基酸同步吸收，能有效地利用氨基酸，促进鱼和虾类生长，提高生产性能，降低饲料系数，提高成活率。

（7）小肽　小肽的吸收与氨基酸完全不同，肠细胞对游离氨基酸是一个主动转运过程，而小肽转运系统具有耗能低而不易饱和的特点。短肽也是重要的生理调节物质，可以直接作为神经递质，间接刺激肠道受体或酶的分泌而发挥作用，而且在机体的免疫调节中发挥着重要的生理功能。

2. 维生素类添加剂　常见的维生素有 14 种，根据溶解性可分为脂溶性维生素和水溶性维生素两大类。脂溶性维生素只是一类能溶于脂肪等有机溶剂而不溶于水的维生素，它们能在体内储存，短时间供应不足不会立即产生典型的缺乏症，长期超量供应可产生毒害，包括维生素 A、维生素 D、维生素 E 和维生素 K。水溶性维生素常用的有 10 种，分别为维生素 B_1（硫胺素）、维生素 B_2（核黄素）、维生素 B_3（泛酸）、维生素 B_4（胆碱）、维生素 B_5（烟酸、烟酰胺）、维生素 B_6（吡哆醇）、维生素 B_{11}（叶酸）、维生素 $_{12}$（氰钴胺素）、维生素 H（生物素）和维生素 C（抗坏血酸）。

常用维生素的商品形式及其质量规格见表 6-13；全价饲料中维生素平均稳定性见表 6-14。

表 6-13　常用维生素的商品形式及其质量规格

（引自李爱杰等，1996）

主要商品形式	质量规格	主要性状与特点
维生素 A 醋酸酯	100 万～270 万国际单位/克　50 万国际单位/克	油状或结晶体　包膜微粒制剂，稳定，10 万粒/克
维生素 D_3	50 万国际单位/克	包膜微粒制剂，小于 100 万粒/克的细粉，稳定
生育酚醋酸酯	50%　20%	以载体吸附，较稳定　包膜制剂，稳定

（续）

主要商品形式	质量规格	主要性状与特点
维生素 K₃	94% 50%	不稳定 包膜制剂，稳定
硫胺素盐酸盐 硫胺素单硝酸盐	98% 98%	不稳定 包膜制剂，稳定
核黄素	96%	不稳定，有静电性，易黏结 包膜制剂，稳定
吡哆醇盐酸盐	98%	包膜制剂，稳定
右旋泛酸钙 右旋泛酸	98%	保持干燥，十分稳定 在 pH4.0～7.0 水溶液中显著稳定
烟酸 烟酰胺	98%	稳定 包膜制剂，稳定
生物素	1%～2%	预混合物，稳定
叶酸	98%	易黏结，需制成预混合物
氰钴胺或羟基钴胺	0.5%～1%	干粉剂，以甘露醇或磷酸氢钙为稀释剂
氯化胆碱	70%～75% 50%	液体 以 SiO₂ 或有机载体预混
L-抗坏血酸-2-磷酸酯	25%～40%（维生素 C）	固体，稳定
维生素 C 多聚磷酸酯	35%（维生素 C）	固体，以载体吸附，稳定

表 6-14　全价饲料中维生素平均稳定性

（M. B. Coelho, 1991）

维生素	维生素存留（%）				损失/月（%）
	0.5 个月	1 个月	3 个月	6 个月	
维生素 A（微粒）	92	83	69	43	9.5
维生素 D₃（微粒）	93	88	78	55	7.5

（续）

维生素	维生素存留（%）				损失/月
	0.5个月	1个月	3个月	6个月	（%）
维生素E醋酸酯	98	96	92	88	2.0
维生素E醇	78	59	20	0	40.0
维生素K$_3$	85	75	52	32	17.0
盐酸硫胺	93	86	65	47	11.0
硝酸硫胺	98	97	83	65	5.0
核黄素	97	93	88	82	3.0
吡哆醇	95	91	84	76	4.0
维生素B$_{12}$	98	97	95	92	1.4
泛酸钙	98	94	90	86	2.4
叶酸	98	97	83	65	5.0
生物素	95	90	82	74	4.4
烟酸	93	88	80	72	4.6
维生素C	80	64	31	7	30.0
胆碱	99	99	98	97	1.0

3. 矿物盐 常用矿物质添加剂有磷酸二氢钙、磷酸氢钙、磷酸钠、硫酸镁、氯化镁、碘化钾、碘化钠、硫酸亚铁、硫酸铜、硫酸锰、亚硒酸钠和硫酸钴等。常见矿物质原料中的钙与磷含量见表6-15；常见饲料添加剂用微量元素的原料见表6-16。

表6-15　常见的矿物质原料中的钙与磷含量
（引自李爱杰等，1996）

饲料原料	含钙（%）	含磷（%）	其他（%）
磷酸氢二钠 Na_2HPO_4		21.81	32.38（Na）
磷酸氢二钾 K_2HPO_4		22.76	28.72（K）
磷酸二氢钠 NaH_2PO_4		25.80	19.15（Na）
磷酸氢钙 $CaHPO_4$（商业用）	24.32	18.97	

（续）

饲料原料	含钙（%）	含磷（%）	其他（%）
过磷酸钙 Ca（H$_2$PO$_4$）$_2$·H$_2$O	17.12	18.00	
磷酸钙	38		
石灰石粉	24～36		有的含 0.02% 磷
贝壳粉	38.0		
蛎壳粉	29.23	0.23	
碳酸钙	40.	—	
骨粉	30.12	13.46	脱脂、脱胶后粉碎

表 6-16 饲料添加剂用微量元素的原料

（引自李爱杰等，1996）

名 称	分子式	微量元素含量（%）	备 注
硫酸亚铁·7 水物	FeSO$_4$·7H$_2$O	20.1	绿色结晶
硫酸亚铁·1 水物	FeSO$_4$·H$_2$O	31	绿色结晶
硫酸铜·5 水物	CuSO$_4$·5H$_2$O	25.5	蓝色结晶
硫酸铜·水物	CuSO$_4$·H$_2$O	34	蓝色结晶
硫酸锌·7 水物	ZnSO$_4$·7H$_2$O	22.7	白色结晶
硫酸锌·1 水物	ZnSO$_4$·H$_2$O	36	白色粉末
硫酸锰·5 水物	MnSO$_4$·5H$_2$O	22.8	淡红色结晶
硫酸钴·7 水物	CoSO$_4$·7H$_2$O	24.8	桃红色结晶
硫酸钴·1 水物	CoSO$_4$·H$_2$O	33	桃红色结晶
碘化钾	KI	69	无色结晶性粉末
碘酸钙	Ca（IO$_3$）$_2$	65.1	白至乳黄色粉末或结晶
亚硒酸钠·5 水物	Na$_2$SeO$_3$·5H$_2$O	30	白色结晶

三、非营养性添加剂

1. 促生长剂 生长促进剂的主要作用是刺激鱼类生长，提

285

高饲料利用率以及改进机体健康。常用促生长剂如下：

（1）L-肉碱　又称肉毒碱，常以盐酸盐的形式存在。对幼体鱼类来说，自身合成量不能满足需求，必须由外源添加。作为饲料添加剂的 L-肉碱一般为工业产品，几种鱼类饲料中肉碱的建议添加量分别为：鲤、鳊和罗非鱼 100～400 毫克/千克，鲑和鳟 300～1 000 毫克/千克，鲇 300 毫克/千克。

（2）其他促生长剂　黄霉素既抑制肠道中有害微生物的生长，也利于有益微生物的生长繁殖，维持消化道中微生态平衡，把竞争性消耗营养物质的微生物数量控制在一个生理水平上，间接地改善了营养物质的消化和利用，促进鱼体生长。

2. 酶制剂　按酶制剂功能分，可分为消化性酶和非消化性酶两类。消化酶是动物体内能够合成并分泌到消化道中消化营养物质的酶，如淀粉酶、蛋白酶和脂肪酶等。非消化酶是指动物体内自身不能合成，多来源于微生物的一类酶，可帮助动物消化一些难消化性物质、有害物质或抗营养因子等，主要包括纤维素酶、半纤维素酶、植酸酶、果胶酶和几丁质酶等。按酶制剂的构成，又可分为单一酶制剂与复合酶制剂。

添加酶制剂是为了促进饲料中营养成分的分解和吸收，提高其利用率。所用的酶多由微生物发酵或从植物中提取得到。用于鱼类的酶制剂有复合酶及单项酶，包括蛋白酶、淀粉酶、脂肪酶和植酸酶等（表 6-17）。

3. 防霉剂　防霉剂是一类抑制霉菌繁殖、防止饲料发霉变质的化合物。添加防霉剂的目的是，抑制霉菌的代谢和生长，延长饲料的保藏期。其作用机制是，破坏霉菌的细胞壁，使细胞内的酶蛋白变性失活，不能参与催化作用，从而抑制霉菌的代谢活动。防霉剂使用方法有：①直接喷洒在饲料表面；②和载体预先混合后，再掺入饲料中；③与其他防霉剂混合使用，扩大抗菌谱。

表6-17 饲用酶的主要种类与来源

(张艳云等，1998)

种类	名　称	主要来源
蛋白酶	胃蛋白酶	胃黏膜、胃液
	胰蛋白酶	胰腺、胰液、小肠液
	木瓜蛋白酶	木瓜
	菠萝蛋白酶	菠萝
	微生物蛋白酶　碱性	枯草杆菌、地衣芽孢杆菌、米曲霉等
	中性	芽孢杆菌、栖土曲霉、灰色链霉等
	酸性	黑曲霉、根霉、臭曲霉、泡盛曲霉等
淀粉酶	α-淀粉酶	枯草杆菌、地衣杆菌、米曲霉、黑曲霉等
	β-淀粉酶	麦芽、麸皮、大豆、芽孢杆菌、黑曲霉等
	淀粉-1、6-葡萄糖苷酶	嗜酸杆菌、芽孢杆菌、单孢子杆菌等
	支链淀粉酶	酵母
	麦芽糖酶	曲霉、根霉、酵母等
脂肪酶	脂酶	动物胰液、肠液
	磷脂酶	枯草杆菌、黑曲霉、根霉、酵母等
	乳脂酶	泡盛曲霉、动物肠液
纤维素酶	内-β-1、4-葡聚糖酶 外-β-1、4-葡聚糖酶 β-葡萄糖苷酶	绿色木霉、里氏木霉、根霉、黑曲霉、青霉等
半纤维素酶	β-1、3（或1、6或1、4）-葡聚糖酶 α-1、3-葡聚糖酶 甘露聚糖酶 α-阿拉伯糖苷酶 木聚糖酶 半乳聚糖酶	泡盛曲霉、黑曲霉、臭曲霉等

（续）

种类	名　　称	主要来源
果胶酶	果胶水解酶 聚半乳糖醛酸 果胶裂解酶	木质壳酶、黑曲霉、泡盛曲霉、臭曲霉、梭状芽孢杆菌
植酸酶		黑曲霉、麦麸、麦芽

（1）苯甲酸（安息香酸）　苯甲酸钠是一种酸性防腐剂，其最适 pH 范围为 2.5～4.0。苯甲酸钠杀菌性较苯甲酸弱，饲料中主要使用苯甲酸钠。该类防霉剂使用量不得超过 0.1%。

（2）山梨酸及盐类　山梨酸又叫清凉茶酸，山梨酸盐类包括山梨酸钠、山梨酸钾、山梨酸钙等。山梨酸钠的用量一般为 0.05%～0.15%，山梨酸钾一般用 0.05%～0.3%，最适 pH 为 6 以下。

（3）丙酸及盐类　丙酸钠、丙酸钙常用作防霉剂。丙酸盐杀霉性较丙酸低，故使用剂量较之大。丙酸用量一般为 0.05%～0.4%，丙酸盐用量一般为 0.065%～0.5%。用量随饲料含水量、pH 而增减。丙酸臭味强烈，酸度又高（pH2～2.5），故对人的皮肤具有强烈刺激性和腐蚀性，使用时应注意。

（4）双乙酸钠　白色结晶粉末，带醋酸气味，易吸湿，极易溶于水，加热到 150℃ 以上分解，熔点为 96℃，其毒性极小。对真菌、霉菌、细菌等均有抑制作用，缺点是当饲料霉变或双乙酸钠达不到完全抑菌时，它本身可作为微生物的营养源，反而促进了霉菌的生长。

（5）对羟基苯甲酸酯　俗称尼泊金酯，是一种无色结晶或白色结晶粉末，无味无臭。在体内易被水解，对霉菌、酵母菌均有抑制作用，防霉效果优于苯甲酸类，一般用量为 0.01%～0.25%。缺点是抑菌谱窄，产品价格高，水溶性差。

（6）富马酸及酯类　又称延胡羧酸，为白色结晶或粉末，水中溶解度低，水果酸香味。富马酸二甲酯 DMF 为白色结晶或粉末。其特点是与其他防腐剂相比，抗菌作用强，抗菌谱广，作用不受 pH 影响。富马酸二甲酯在饲料中的添加量一般为 0.025%～0.08%，使用时可先用有机溶剂溶解后加入少量水及乳化剂使达到完全溶解，再用水稀释后，加热除去溶剂，恢复到应稀释体积，再喷洒或做成预混剂混于饲料中。

（7）复合防霉剂 将两种或两种以上不同的防霉剂配伍组合而成。目前，国际广泛使用的一些商品防霉剂是多种有机酸的复合物。复合型防霉剂抗菌谱广，应用范围大，防霉效果好且用量少，使用方便，是饲料中较常用的防霉剂品种。

4. 抗氧化剂 饲料中不饱和脂肪酸和维生素很易被氧化，一方面使饲料营养价值降低，另一方面氧化产物使饲料产生异味，使鱼类摄食量降低，同时对鱼类产生毒害作用。为防止这种现象发生，要加入抗氧化剂。所谓抗氧化剂，就是能够阻止或延迟饲料氧化，提高饲料稳定性和延长贮存期的物质。

主要的抗氧化剂有叔丁酸对羟基茴香醚（BHA）、二丁基羟基甲苯（BHT）和乙氧基喹啉（EMQ，又称乙氧喹、山道喹）。BHA、BHT、EMQ 在一般饲料中添加量为 0.01%～0.02%，当饲料中含脂量较多时，应适当增加添加量。此外，还有维生素 E（添加量为 0.02%～0.03%）和抗坏血酸钠盐（添加量为 0.05%）以及不同类型的氧化剂组成的复合抗氧化剂等。

5. 诱食剂 又称诱食物质、引诱剂或促摄物质。其作用是刺激鱼类的感觉（味觉、嗅觉和视觉）器官，诱引并促进鱼类的摄食。常用诱食剂有：

（1）甜菜碱 甜菜碱是常用的诱食剂，阈值浓度为 10^{-4}～10^{-6} 摩尔/升。还可与一些氨基酸协调作用，增强诱食效果。

（2）动植物提取物 研究表明，水蚯蚓、牛肝、蚕蛹干、带鱼内脏和鱼干等的水提取液，对南方鲇仔鱼有良好的效果。枝角类浸出物、摇蚊幼虫浸出物、蚕蛹、田螺水煮液和蚕蛹乙醚提取物对鲤有诱食作用。丁香、蚕蛹、蚯蚓水煮液和蚕蛹乙醚提取物对鲫有诱食作用。

（3）氨基酸及混合物　氨基酸对鱼类的嗅觉及味觉，都具有极强烈的刺激作用。尤其L-氨基酸已被公认为是引诱鱼、甲壳类和其他水产动物最有效的化合物之一，主要氨基酸包括甘氨酸、L-丙氨酸、谷氨酸、L-组氨酸、L-脯氨酸、精氨酸、鸟氨酸、牛磺酸和由氨基酸合成的谷胱甘肽等。根据鱼类的食性，肉食性鱼类对碱性和中性氨基酸敏感，而草食性鱼类对酸性氨基酸敏感。有的单一氨基酸具有强烈的诱食作用，有的几种氨基酸混合在一起才具有诱食作用，或与核苷酸、甲酸内脂、色素、荧光物质和其他有机化合物或盐类协同作用而产生诱食作用。氨基酸对不同鱼类的诱食效果完全不同。

（4）含硫有机物　含硫基的有机物，主要有DMPT（二甲基—丙酸噻亭，又名硫代甜菜碱）、DM（二甲亚砜）、CEDMS（溴化羧乙基二甲基硫）、CMDMS（溴化羧甲基二甲基硫）等含硫化合物，对鱼类的生长、摄食等有不同程度的促进作用，并能改善养殖品种的肉质，提高淡水品种的经济价值。

6. 着色剂　着色剂是指为了改善动物产品或饲料色泽而掺入饲料的添加剂。用于饲料增色的物质主要有天然色素、化学合成色素两大类。天然色素主要是含类胡萝卜素和叶黄素的黄、红、紫色提取物，动物提取物如糠虾、磷虾等；植物及提取物如玉米、胡萝卜、苜蓿粉、橘皮等；微生及提取物如酵母、光合细菌中的红螺菌、微型藻中杜氏藻等，螺旋藻及其提取物。类胡萝卜素主要分为胡萝卜素类和叶黄素类。另一类化学合成色素，主要指由人工合成的类胡萝卜素衍生物。主要使用的着色剂有辣椒色素、茜草色素、类胡萝卜素、虾青素、虾红素等（表6-18）。

7. 黏合剂　黏合剂是在饲料中起黏合作用的物质，在水产

表 6 - 18 水产动物饲料增色剂使用

(向枭等，2002)

鱼类	着色剂	色素来源	效 果
真鲷	虾青素	糠虾、磷虾、合成	体色变红
鰤	虾青素、黄体素、β-阿朴-8′-胡萝卜素乙酸酯	南极磷虾、合成	体色鲜艳，出现黄色带
虹鳟	虾红素、虾青素角黄素覃黄素	酵母、金盏花花瓣、合成虾青素、合成角黄素、糠虾、磷虾	体表、肌肉、卵变红
香鱼	β-胡萝卜素、海胆紫酮、β-隐黄质	螺旋藻	外皮及皮下组织有色素沉积增多
罗非鱼	玉米黄质、黄体素	螺旋藻、金盏花、虾	体色鲜艳
对虾	虾青素	酵母、螺旋藻、虾、糠虾	体色变红
北极红点鲑珍珠玛丽鱼红剑尾鱼花玛丽鱼	虾黄素、β-胡萝卜素、虾青素	合成	体色变红、体色鲜艳
金鱼	玉米黄素、月黄素	黄玉米、海鞘	体表变红

饲料中起着非常重要的作用。水产饲料黏合剂，大致可分为天然黏合剂和人工黏合剂两大类。前者主要有淀粉、小麦粉、玉米粉、小麦面筋粉、褐藻胶、骨胶和皮胶等；后者主要有羧甲基纤维素和聚丙烯酸钠等。水产饲料黏合剂的作用：①将各种营养成分黏合在一起，保障鱼类能从配合饲料中获得全面营养；②减少饲料的崩解及营养成分的散失，减少饲料浪费及水质污染。

8. 抗结块剂 抗结块剂是使饲料和添加剂保持较好的流动性，保证添加剂在混合过程中混合均匀。常用的结块剂有柠檬酸铁铵、亚铁氰化钠、硅酸钙、硬脂酸钙、二氧化硅、硅酸铝钠、硅藻土、高岭土和膨润土等。

9. 中草药添加剂 中草药一般可按来源、作用进行分类。按来源分，中草药添加剂可分植物、矿物和动物。植物类所占比例最大，目前在水产养殖上应用的植物类中草药添加剂，主要有麦芽、神曲、大黄、黄连、黄芪、山楂、苍术、松针、陈皮、何首乌、什草、金银花、当归、党参、大蒜、丁香和杜仲等；矿物类中草药添加剂，主要有麦饭石、沸石和石灰石等；动物类中草药添加剂所占比例较小，有蚯蚓、乌贼骨、鸡内金和牡蛎等。按作用分，可分五类：① 理气消食，助脾健胃，驱虫除积类，这类中草药具苦香气味，有健胃作用，能缓解腹胀、治疗食滞、驱除寄生虫，常见的有陈皮、神曲、麦芽、谷芽、山楂、大蒜、槟榔、使君子和百部等；② 清热解毒、杀菌抗病类，这类中草药有抗菌消炎、增强水产动物对疾病的抵抗力，常用药物有金银花、连翘、柴胡、紫苏、苦参、蒲公英和桉叶等；③ 活血散淤、促进新陈代谢类，这类中草药大都能直接或间接促进循环、增强胃肠功能，加强鱼类的消化吸收，常用的有红花、当归、益母草、鸡血藤和午藤等；④ 安神定惊类，从中医理论上讲，这类中草药具有养心安神作用，能提高饲料利用率、促进生长，常见的有松针、远志和酸枣仁等；⑤ 补血养气类，这类中草药适合于患病后初愈、抗应激力差的鱼，可补虚扶正，提高机体对疾病的免疫力，常用的有党参、当归、黄芪、何首乌和肉桂等。

10. 益生素 益生素是在微生态学理论指导下，调整微生态失调，保持微生态平衡，提高宿主健康水平和促进生长的有益微生物及代谢产物和促生长物质总称，其功能是维持并调节系统的微生态平衡。目前，在水产上研究和应用的益生素主要有芽孢杆菌、酵母菌、乳酸菌类、霉菌类、基因工程菌和复合菌等。

第四节　渔用配合饲料原料选择技术

一、饲料原料的分类

饲料原料一般分为粗饲料、青绿饲料、青贮饲料、能量饲料、蛋白质饲料、矿物质饲料、维生素饲料和添加剂（专指非营养性添加剂）（表6-19）。

表6-19　饲料的分类

（Harri，1963）

类别	编码	条件及主要种类
粗饲料	100000	粗纤维占饲料干重的18%以上者，如干草类、农作物秸秆等
青绿饲料	200000	天然水分在60%以上的青绿饲料、树叶类及非淀粉质的根茎、瓜果类，不考虑其折干后的粗蛋白和粗纤维含量
青贮饲料	300000	用新鲜的天然植物性饲料调制成的青贮料及加有适量的糠麸或其他添加物的青贮料，以及水分在45%～55%的低水分青贮料（半干青贮料）
能量饲料	400000	饲料干物质中粗蛋白<20%、粗纤维<18%者，如谷实类、麸皮、草籽树实类及淀粉质的根茎瓜果类
蛋白质饲料	500000	饲料干物质中粗蛋白>20%、粗纤维<18%者，如动物性饲料、豆类、饼粕类及其他
矿物质饲料	600000	包括工业合成、天然的单一种矿物质饲料，多种矿物质混合的矿物质饲料及加有载体或稀释剂的矿物盐添加剂
维生素饲料	700000	工业合成或提取的单一种维生素或复合维生素，但不包括含某种维生素较多的天然饲料
添加剂（专指非营养性添加剂）	800000	不包括矿物元素、维生素、氨基酸等营养物质在内的所有添加剂，其作用不是为动物提供营养物质，而是起着帮助营养物质消化吸收，刺激动物生长，保护饲料品质，改善饲料利用和水产品质量的作用物质

二、饲料原料选择的基本因素

1. 营养价值　营养价值是首要因素，除了常规营养指标外，还要注意饲料原料的可消化利用率问题。

2. 新鲜度　原料的新鲜度，是影响原料养殖效果的主要因素之一。如何评判一种原料的新鲜度目前还是一件困难的事，目前鉴定原料新鲜度最好的方法是用嘴尝、鼻子闻，通过感官进行鉴定是最适宜的方法。感官鉴定除了可以鉴定其新鲜度外，还可以判别原料是否有掺假的嫌疑。每种原料都有其自身的特殊味道，通过嘴尝、鼻子闻和眼睛看，基本可以确定原料的新鲜程度，并通过是否有异味基本可以判定是否变质、是否掺有其他物质。

3. 原料掺假　首先感官鉴定和显微镜分析，可以初步判定原料的新鲜程度和是否有掺假的嫌疑；如果有掺假的嫌疑，则可以进一步进行鉴定，油脂原料可以选择的鉴定指标是酸价、水分和碘值。对于蛋白质原料的鉴定，建议选用水分、粗蛋白、水溶总氮和蛋白质离体消化率等。

就目前的情况看，饲料原料掺假的情况较为严重。蛋白质原料，目前包括次粉、面粉、菜粕、棉粕等都有掺假的情况。对于掺假物种类也非常多，化工产品、泥土、石粉、低质、劣质原料等是掺假的主要原料，更为可怕的是在饲料原料中掺入一些有毒、有害物质，如在菜粕、棉粕中掺入乌桕籽、茶籽、桐油籽等，这些物质对养殖鱼类有明显的毒性和副作用。

4. 原料的养殖效果　不同原料的实际养殖效果、使用限量等，是最终决定该原料在配方中使用量的关键性、综合性因素，有条件的单位应该针对主要养殖鱼类、主要饲料原料进行养殖效果评价试验，以决定针对不同养殖鱼类饲料配方原料的选择。

三、饲料原料的种类及其特性

1. 饲料的蛋白质原料　蛋白质饲料原料的蛋白质含量高于

20％，是配合饲料质量的核心部分，分为植物性蛋白质原料、动物性蛋白质原料和单细胞蛋白质原料。在水产配合饲料中，蛋白质原料的选择和使用也是产品质量控制和产品成本控制的关键所在。鱼粉、豆粕是优质的蛋白质原料，它们的使用既决定了配合饲料的产品质量，也决定了配合饲料的产品价格。而菜粕、棉粕的合理使用，可降低配合饲料成本，也能保障配合饲料的质量。

（1）植物性蛋白质原料

①豆粕：豆粕是鱼配合饲料优质的主要植物性蛋白原料，蛋白质含量高达 40％～48％，粗蛋白消化率高达 85％以上，赖氨酸含量丰富且消化能值高。其主要缺点是蛋氨酸含量较低、含有抗胰蛋白酶和血球凝集素等抗营养因子。在淡水鱼饲料中使用主要受配方成本的限制，处于控制使用的地位。一般建议使用量控制在 10％左右，其余的蛋白质就主要依靠菜粕、棉粕等。

②花生粕：花生粕是花生提油后的副产品，蛋白质含量为 40％～45％，其消化率可达 91.9％。其主要缺点是蛋氨酸和赖氨酸略低于豆饼，也含有抗胰蛋白酶，并易感染黄曲霉菌。在淡水鱼饲料配方中，可以使用 5％～20％左右的花生粕，主要视花生粕质量、新鲜度和价格而确定其用量。为了尽量避免黄曲霉素的影响，可以使用 1％～2％的沸石粉或麦饭石进入配方，吸附部分黄曲霉素排出体外。

③棉粕：游离棉酚的含量是棉粕品质判断的重要指标。棉粕的蛋白质含量在不同产地、加工条件下差异较大，蛋白质含量从 35％到 46％，对棉粕进行脱棉绒、脱棉酚后蛋白质量得到显著改善，蛋白质含量可以达到 50％左右。用这种棉粕在淡水鱼类、虾类中替代部分豆粕使用效果较好，饲料配方成本也有下降。棉粕除了蛋白质差异很大外，就是棉绒的含量问题。棉绒不易粉碎，在小颗粒饲料如 1 毫米以下饲料制粒时容易堵塞模孔，所以，在小颗粒饲料中要选择脱绒棉粕。棉粕在淡水鱼类饲料中的使用量在加大，最高用量可以控制在 35％以下，没有发现有副

作用。在性价比方面，较豆粕、花生粕有明显的优势。

④菜粕：菜粕是淡水饲料常用的植物蛋白质原料，油菜籽提油后的副产品，粗蛋白含量35%～38%，消化率低于以上几种粕，氨基酸组成与棉籽饼相似，赖氨酸和蛋氨酸含量及利用率偏低，另外含有单宁、植酸、芥子苷等抗营养因子。在淡水鱼类配方中使用量最高可以达到50%左右，菜粕与棉粕最好为1∶1的比例。在低档混养鱼料中，配合饲料的蛋白质主要依赖棉粕、菜粕，两者的总量可以达到60%～65%。

⑤葵籽饼（粕）：葵籽饼（粕）提油后的副产品，蛋白质含量依含壳量多少而异，带壳饼为22%～26%，不带壳饼高达35%～37%。适口性好，消化率高，带壳饼含纤维素较多，饲料添加量一般不高于15%。

⑥芝麻粕：加热程度对芝麻粕的品质影响很大，因为温度过高（一般不宜超过110℃）会造成维生素的损失，并且赖氨酸、精氨酸、色氨酸及胱氨酸等氨基酸的利用率降低，一些国产芝麻饼为提高麻油香味，加热过度而焦化，使用时应留意。

⑦玉米蛋白粉：玉米蛋白粉蛋白质含量高，但是氨基酸平衡性差，养殖效果不理想。一般是在受到配方成本限制、又需要高蛋白的饲料中使用，以实现配合饲料的蛋白质浓度。玉米蛋白粉中含有较高的玉米黄素，是鱼体色素的重要组成成分。在带黄色体色的鱼类如黄颡鱼、塘鳢、黄鳝饲料中，可以使用3%～5%的玉米蛋白粉。

（2）动物性蛋白质原料　动物性蛋白饲料蛋白质含量较高且品质好；富含必需氨基酸，含糖量低，几乎不含纤维素，含脂肪较多，灰分含量高，B族维生素丰富。

①鱼粉：鱼粉由经济价值较低且产量较高的小型鱼类或鱼品的副产品加工制成的粉状物。鱼粉是世界公认的一种优质饲料蛋白源，粗蛋白含量为55%～70%，消化率高达85%以上，必需氨基酸含量占蛋白质的50%以上。

鱼粉的养殖效果目前是最好的，还没有可以完全替代鱼粉的原料。鱼粉的使用基本原则是："在配方成本可以接受的范围内，最大限度地提高鱼粉的使用量"。饲料配方编制时，在允许的成本范围内，优先考虑鱼粉的使用量，最大限度地使用鱼粉，在此基础上选择较少量的豆粕，其余蛋白质以选用菜粕、棉粕来达到需要量。购买鱼粉时要感官鉴别色泽、气味与质感；化学检测粗蛋白、粗脂肪、水分、灰分、盐分和沙分；还要检查有无掺入血粉、羽毛粉、皮革粉、尿素系树脂、肉骨粉、虾粉、小杂鱼、不洁之禽畜肉、锯木屑、花生壳粉、粗糠、钙粉、贝壳粉、淀粉、糖蜜、尿素、硫酸铵、鱼精粉、蝙蝠粪和蹄角等。另外，要考虑含盐量的问题，淡水鱼类在配合饲料中一般不再补充食盐。如果配合饲料中盐分过高，会进一步增加鱼体的渗透压，可能造成应激反应。对于无鳞鱼类如鲴、黄颡鱼、黄鳝等，就可能导致颜色变浅、发白现象等。

②肉粉、肉骨粉：肉粉和肉骨粉是肉类加工中的废弃物经干燥（脱脂）而成。其主要原料是动物内脏、废弃屠体、胚胎等，呈灰黄或棕色。一般将粗蛋白含量较高、灰分含量较低的称为肉粉；将粗蛋白含量相对较低、灰分含量较高的称为肉骨粉。较好的肉粉蛋白质高于64%，脂肪及灰分低于12%；较好的肉骨粉蛋白质高于50%，脂肪小于9%，灰分小于23%。但是肉粉、肉骨粉随着加工原料的不同，质量变化较大，易受细菌污染；同时，含盐量也是较高的。肉骨粉掺假的情形相当普遍，最常见的是使用水解羽毛粉、血粉等；较恶劣者则添加羽毛、贝壳粉、蹄角和皮粉等。对于肉类加工厂新生产的肉粉，新鲜度较好，可以使用一定量进入配方，使用量一般可控制在5%左右。

③血粉：血粉是畜禽血液脱水干燥制成的深褐色粉状物，粗蛋白含量高达80%以上，且富含赖氨酸，但适口性差，消化率和赖氨酸利用率只有40%～50%。

血粉根据血源不同、加工方式的不同，其营养价值、消化利用率有较大的差异。蒸煮血粉是消化率最低的，喷雾干燥血粉的消化率较好。发酵血粉虽然消化率较高，但蛋白质含量较低。血粉在水产饲料中使用除了消化利用率外，还要考虑饲料的颜色问题、氨基酸平衡问题。血粉的异亮氨酸含量低，可以配合一定量的玉米蛋白粉使用，因为玉米蛋白粉的异亮氨酸含量是植物蛋白中最高的。血粉在淡水鱼类饲料中的使用量最好控制在 3% 以下。

④水解羽毛粉：水解程度是影响羽毛粉品质最大的因素。过度水解（如胃蛋白酶消化率在 85% 以上），为过度蒸煮所致，会破坏氨基酸，降低蛋白质品质；水解不足（如胃蛋白酶消化率在 65% 以下），为蒸煮不足所致，双硫键未被破坏，蛋白质品质也不好。毛粉的成分及其营养价值随处理方式的不同及原料中混入家畜的头、脚、颈、内脏的多少而有显著的差异。头颈等含量多时，脂肪量较高，但易变质。好的成品粗脂肪应在 4% 以下。水解羽毛粉在淡水鱼类饲料中的使用量最好控制在 3% 以下。

⑤蚕蛹：蚕蛹是蚕茧缫丝后的副产品，干蚕蛹含蛋白质可达 55%～62%，消化率一般在 80% 以上，赖氨酸、蛋氨酸和色氨酸等必需氨基酸含量丰富。蚕蛹的缺点是含脂量较高，易氧化变质，适口性差。过高的蚕蛹、尤其是氧化的蚕蛹，可能产生对生产不利的影响，如出现肌肉萎缩、鱼肉产生异味等情况。蚕蛹在淡水鱼类饲料中的使用量最好控制在 5% 以下。

⑥乌贼、柔鱼等软体动物内脏：它们是加工乌贼制品的下脚料，蛋白质含量为 60% 左右，必需氨基酸占蛋白质总量的比例大，富含精氨酸和组氨酸，诱食性好，为良好的饲料原料。

⑦虾糠、虾头粉：虾糠是加工海米的副产品，含蛋白质 35%，类脂质 2.5%，胆固醇 1% 左右，并富含甲壳质和虾红素；虾头粉为对虾加工无头虾的副产品，虾头约占整虾的 45%，含蛋白质 50% 以上，类脂质 15% 左右，含大量的甲壳质和虾红素。虾糠和虾头粉是对虾配合饲料中必需添加的原料，也是鱼类的良

好饲料。但是此类产品的成分，随原料、品种、处理方法及鲜度的不同而有很大的变化。有些虾壳粉和蟹壳粉是经日晒干燥而成的，易受细菌污染，腐败氧化问题严重，应注意。有些产品为防腐而采用盐浸，再加以干燥，含盐量较高（约7%），设计配方时应留意。虾肉易变质，原料若未经立即处理，或处理过程不良，对品质影响很大，选购时须注意。

（3）单细胞蛋白饲料原料　单细胞蛋白饲料也称微生物饲料，是一些单细胞藻类、酵母菌、细菌等微型生物体的干制品，是饲料的重要蛋白源，蛋白质含量一般为42%～55%，蛋白质质量接近于动物蛋白质，蛋白质消化率一般在80%以上。赖氨酸、亮氨酸含量丰富，但含硫氨基酸的含量偏低，维生素和矿物质含量也很丰富。

2. 饲料的能量原料

（1）谷实类饲料原料　谷实类是指禾本科植物成熟的种子，如玉米、高粱、小麦和大麦等。其特点是含糖量高，为66%～80%，其中淀粉占3/4，蛋白质含量低，8%～13%，品质较差，赖氨酸、蛋氨酸、色氨酸含量较低；脂肪含量2%～5%，钙含量小于0.1%，磷含量为0.31%～0.41%；B族维生素和脂溶性维生素E含量较高，但除黄玉米尚含有少量胡萝卜素外，维生素A、维生素D均较缺乏。

①玉米：玉米在淡水鱼类饲料中的使用已经取得很好的效果，其主要原因是玉米是活的植物种子，具有很好的新鲜度。但是玉米与其他谷物一样，品质随着储存期、储存条件而逐渐变劣，储存中品质的降低大抵可分为三种：①玉米本身成分的变化；②霉菌、虫、鼠污染产生的毒素；③动物利用性降低，尤其进口玉米经长期储存，品质亦随之减低。受霉菌污染或酸败的玉米，均会降低动物食欲及营养价值，进口或购买玉米应制订黄曲霉素限量，有异味的玉米应避免使用。玉米使用量对于鲫、鲤等杂食性鱼类饲料中可以控制在8%以下，草食性鱼类可以控制在

15％以下。玉米使用过高时，可能导致鱼体积累的脂肪过多。

②小麦：小麦在淡水鱼类饲料中的使用已经取得很好的效果，小麦品种间蛋白质含量差异很大，配方计算上应注意。小麦皮部灰分含量高，故小麦粉灰分含量多的话，显示皮部较多，依此可做小麦品质判断的项目之一。小麦亦有污染麦角毒的可能，籽实生长异常者应注意检验。一般来说，小麦的使用量对于鲫、鲤等杂食性鱼类饲料中可以控制在8％以下，草食性鱼类可以控制在15％以下。小麦使用过高时，可能导致鱼体积累的脂肪过多。

③次粉和小麦麸：次粉主要用于作为淀粉能量饲料和颗粒黏接剂在使用，一般硬颗粒饲料需要有6％～8％的次粉作为黏接剂。如果使用了玉米或小麦时，可以适当降低次粉的用量或不用次粉。次粉成分受研磨程度、小麦不同部位比例及小麦筛出残留物混入量等因素的影响。同时，注意掺假的原料有麦片粉、燕麦粉等低价原料，可依风味、镜检、外观及成分变化等方式辨识。对于膨化饲料需要有15％左右的面粉或优质次粉，才能保证饲料的膨化效果。小麦麸作为淀粉质原料和优质的填充料，在配方中使用，蛋白质含量达到13％以上。作为配方中的填充料使用，可以控制在30％以下。

④玉米胚芽粕：所用原料的品质对成品品质影响很大，尤其含霉菌毒素的玉米，制成淀粉后其毒素均残留于副产品中，玉米胚芽粕中的霉菌毒素含量约为原料玉米的1～3倍。本品不耐久贮，很容易发生氧化。采购原料及验收时，应考虑鲜度与贮存性能。溶剂提油的玉米胚芽粕脂肪含量低，过热情形少，品质较稳定，亦较不易变质。

⑤α-淀粉：供鳗、甲鱼料使用的α-淀粉品质关键在于其黏弹性的强度上，必须严加控制。α化程度影响品质，因为肉食性水产动物对生淀粉的利用性很差，如果α-淀粉糊化程度不够或掺加β-淀粉时，对消化影响很大。制造方法、制造条件、生产

设备及原料来源，对淀粉品质影响也很大。一般而言，转性淀粉要用薄滚筒、低蒸汽压的机械，产品的黏性、伸展性均佳；硬性淀粉要用厚滚筒、高蒸汽压的机械，所得成品黏性好，但伸展性较差。

（2）糠麸类能量原料　糠麸类是加工谷实类种子的主要副产品，如小麦麸和米糠，资源十分丰富。麸皮是由种皮、糊粉层、胚芽和少量面粉组成的混合物，蛋白质含量为 13%～16%，脂肪 4%～5%，粗纤维 8%～12%。麸皮含有更多的维生素 B。

米糠分细糠和粗糠。细糠由种皮、糊粉层、种胚及少量谷壳、碎米等成分组成，其粗蛋白、粗脂肪、粗纤维含量分别为 13.8%、14.4%、13.7%；粗糠是稻谷碾米时一次性分离出的谷壳、种皮、糊粉层、种胚及少量碎米的混合物，营养低于细糠，其粗蛋白、粗脂肪、粗纤维含量分别为 7%、6%、36%。但是，米糠油极容易氧化、酸败。米糠在淡水饲料中的用量要控制在 7% 以下，对于低档混养料也要控制在 10% 以下使用。

（3）填充饲料原料　在配方编制时需要一些价格较低、无毒副作用、有一定营养价值、或能够满足配合饲料某方面需要的一些原料，一般是作为配方空间的填充原料使用。

①玉米加工副产物：包括玉米酒糟、玉米皮和玉米胚芽渣等。玉米酒糟含油 10% 左右、含蛋白 20%，是一种含油的蛋白质原料。但是玉米油不饱和脂肪酸含量高，容易氧化、酸败，可以在一些低档的混养料中使用 10% 以下，不宜过高比例使用。玉米皮、玉米胚芽渣等含有一定的粗纤维，价格也较低，可以在草食性鱼类配合饲料中使用。根据配方的需要，可以在 20% 以下的范围内使用。

②小麦加工副产物：除了次粉和麦麸外，小麦加工的副产物还有小麦胚芽渣，也可以作为填充料使用。

③酒渣：主要有白酒渣、黄酒渣，价格较低，含有一定的蛋白质和粗纤维，可以作为填充料在 10% 以下的比例使用。

（4）饲用油脂　在水产配合饲料中使用的油脂原料，主要有鱼油、鱼肝油、猪油、菜籽油、棉籽油、豆油和磷脂等。在淡水鱼饲料中不要使用已经氧化的鱼油、米糠油、玉米油，以及廉价的磷脂油。目前，市场上的廉价磷脂油多为豆油、菜油、棉籽油的下脚料，加上麦麸、米糠、玉米芯等载体后的产物，含有大量油脂氧化后的有毒成分，加入后会有副作用。在淡水鱼配合饲料中一般添加4%的粗脂肪，在我国北方地区要添加5%以上的粗脂肪。水温越低的地区和水温低的季节，配合饲料中油脂的量更应该得到保证，通过增加油脂的用量确保养殖效果。

3. 矿物质原料

（1）磷酸二氢钙和磷酸氢钙　磷酸氢钙有二水盐与无水盐两种，以二水盐（$CaHPO_4 \cdot 2H_2O$）的利用率为好，产品外观为白色粉末。产品含磷≥16.0%，含钙≥21.0%，含砷、重金属（以铅计）和氟化物（以氟计）分别≤0.003%、0.002%、0.002%和0.18%。产品细度（通过 W＝400 微米试验筛）≥95%。在配合饲料中，以磷酸二氢钙提供无机磷是主要的也是非常有效的方式。建议在配合饲料中，对于鱼种饲料，可以使用2.2%左右的磷酸二氢钙；对于成鱼饲料，可以使用2.0%左右的磷酸二氢钙，这样的使用方案可以保证很好的养殖效果。

（2）沸石粉、麦饭石　沸石粉、麦饭石是一类多孔性的饲料原料，含有多种微量元素，比重小，具有很好的吸附作用。在配合饲料蛋白质超过34%，配合饲料中使用了花生粕等原料时，使用1%～2%的沸石粉或麦饭石粉，可以起到一定的吸附氨氮、有毒物质的作用，也可以起到调节颗粒饲料比重的作用。

（3）膨润土　作为一种颗粒黏接剂在配合饲料中发挥作用，但是比重较大，用量不宜过高。在一般淡水鱼类饲料中，可以使用1%～3%的膨润土作为黏接剂和饲料的填充料。

第五节 渔用配合饲料制备与管理技术

一、概述

配合饲料是根据动物营养需求，将多种原料按一定比例均匀混合，加工成一定形状的饲料产品。配合饲料的营养成分、饲料形状和规格，随着养殖对象、生长发育阶段等的不同而有所差异。配合饲料有营养全面、在水中稳定性高、原料来源广、可长期储存和含水分少等优点。配合饲料的种类有粉状饲料、颗粒饲料和微粒饲料。其中，颗粒饲料依加工方法和成品的物理性状，又可分为软颗粒饲料、硬颗粒饲料和膨化（或发泡）颗粒饲料。微粒饲料可分为微胶囊饲料、微黏饲料和微膜饲料三种。

二、配合饲料配方设计

1. 配方设计原则 设计的饲料配方应遵循有效性、安全性和经济性的原则。

（1）满足鱼类对各种营养物质的需求：应该把鱼类对蛋白质与必需氨基酸的需要量及其比例作为第一因素。

（2）选用质量好、价格适宜的饲料原料。

（3）遵循不断调整完善的原则：应该根据用户饲养实践和饲料资源市场供求变化，以及不断出现的有关科研成果，及时对饲料配方进行修订完善。

2. 配方设计方法

（1）手工设计法（试差法） 根据养殖对象及其营养标准、当地饲料资源状况及价格、各种原料的营养成分，初步拟定出原料试配方案，算出单位重量（千克）配合饲料中各项营养成分的含量和维生素、矿物盐预混料等。

（2）线性规划及电子计算机设计方法 根据鱼类对营养物质的最适需要量、饲料原料的营养成分及价格等已知条件，把满足鱼类营养需要量作为约束条件，再把最低的饲料成本作为设计配方的目标，运用电子计算机进行计算。目前，此类软件已有出售。采用软件设计饲料配方，简便易行，但需要根据实践经验来进行综合判断是否最优，并进行适当的调整与计算，直至满意为止。

三、饲料质量管理体系

1. 影响配合饲料质量的因素

（1）饲料原料　饲料原料是保证饲料质量的重要环节，劣质原料不可能加工出优质配合饲料。

（2）配合饲料配方　饲料配方的科学设计是保证饲料质量的关键，配方设计不科学、不合理就不可能生产出质量好的配合饲料。

（3）饲料加工　配合饲料的加工与质量关系极为密切，仅有好的配方、好的原料，但加工过程不合理也不能生产出好的配合饲料。在加工过程中影响饲料质量的因素有原料纯度、粉碎粒度、称量准确度、混合均匀度、蒸汽调节的温度与压力、造粒密度、颗粒大小的适宜度、熟化温度及时间等。

（4）饲料原料和成品的储藏　饲料原料和成品在运输过程中如管理不善，就会导致霉变、生虫、腐败变质，这都会影响饲料的质量。因此，对饲料原料和成品的运输储藏决不能掉以轻心，必须采取有力措施，加强管理，以保证其质量。

2. 饲料配方管理　先进合理的饲料配方应达到规定的营养指标，符合卫生标准，价格合理，原料质优价廉，符合工艺要求；应该把鱼类对蛋白质与必需氨基酸的需要量及其比例作为第一因素。选用质量好、价格适宜的饲料原料。遵循不断调整完善的原则：应该根据用户饲养实践和饲料资源市场供求变化，以及不断出现的有关科研成果，及时对饲料配方进行修订完善。

3. 饲料原料管理　饲料原料来源应定点定厂，以保证原料供应和质量。同一种饲料原料的来源不同，生长环境、收获方式、加工方法、储藏条件不同，其营养成分相差很大。有些饲料原料由于储藏不当而发生霉变、腐败的现象，饲料品质显著下降。所以在进料时，一定要调查饲料来源，并进行感官鉴定，以确定原料的品质及其大概成分含量，有条件的厂家最好对每批进料进行概略的养分分析，对鱼粉尚需进行氨基酸、酸价检测。另外，进厂的饲料若一次加工不完的，也要妥善储藏。

4. 加工过程质量管理　配合饲料的质量还取决于加工过程的质量管理，应严格按照技术操作规程进行质量管理：①在清理除杂工序中，要保证大于 2 毫米的金属杂质除净率达 100％，小于 2 毫米的金属杂质除净率达 98％以上；②在粉碎工序中，要保证粒度和均匀度的标准要求；③在配料工序中，要严格按配料工序和配方要求准确配料，特别要注意饲料添加剂等微量成分的准确性；④在混合工序中，要掌握好添加物料的顺序和最佳搅拌时间，确保混合均匀度；⑤在制粒工序中，要控制好蒸汽压力、蒸汽量、调质温度和时间；⑥在熟化工序中，要掌握好温度和时间，控制好冷却时间、水分含量和料温。

5. 产品质量管理　每个车间有专职检验员，全厂有专业化验室。每批产品在出厂前都应有化验记录，经检验确认饲料变质或卫生检验不合格者不准出厂；提高包装质量，附上饲料标签。

四、配合饲料的储藏保管

1. 在储藏中的质量变化及其影响因素

（1）饲料质量的变化　首先，配合饲料在储藏过程中，如果通风不好，随着储藏时间的延长，自身会发热，导致蛋白质变性。饲料颜色逐渐变深变暗，光泽逐渐消失，鱼腥味也逐渐淡薄，商品感官质量下降；其次，必需脂肪酸很容易发生氧化，降低了脂肪的营养价值，并不利于鱼的生长发育；最后，维生素在储藏过程中，其效价也会逐渐降低。在正常保管条件下，配合饲料的质量一般可保持一年。

（2）影响因素　低温、干燥和密封条件有利于饲料的储藏。在霉菌适宜温度、湿度、氧气等条件下，饲料容易发霉。此外，鼠类是饲料仓库危害较大的动物，它们糟蹋饲料，传染病菌，污染饲料，所以要注意灭鼠。

2. 饲料储藏和保管方法

（1）仓库设施　储藏饲料的仓库应不漏雨、不潮湿，门窗齐全，防晒、防热、防太阳辐射，通风良好；必要时可以密闭，使用化学熏蒸剂灭虫；仓库四周阴沟畅通，仓内四壁墙角刷有沥青层，以防潮、防渗漏，仓库顶要有隔热层，仓库墙粉刷成白色以减少吸热；仓库周围可以种树遮阴，以减少仓库的日照时间。

（2）饲料合理堆放　饲料包装一般采用编织袋，内衬塑料薄膜。塑料薄膜袋气密性好，能防潮、防虫、避免营养成分变质损失。袋装饲料可码垛堆放，堆放时袋口一律向里，以免沾染虫杂，并防止吸湿和散口倒塌。仓内堆装要做好铺垫防潮工作，先在地面上铺一层清洁稻壳，再在上面铺上芦席。堆放时不要紧靠墙壁，要留一人行道。堆形采用工字形和井字形，袋包间有空隙，便于通风，散热散湿。散装饲料堆放，可采用围包散装和小囤打围法。围包散装是用麻袋编织袋装入饲料，码成围墙进行散装；小囤打围是用竹席或芦席带围成墙，散装饲料。如少量也可以直接堆放在地上，量多时适当安放通风桩，以防热自燃。

（3）日常管理　加强库房内外的卫生管理，经常消毒灭鼠虫，注意检查并及时堵塞库房四周墙角的空洞。饲料原料进厂时要严格检验，发霉、生虫原料在处理之前不准入库；要注意控制库内温度和湿度，使之分别为小于 15℃ 和小于 70%；采取自然通风（经济、简便，缺点是通风量小，且受气压温度的影响）或机械通风（效果好，但消耗一定能源，增加成本），以降低料温，散发水分，以利于储藏。

3. 饲料运输注意事项　饲料的搬运和运输要采用合适的容

器、设备和车辆，防止出现振动、撞击、磨损和腐蚀等现象，造成不必要的损坏。

第六节　渔用配合饲料投喂技术

在水产养殖生产中，养殖效益的高低，饵料系数是关键因素之一。在水产养殖过程中，饲料的费用约占养殖成本的 60% 以上。饲料的正确使用及效果，在水产品养殖的过程中起到举足轻重的作用。只有充分发挥饲料的利用率，降低使用饲料的成本，以较低的饵料系数取得较高的产量，才能取得良好的经济效益。

一、选择优质饲料

投喂高质量稳定性好的配合饲料，不投劣质和冰鲜饲料；饲料营养要全面，满足能量、蛋白质、脂肪、碳水化合物、必需氨基酸、必需脂肪酸、粗纤维及各种矿物质和维生素等需要。特别注重蛋白质营养，对于配合饲料来说，蛋白质是鱼类生长所必需的最主要营养物质，蛋白质含量也是鱼饲料质量的主要指标。应适当降低放养密度，适当投喂精料，增加蛋白质营养。如果使用鲜活饲料（小杂鱼虾），要求适合鱼类口味，无毒无害。

二、适宜放养密度及鱼的种类

我国传统的养殖技术"八字精养法"中提到种，种就是指数量充足、体质健壮、规格整齐的鱼种。不同种类的养殖鱼、虾食性复杂，生活习性、生长能力以及最适生长所需的营养要求不同，投饲率也有区别。如草鱼和团头鲂同属草食性鱼类，而草鱼摄食量大，争食力强；团头鲂则摄食量少，争食能力明显不如草鱼。如草鱼在 25℃ 左右时的投饲率为 5%～9%，鲮则为 2%。同种类其投饲率也不尽相同，如体重 100 克的尼罗罗非鱼投饲率为 1.6%，而同体重的莫桑比克罗非鱼则会达到 2.4%。个体和群体、单养和混养，鱼类的摄食量也受到影响，一般说来，在群体和混养条件下，鱼类的摄食量都比较高。

合理的放养技术也是影响投饲率的因素之一，包括放养密度、放养对象质量、放养操作方法等。放养密度是决定投饲率的关键因素，要根据当地的气候条件、水质状况及生物状况确定合适的放养密度，即最适放养量。一般可以采用"80∶20"模式放养，确保鱼类互利共生。要使塘鱼养殖成活率提高，减少饲料浪费，必须控制好放养密度和混养鱼类。放养密度与水源状况、增氧设施配套和管理技术相关，一般主养品种养殖密度以 1 200～1 800 尾/亩为宜。目前，适宜与名优品种混养的鱼类，主要有鲢、鳙、草鱼、鳊和鲫等。主要遵循以下原则：①主养品种 1～3 个，占池塘养殖总量的 80%；而混养品种多个，占池塘养殖总量的 20%。②生活上层水体的品种（鲢、鳙），生活在中下底层的品种（草鱼、罗非鱼、鳊、鲂）与生活在底层水体的品种（鲮、鲫、胡子鲇、鲤和青鱼）合理搭配，充分利用水体空间。③草食性鱼类（草鱼、团头鲂），滤食性鱼类（鲢、鳙），肉食性鱼类（乌鳢、胡子鲇、大口鲇、鳜），杂食性鱼类（罗非鱼、鲮、鲫等）合理混养，充分利用水体天然的生物饲料和肥料，防止水质过肥，减少池塘中腐败的有机质，提高产量。

三、合理投饲

优质、高产、高效是水产养殖发展的方向，也是广大水产养殖户追求的目标。但是在养殖过程中，不少养殖户因片面追求高产量，不断向养殖水体投放饲料及肥料，不但使养殖成本上升，而且水质不断恶化，病害频发，影响塘鱼的生长乃至生存，导致产品质量差和养殖效益低。投饲技术水平的高低，直接影响鱼、虾养殖的产量和经济效益的高低，因此，必须对投饲技术予以高度的重视，要认真贯彻四定（定质、定量、定位、定时）和三看（看天气、看水质、看鱼情）的投饲原则。

1. 投饵原则　　要坚持"定时、定位、定质、定量"的"四定"原则和"看天气、看水质、看鱼情"的"三看"投饵方法。投喂时应本着"少-多-少，慢-快-慢"，开始投喂时量要少，要慢；待鱼集中后量要多投，投喂速度要加快；投喂结束时要减少，速度要变慢。"四定"原则：①定质，选择正规厂家生产的专用配合饲料，其中各种成分的含量都能满足鱼类生长之需，且配方科学，配比合理，质量过硬，可保证鱼生长迅速，避免浪费；②定量，根据主养鱼类不同生长阶段遵循适当的日投饲量，对于"无胃鱼"（如异育银鲫）在养殖中提倡少量多次的投喂方法，每天投喂 2 次或 2 次以上；③定时，投喂时间可选在8:00～9:00 和 15:00～16:00 等溶氧比较充足的时段，同时，要根据天气情况、鱼类生长情况及水质情况等进行投喂调整；④定位，搭设饲料台，沿池四周设置适量饲料台（2～3 亩水面设 1 个），投喂时在饲料台内均匀泼洒。除此之外，建议在日总投喂量不变的基础上，上午投喂沉水料，下午投喂浮水料为主；每 10 天作为一个调整日投饲量的周期，根据主养鱼的平均体重推算出鱼总重量，再乘以该阶段投饲率的数值，就是日投饲量。

2. 投喂次数与时间　　投饲次数，是指日投饲量确定以后投喂的次数。我国的主要淡水养殖鱼类，多属鲤科鱼类的"无胃鱼"，食物在肠道一次容纳量远不及肉食性有胃鱼，对草鱼、团头鲂、鲤、鲫等无胃鱼一般采取是少量多次的投喂，这样可以提高消化率。如草鱼投喂配合饵料 2～3 次/天即可，而罗非鱼、鲤等需投喂 3～4 次/天。投喂时间一般以投喂后 1～2 小时吃食情况而定。1 小时内吃完，表明要加料；2 小时还没吃完，要适当减量。如果经过较长时间正规投喂，鱼类吃食时间突然减短，说明鱼体已增重，应调整投喂标准。

鱼是变温动物，其代谢活动随着水温的变化而变化。一定的水温范围内，鱼类饵料的消耗量与水温呈正相关，水温升高，鱼体代谢增加，对饵料的消化时间短，因而摄食量增加。选择每天溶氧较高的时段，根据水温情况定时投喂。当水温在 20℃ 以下时，每天投喂 1 次，9：00 或 16：00；当水温在 20～25℃ 时，每天投喂 2 次，8：00 及 17：00；当水温在 25～30℃ 时，每天投喂 3 次，分别在 8：00、14：00 和 18：00；当水温在 30℃ 以上时，每天投喂 1 次，9：00。定量，按饲料使用说明，根据池塘条件及鱼类品种、规格、重量等确定日投喂量，每次投饵以 80%～85% 的鱼群食后游走为准。

3. 投喂量　饲料投喂是水产养殖的关键环节。投饵数量应掌握在鱼类摄食时"八成饱"的程度。所谓"八成饱"有两层意思，一是指只喂到养殖鱼饱食量八成，另一层意思是八成养殖鱼能吃饱，余下的两成鱼不很饱，从而提高采食量，提高饲料系数。

正常情况下，草食性鱼类投饵率应高于杂食性鱼类与肉食性鱼类，肉食性鱼类最低，如草鱼投饵率为 5%，鲫为 2.4%，虹鳟为 1.7%。做到均匀、适量，避免忽多忽少，影响鱼类的正常消化吸收。春季水温低，鱼小，摄食量小，在晴天气温升高时，可投放少量的精饲料。当气温升至 15℃ 以上时，投饵量可逐渐增加，每天投喂量占鱼类总体重的 1% 左右。夏初水温升至 20℃ 左右时，每天投喂量占鱼体总重的 1%～2%，但这时也是多病季节，因此要注意适量投喂，并保证饲料适口、均匀。盛夏水温上升至 30℃ 以上时，鱼类食欲旺盛，生长迅速，要加大投喂，日投喂量占鱼类总体重的 3%～4%，但需注意饲料质量并防止剩料，且需调节水质，防止污染。秋季天气转凉，水温渐低，但水质尚稳定，鱼类继续生长，仍可加大投喂，日投喂量占鱼类总体重的 2%～3%。冬季水温持续下降，鱼类食量日渐减少，但在晴好天气时，仍可少量投喂，以保持鱼体肥满度。

4. 驯化投饵　开食后，要精心地对养殖鱼类的摄食行为进行训练，细心地观察鱼类的摄食状态，看天（看天气）、看水（看水质）、看鱼（看鱼的生长和摄食）来调整日投饵量。在一般情况下，养殖鱼类经过一段时间（约 1 周）的摄食训练，很容易形成摄食条件反射，诱集食场集中摄食。应用配合颗粒饲料池塘养鱼和网箱养鱼，均可清楚地看到鱼类的摄食状态，如草鱼和鲤的摄食，当一把一把地将饲料撒入水中，鱼会很快集拢过来，集中水面抢食，使水花翻动，而后分散到水下摄食，隐约在水面出现水纹；当鱼饱食后即分散游去，直到平息。控制投饲量达到"八分饱"为宜，保持鱼有旺盛的食欲，可以提高饲料效率。驯化投喂过程中，注意掌握好"慢-快-慢"的节奏和"少-多-少"的投喂量，一般连续驯化 10 天左右，便可进行正常投喂。

配合饲料养鱼的投饲方式，有人工手撒投饲和机械投饲两种。人工手撒投饲，即利用人工将饲料一把一把地撒入水中，可以清楚地看到鱼的实际摄食状况，对每个池塘每个网箱灵活掌握投喂量，做到精心投喂，有利于提高饲料效率，但是费工、费时。对于中、小型渔场，劳力充足，或者养殖名、特、优水产动物，此种投饲方式值得提倡。机械投饲，即利用自动投饲机投饲，这种方式可以定时、定量、定位，同时也具有省工、省时等优点。

四、加强饲养管理

1. 清塘消毒 既可杀灭野杂鱼和凶猛性鱼类，减少争食或残食对象，又可杀灭底泥中致病因子，氧化淤泥中的有机污染物，改善水质，使塘鱼有一个良好的摄食生长环境。因此在投放苗种前，新旧池塘都必须清整消毒。旧塘应清除过多淤泥和晒裂底泥，只保留底泥 10 厘米即可。放养鱼种前 10～15 天，用药物进行清塘消毒，以杀灭池塘中的病原体和敌害生物。一般可采用生石灰或漂白粉干法清塘或带水清塘两种方法，并结合茶籽（粕）清塘，尽量使塘底泥土与药物混合，彻底杀灭寄生虫、病原体及野杂鱼等，减少争食对象，提高饲料利用率。

2. 置过滤水筛绢网 抽水入池塘时，必须用 80 目筛绢网过滤水，防其他野杂鱼进入，出现争夺饲料和水体溶解氧，甚至残食苗种的情况。

3. 科学施肥投料，提高饲料的使用效率　肥料、饲料等养殖投入品的多寡，既影响着塘鱼的生长，又影响着水质的变化。在养殖时可以通过适度培肥，使浮游生物处于良好的生长状态，增加水体中的溶解氧和营养物质，辅助鱼类生长。施肥一般在鱼种放养前，可施足基肥，改良水体中底泥的营养状况，增加池塘营养物质，利于天然饵料的生长。具体方法是，按每亩施用经过发酵腐熟并消毒的鸡粪等 250～300 千克。在养殖中期，还可以根据水体中水质情况等施用追肥，一般每 15～20 天施 1 次为好，每次每亩可施氮肥 2～3 千克和磷肥 1 千克。

4. 适时起捕，降低水体单位载鱼量　随着鱼体不断长大，鱼口过密会互相抑制生长，为调节好养殖密度，提高效益，可分批起捕上市及轮捕轮放，以调节水体中的载鱼量，提高饲料回报率。

5. 定期调节水质，提供良好的摄食环境　养鱼先养水，水质的好坏影响塘鱼生长的快慢及饲料系数。一般要求水体呈黄绿色（绿色和茶色也可以），酸碱度在 7～8.5，透明度 30～40 厘米，溶氧 4 毫克/升以上为好。

池塘养殖时，最好能常换水，保持清新的水质，严防浮头和泛池。一般每 15 天左右加换新水 1 次，每次换水 10～20 厘米，使池塘水位保持在 1.5 米以上，高温季节时可适当增加换水次数。若水源状况差，应在晴天 20℃以上水温时，定期使用微生物水质改良剂（光合细菌、EM 菌、枯草杆菌等）分解吸收有机污染物质，保持水质清新。

在养殖期间，还要视天气、水温及鱼类摄食情况，当水中溶氧量低、气压偏低、天气闷热浮头时，不要投饵，适当开增氧机增氧，待情况好转后再行投喂。晴天中午开动增氧机 1 小时能促进水体循环，提高下层水的溶解氧；在天气突变、气压低、鱼类出现浮头时，要加大开机频率和开机时间。水中的溶氧，也是影响淡水鱼类新陈代谢主要因素之一。水体中溶解氧含量高，鱼体代谢旺盛，消化率高，生长快，饲料利用率也高；水体中溶解氧低，鱼由于生理上的不适应，摄食量低，并消耗更多的能量，从而增加饵料系数。所以在养殖过程中，要经常采取注入新水、调节水质、清除过多淤泥、使用增氧机、监测水质理化指标等措施，达到溶氧充足、降低有害气体含量、利于消化吸收、降低饵料系数之目的。

当池塘水体转清或酸碱度呈酸性时，浮游植物生长不起来，溶解氧降低，鱼会出现清晨浮头、收口不食料和生长缓慢。此时，应全池泼洒生石灰水和适量施肥，以使水体呈弱碱性，一般每亩水面 12.5 千克生石灰，能提高 1 个酸碱度值，氨氮浓度较高的池塘必须少量多次使用生石灰，以防鱼中毒；肥料最好经发酵后，在塘边浅水处施放。

6. 巧用青饲料 青饲料养鱼，对弥补精饲料不足及降低四大家鱼养殖成本、提高效益具有重要的意义。在保证高产的前提下，比较可行的办法是青、精结合，互相补充。

目前，比较常见的优良青饲料有黑麦草、苏丹草、苦荬菜、象草、串叶松香草和浮萍等。不同的青饲料具有不同的营养价值，有的差异显著。如人工种植的优质豆科牧草，其饵料系数为 25～30，只是一般的野生杂草的 2/3 左右。一般禾本科牧草在抽穗时刈割；豆科牧草在开花初期刈割。刈割过早，营养价值虽高，但单位面积产草量太低；而刈割太迟，鲜草营养价值显著下降。

在耕地不足时，要利用塘边、岸边、堤边等边地种植。冬闲池塘可种黑麦草、稻禾，冬季鲜草供应周边草鱼塘，春季回暖后可逐渐加深水位以淹青肥水养鱼，实现种养结合，最终达到高产量、低成本、高效益、低消耗的目的。

7. 注意天气变化，加强巡塘 鱼类饲料投喂也应随天气的变化而变化。在鱼类生长期内天气正常，每天投喂 2 次，一般 8:00～9:00，16:00～17:00 各投喂 1 次；天气晴好应多投饲，阴雨天少投，大暴雨时不投，天气闷热、气压低及雷电大雨时不投。观察鱼体生长情况。在每天早晚巡塘时，要仔细观察鱼类活动情况，如有轻微浮头，应减少投饲量；如严重浮头，应停止投喂并及时采取加注新水和增氧措施。定期检查鱼类生长情况调整投饲数量，发现鱼类生长没有达到应有的规格或者个体悬殊较大，应及时调整增加投喂量，补充营养确保其正常生长。

第七章

池塘养殖病害的
生态防控

　　水产养殖的快速发展，为水产品市场提供了品种繁多、数量充盈的水产品。但随着水产养殖业集约化程度的提高，养殖过程所产生的代谢产物（包括养殖动物的排泄物、残存饲料、浮游生物残体等），在养殖池塘中的累积已远远超过了水体的负载和自身净化能力，必然引起池塘生态环境恶化，底质老化，各种病害频繁发生，妨碍生产的发展。特别是近年来，大量的抗生素使用，对人类健康产生威胁，同时，水体中的抗生素成了水资源重复利用的一个巨大挑战。环境中存在一个自然生成能自我维持平衡的生态系统，它由不同种属的生物群类以食物链的形式组成，是一个非常严密的生物系统。而大多抗生素都有很广的抗菌谱（如革兰阳性菌和革兰阴性菌），会杀死环境中的某些种属和群类的微生物或抑制某些微生物的生长、繁衍，而破坏环境中的固有的生态平衡，进而影响整个食物链和人类。同时，环境中的抗生素会在食物链生物中蓄积并沿食物链传递。长期暴露于低剂量抗生素环境中的微生物、生物、动物和人，将产生大量耐药细菌，直接危害人类健康。因此，针对集约化养殖池塘的生态特点，必须采取有效的措施，消除养殖自身污染，营造良好生态环境，促进养殖动物健康生长，才能减少换水频率和数量，减少或避免化学药物的污染，减轻清淤难度，降低发病率，避免疾病的蔓延及交叉感染，实现集约化养殖生产的高效、稳产、健康和可持续发展。

第一节 池塘养殖病害发生的原因与发病机理

一、池塘生态系

池塘水体是水产动物生活的环境，与所有的生物一样，水产动物必须与其生活的环境和谐统一才能健康成长。当环境发生变化或水产动物机体某些变化而不能适应环境，就会引起水产动物发生疾病。水产动物的养殖过程宛如一座生态金字塔，塔底是池塘（水体和底质）、水产养殖动物和微生物系统构成的环境生物系统；塔顶则是调控系统，由外部环境（水源和气候）、饲料、肥料、药物以及管理技术构成。这座金字塔如塔底和塔顶相互沟通协调良好，和谐共存，水产动物便能健康养成；如果在关键环节失控将引发疾病暴发，导致水产动物死亡（图 7-1）。

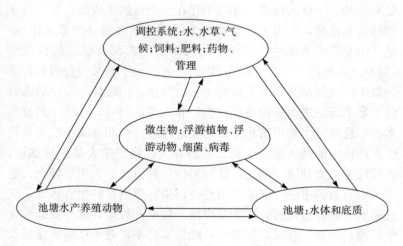

图 7-1 池塘生态金字塔

二、引起水产动物疾病发生的原因

疾病的发生都有一定的原因，水产动物疾病是机体和外界环境因素相互作用的结果。因此，疾病是机体对来自内外环境的致病因素表现出复杂变化的过程，而这一过程又比较集中地表现于水产动物某些器官或局部组织的形态结构、功能和物质代谢的变化上，当致病因素作用于机体，引起机体新陈代谢紊乱，扰乱了正常的生命活动就会引起水产动物发生疾病，甚至引起死亡。水产动物机体本身条件，是指水产动物机体抗病力的种类、年龄、性别、健康状况和抵抗力等。如草鱼、青鱼患肠炎病时，同池的鲢、鳙不发病；草鱼鱼种受隐鞭虫侵袭易患病，而同池的鲢、鳙鱼种即使被该虫大量侵袭，也不发病；白头白嘴病一般是体长5厘米以下的草鱼发生，超过此长度的草鱼一般不发这种病；某种疾病流行时，并非整池同种类、同规格的个体都发病，而是有的因病重而死亡，有的患病轻微而逐渐痊愈，有的则根本不患病，这与机体健康状况和内在抵抗力有关。外界环境主要包括气候、水质、饲养管理和生物区系等。如双穴吸虫病的发生，生物区系中必须有锥实螺和鸥鸟，因为它们分别是双穴吸虫的中间寄主和终寄主。引起水产动物疾病的外界因素虽很多，但基本上可概括为生物和非生物二大类。

（一）生物因素

引起水产动物发生疾病，绝大多数是由各种生物传染或侵袭机体而致病。使水产动物致病的生物，通称为病原体。水产动物疾病病原体，包括病毒、细菌、真菌、原生动物、单殖吸虫、复殖吸虫、绦虫、棘头虫、线虫和甲壳动物等，其中，病毒、细菌、真菌等都是微生物性病原体，由它们所引起的疾病，称之为传染性疾病或微生物病；而原生动物、单殖吸虫、复殖吸虫、绦虫、棘头虫、线虫和甲壳动物等是动物性病原体，在它们生活史中全部或部分营寄生生活，破坏宿主细胞、组织、器官，吸取宿主营养，因而称之为寄生虫，由它们引起的疾病称之为侵袭性疾病或寄生虫病；此外，还有些动植物直接危害水产养殖动物，称为敌害。水产动物的敌害生物，包括直接吞噬水产动物的生物，如老鼠、水蛇、水鸟、凶猛鱼类和水生昆虫等；还包括以其他各种方式危害水产动物的生物，如水螅、青泥苔、微囊藻和金藻等。各种病毒性疾病、细菌性疾病、真菌性疾病和寄生虫病，常常在水产动物养殖生产过程中暴发流行，造成严重的经济损失。

（二）非生物因素

非生物因素，主要是指由理化因子、人为因素和营养因子引起的疾病。导致水产动物疾病的理化因子，主要包括运输和操作过程中的机械创伤、冻伤、水温急剧地上升或下降、池水酸碱度过高或过低、溶氧过低或过饱和、氨氮浓度过高、有毒工业废水和含农药的农用水流入养殖水体中引起药物中毒等。人为因素主要是指放养密度过大、养殖搭配比例不当（青鱼与鲤的搭配）、饲养管理不当（用药方法、用药量不当、饲料投喂不当）等。导致水产动物疾病的营养因子，主要包括饲料营养成分不全面、不均衡或腐败变质，如饲料中蛋白质和碳水化合物不足或过多，脂肪不足或变质，缺乏维生素、矿物质和必需氨基酸等。

由理化因子、人为因素和营养因子引起的疾病，虽然不像病毒性疾病、细菌性疾病、真菌性疾病和寄生虫病那样经常暴发流行，但是不容忽视。原因主要有两点：第一，理化因子导致的缺氧、中毒等一旦发生，将在极短的时间内造成养殖水体几乎所有养殖动物的死亡；第二，人为因素及营养因子导致的疾病，通常不引起急性大批死亡，但是通过削弱水产动物机体的免疫机能，能增加水产动物对病原生物的易感性，从而促进各种病毒性疾病、细菌性疾病、真菌性疾病和寄生虫病的发生。

1. 理化因子　水是水产养殖动物最基本的生活环境。水中的各种理化因子（如水温、溶氧、pH 等），直接影响鱼类的存活、生长和疾病的发生。当这些因子变化速度过快或变化幅度过大，水产动物应激反应强烈，超过机体允许的限度，无法适应而引起水产动物发生应激性疾病。

（1）水温　水产动物基本上都是变温动物，体温随外界环境变化而变化，当水温变化迅速或变幅过大时，机体不易适应引起代谢紊乱而发生病理变化，产生疾病。水温突变对幼鱼的影响更为严重，初孵出的鱼苗只能适应±2℃以内的温差，6厘米左右的小鱼种能适应±5℃以内的温差，超过这个范围就会引起强烈的应激反应，发生疾病甚至死亡。

各种水产动物均有其生长、繁殖的适宜水温和生存的上、下限温度。我国四大家鱼属温水性鱼类，其生长最适水温为25～28℃，水温低于0.5～1℃或高于36℃即死亡。鲤为广温型生物，可在2～30℃的水体中生活。此外，水温与病害发生直接相关。在水产动物生活的临界温度下，养殖动物处于应激状态，免疫力下降；温度的迅速变化，将会导致机体新陈代谢速度的改变，渗透压调节和免疫系统功能低下等问题，更严重的会导致水产动物体内各种酶的失活，从而引起鱼类的死亡；水温的骤变，会直接引起水产养殖动物的休克、痉挛乃至死亡；水温升高，病害的繁殖和传播能力提高，有机质的分解速度加快，水体溶解氧下降，使水产动物严重发病甚至暴发性地发生疾病，如病毒性草鱼出血病，在水温27℃以上最为流行，水温25℃以下病情逐渐缓解。许多疾病的发生都具有明显季节性，如水霉病、小瓜虫病主要发生在冬春季节，发病时间为12月至翌年4月；指环虫病、三代虫病、车轮虫病、斜管虫病主要发生于春、夏和秋季，发病时间一般为3～10月；细菌性疾病、中华鳋病、锚头鳋病、氨氮、亚硝酸氮中毒以及缺氧浮头，主要发生夏、秋高温季节，发病时间一般为5～8月。

（2）溶氧量　水中溶解氧含量的变化，对淡水养殖动物的生长及生存有直接的影响。池水溶解氧高，可抑制氨氮、亚硝酸盐、硫化氢等有害物质的产生，同时可减轻它们对养殖动物的毒害作用，增强养殖动物食欲，提高饵料利用率，降低养殖动物病害发生率，加快其生长发育；反之，养殖动物摄食、生长、病害发生率和饵料利用率就会受到不同程度的影响。如果养殖动物长期处于低氧状态，其生活和生理机能将进一步受影响，表现为行动缓慢、反应迟钝、食欲下降、能量消耗加大、抗病力下降、生长受抑制。轻度缺氧，能引起鱼浮头，能量消耗加大，消化吸收率降低，生长减慢；严重缺氧，能引起水中各种生物死亡。池塘迅速缺氧，能引起水中化学成分的剧烈变化及环境生物的死亡，引起"水变"，造成养殖动物抗病力降低；长期缺氧，会造成水体中好氧微生物减少，引起氨、亚硝酸盐、硫化氢等有害物质积累，引起养殖动物慢性中毒；同时池底溶氧偏低，是病原微生物快速增长的主要因素之一，缺氧能引起水体中厌氧及兼性厌氧菌（如气单胞菌）的增多，而气单胞菌是水产养殖动物常见致病菌，易引起水产动物发生气单胞菌败血症，在缺氧时鱼体也极易感染烂鳃病。缺氧还能引起水体中碳酸盐、磷酸盐及有机物缓冲能力的降低，水体不易稳定。当然，水中溶解氧也不能过高，过饱和时，气泡会进入水产动物苗种体内，如肠道、血管等到处，阻塞血液循环，使苗种飘浮于水面，失去平衡，引起淡水养殖动物苗种患气泡病，严重的会导致大量死亡。因此，从水产养殖角度来看，水体溶氧量在 5 毫克/升以上为正常范围，有利于水产养殖动物生存、生活、生长和繁殖。若水体溶氧降到 3 毫克/升时，属警戒浓度，此时水质恶化；当溶解氧低于 1 毫克/升时，青鱼、草鱼、鲢、鳙等鱼开始浮头；当水中含氧低于 0.4～0.6 毫克/升时，则窒息死亡。因此，在养殖动物养殖的全过程中均应保持有充足的溶解氧，最好能保持 5 毫克/升以上，一般也要达到 4 毫克/升以上。

（3）pH　各种水产动物对 pH 有不同的适应范围，但一般都偏中性或微碱性。如传统养殖的四大家鱼等品种，最适宜的 pH 为 7.2～8.5，在 pH 低于 4.2 或高于 10.4 的水里，会大批患病，甚至全部死亡。水产动物长期生活在偏酸或偏碱的水体中，摄食减少，生长缓慢，抗病力降低，易感染疾病。如鱼类在酸性水中，血液的 pH 也会下降，使血液偏酸性，血液载氧能力降低，致使血液中氧分压降低，即使水体含氧量高，鱼类也会出现缺氧症状，引起浮头，并易被嗜酸卵甲藻感染而患打粉病，pH 低于 7 时鱼类也极易感染各种细菌病。pH 过高的水，则可能腐蚀养殖动物鳃部组织，使养殖动物失去呼吸能力而大批死亡。当池水 pH 长时间大于 9 时，不仅加剧氨氮的毒性，且使对养殖动物鳃丝遭受强碱腐蚀，发生一般的黑鳃病，继而演变成烂鳃病，使养殖动物对鳃组织遭受破坏，呼吸机能发生阻碍，导致窒息死亡。

2. 人为因素　在渔业生产中，由于管理和技术上的原因而引起的鱼病，统称为人为因素。在养殖池塘中，人为因素的加入，大大加速了疾病的发生和流行，甚至引起死亡。如放养密度过大、大量投喂人工饲料和机械性操作等，都使鱼病的发生率大幅度提高。所以，养殖池塘的鱼病发生率高，防病、治病工作更为重要。

（1）放养密度不当和混养比例不合理　放养密度过大，必然要增加投饵量，残剩饲料及大量粪便分解耗氧，以及高密度水产动物呼吸耗氧，极易造成水体缺氧。在低氧环境下，饵料消化吸收率降低，饵料利用率下降，未消化完全的饵料随粪便排入水中，致使溶氧进一步降低，水质恶化，为疾病的流行创造了条件。混养比例不合理，水产动物之间不能互利共生，以致部分品种饵料不足、营养不良，养殖的各品种生长快慢不均，大小悬殊，瘦小的个体抗病力弱，也是引起水产动物疾病的重要原因。

（2）饲养管理不当　饵料是水产动物生活、生长所必需的营养，不论是人工饵料还是天然饵料，都应保证一定的数量充分供给，否则水产动物正常的生理机能活动就会因能量不够而不能维持，生长停滞，产生萎瘪病。如果投喂不清洁或变质的饵料，容易引起肠炎、肝坏死等疾病；投喂带有寄生虫卵的饵料，使水产动物易患寄生虫病；投喂营养价值不高的饵料，使水产动物因营养不全而产生营养缺乏症，机体瘦弱，抗病力低。施肥培育天然饵料，因施肥的数量、种类、时间和处理方法不当，也会产生不同的危害。如炎热的夏季投放过多未经发酵的有机肥，又长期不换水，不加注新水，易使水质恶化，产生大量的有毒气体，病原微生物滋生，从而引发疾病。

（3）机械损伤　在拉网、分塘、催产和运输过程中，常因操作不当或使用工具不适宜，会给水产养殖动物造成不同程度的损伤，如鳞片脱落、皮肤擦伤、附肢折断和骨骼受损等，水体中的细菌、霉菌或寄生虫等病原乘虚而入，引发疾病。

3. 营养因子　水产养殖动物的营养状况，是引起机体发病的因素之一。营养不良的水产动物，免疫能力下降，容易患病。因此，鱼的体质是鱼病发生的内在因素，是鱼病发生的根本原因。体质好的鱼类各种器官机能良好，对疾病的免疫力、抵抗力都很强，鱼病的发生率较低。鱼类体质也与饲料的营养密切相关，当鱼类的饲料充足，营养平衡时，体质健壮，较少得病；反之，因投喂营养成分不全面、不均衡或腐败变质的饲料，鱼的体质就较差，免疫力降低，对各种病原体的抵御能力下降，极易感染而发病。同时在营养不均衡时，又可直接导致各种营养性疾病的发生，如瘦脊病、脂肪肝等。饲料中的营养成分（如氮和磷），如果添加过量或添加的物质不利于动物的吸收，也会造成水产动物营养不佳，抗病力下降，导致水产动物疾病发生，还会污染环境水质，影响水产养殖业的可持续发展。

三、池塘疾病发生的机理

疾病的发生不是一个孤立的原因，它是鱼类体质、病原体和生活环境三者相互作用、错综复杂的体现。当其中任何一种要素发生变化，都可能引起鱼类发生疾病。而且水产动物许多致病菌都是条件致病菌，当致病菌到了一定的数量即接近或达到疾病暴发阈值时，如果水质好，鱼体抵抗力强，就不会发生疾病，反之就有可能发生疾病。因此，养殖动物暴发性病害发生的机制是：一是病原微生物如病毒和致病菌，持续地侵入养殖动物体质并增殖；再是养殖废弃物（病原微生物的营养物）因养殖时间的增加而积聚，病原微生物有了足够的营养呈爆炸式增殖，在环境（水体）中的载量（浓度）急剧增加，并拉近养殖动物机体发生灾变的阈值（临界值）；最后高剂量病原进入养殖动物体内，爆炸增殖而达到暴发阈值，养殖动物从健康态转入病态，少量养殖动物停止摄食，开始暴发疾病，若干天后出现死亡。

暴发性病害，往往是病毒和病菌、环境及机体下降达到共振时引起的。水产养殖动物在遭受病原体入侵后，首先形成病灶，同时改变了养殖动物体质的健康状态。天气突变，细菌和病毒的爆炸增殖，它们的协同作用才是当今暴发性养殖动物疾病的主因。因此，养殖动物疾病问题需要菌毒共治，还需要调整其机体的健康状态，采取内服和外用及改水相结合的方法进行彻底治疗。病害的控制技术，主要是指养殖池塘（养殖动物体内）载毒（细菌和病毒）量接近或达到暴发阈值，尚没有达到到死亡阈值，才有控制的可能。如果已经达到死亡阈值，养殖动物大多数已处于拒食状态，表明已经失去治疗的时机。

第二节　池塘养殖生态控病关键技术

一、池塘清塘消毒的重要性

池塘是水产养殖动物赖以生存的基本环境，除了池塘本身应具备一些基本养殖条件外，许多生产措施都是通过池塘水体而作用于养殖动物体内的，因此，必须最大限度地满足养殖动物的栖息要求。同时，彻底清塘消毒是创造良好养殖生态环境的基础，底质好，水质管理就容易。池塘也是鱼类病原体的贮藏场所，池塘环境的清洁与否，直接影响到鱼类的健康，所以一定要重视池塘的清整工作，它是预防鱼病和提高鱼产量的重要环节和不可缺的重要技术措施之一。池塘经过一年的养殖，塘底淤泥沉积过厚，又为病原体繁殖提供适宜场所，加上各种病原通过不同途径进入，因此池塘清塘消毒至关重要，它是水产养殖动物零污染排放生态健康养殖技术和养殖成功的"最关键"技术之一。清塘消毒一是必须清除过多淤泥，彻底曝晒，改善底质，堵漏防渗（防止病毒"串联"传播），为养殖动物健康成长营造一个良好的"居住"环境；二是应用消毒药物，杀灭池内敌害生物。

1. 清整池塘　每年冬天，待鱼出池后，排干池水，修补池埂，拔除池边杂草，并挖去过多的淤泥（可作为农业肥料和修补堤埂用），让池底冰冻日晒 1 周左右。这样可使池塘土壤表层疏松，改善通气条件，加速土壤中有机物质转化为营养盐类，并达到消灭病虫害的目的。

2. 药物清塘　池塘除养殖鱼类外，往往还混有野杂鱼虾及各种生物，如细菌、螺、蚌、青泥苔和水生昆虫等，它们有些本身能引起鱼生病，有些则是病原体的传播媒介，有些则直接伤害养殖鱼类。因此，药物清塘能起到除野和消灭病原之作用，是预防鱼病的重要措施。常用的清塘药物有生石灰、漂白粉和茶籽饼等，其中，以生石灰清塘消毒具有较多优点。生石灰不但能杀灭塘内病原、中间寄主、携带病原的动物和敌害，可以杀灭各种病原的虫卵，而且还有改良土壤、水质和施肥作用，防病效果较好。

（1）**生石灰清塘**　方法有两种：一是干池清塘，先将池水放干或留水深 6～9 厘米，亩用生石灰 75～100 千克，清塘时在塘底挖掘几个小坑，或用木桶等，把生石灰放入加水溶化，不待冷却立即均匀向四周泼洒（包括堤岸脚），翌日早晨最好用耙耙动塘泥，消毒效果更好；另一种是带水清塘，每亩（1米水深）用生石灰 150～200 千克，通常将生石灰放入木桶或水缸中溶化后立即全池遍洒，7～8天后药力消失即可放鱼。实践证明，带水清塘比干塘清塘防病效果更好，但生石灰用量较大，成本较高。

（2）漂白粉清塘 一般每立方米水体用含有效氯30％左右的漂白粉20克，先用木桶加水将药溶解，立即全池均匀遍洒，然后用船等划动池水，使药分布均匀，发挥效果。4～5天后药力消失即可放鱼。

（3）茶籽饼清塘 每亩（1米水深）用茶籽饼40～50千克，先将茶籽饼打碎成粉末后，加水调匀全池均匀遍洒。6～7天后药力消失即可放鱼。

清塘后加水放鱼时，加水应采取过滤措施，以防止野杂鱼和病害生物随水进入塘内。

二、加强苗种药浴

养殖动物生态健康养殖技术的关键，除了要选择体质好、抗病力和免疫力强、无病原的优质苗种外，最重要的是加强苗种药浴。近几年，许多养殖场和养殖户养殖的水产动物苗种放养后，发病率、死亡率也很高，其主要原因是忽视苗种的药浴。这是由于苗种本身可能携带有细菌和病毒，即使表现健康的鱼苗或鱼种，也难免带有一些病原体，遇到天气变化或环境适合时病菌就会大量繁殖，从而造成水产动物患病，加上处理不及时造成水产养殖动物大量死亡。因此，在购买苗种放养、分塘换养时，特别是在大水面放养前，应对鱼苗、鱼种本身进行一次消毒，以杀灭鱼体上的病原，避免或减少病原传播、繁殖的机会，从而提高苗种培养的成活率。苗种消毒一般采用浸洗法（又称药浴）。对养殖的水产动物需要进行药浴的常用药物有：硫酸铜8毫克/升，高锰酸钾20毫克/升，3％～5％食盐，氨基酸碘6毫克/升等，浸泡鱼种15～30分钟，以杀灭可能携带的病原体，如病毒、细菌、寄生虫等。

三、加强养殖过程中的应激管理

应激（胁迫、紧迫）管理是健康养成最核心的技术。暴发性养殖动物疾病一般都出现在环境恶变、出现应激之后，应激管理应贯穿于水产养殖动物养殖的全过程。特别是水温在 22～28℃，养殖动物最容易感染病患，尤其是换季时节，是所有养殖动物最困难、风险最大的时期，更应加强应激管理。

在气候环境很差、酸碱度变化大、温差大及水质变化等应激强度较大时，都需全池泼洒三宝高稳维生素 C（150～250 克/亩）、氨基酸及维生素、黄芪多糖（100 克/亩）等。通常在泼洒这些后 4～6 小时，应用消毒剂进行消毒（需注意消毒剂的选择和使用问题）[如氨基酸碘 30～50 克/亩（1 米水深）、聚维酮碘 200 克/亩（1 米水深）、溴氯海因 200～300 克/亩（1 米水深）等]，扑杀细菌和病毒，双管齐下，方能最有效控制水产养殖动物疾病的暴发。

四、科学的施肥管理

科学的肥水管理，要求施肥应穿于养殖过程的始终。池塘施肥的原则是：少量多次，充分发挥肥料的作用；避免浪费，提高经济效益。所有水产养殖动物苗种在放养前都需培养基础饵料，培养基础饵料生物的时间一般养殖池在放苗前 3～5 天进行，其培养方法可在清塘后 1 周左右，进水 50 厘米，施生物肥水培养天然饵料生物，营造良好的藻相，池水透明度保持在 30～40 厘米，pH 在 8.0 左右，使其中有足够的活饵料。投苗后半个月内主要依靠天然生物饵料，少投甚至不投人工饵料，使水体中残饵大为减少，由此减轻了池塘受污染的压力。施肥量要根据养殖池塘底质的肥瘦来灵活掌握。基础饵料生物适口性好，营养全面，是任何人工饵料所不能替代的，是提高养殖动物苗种成活率、增强养殖动物苗种体质和加速苗种生长的最重要的物质基础。同时，饵料生物特别是浮游生物对净化水质，吸收水中氨氮、硫化氢等有害物质减少水产养殖动物病害，稳定水质起到重要作用。

水中的所有生物都是互相依靠、互相制约的，藻类多是水中净水能力增强的标志，只有丰富的藻类才能充分利用微生物分解的产物。因此，藻类是水体中浮游生物的主体，而且藻类本身的寿命也只有 10～15 天，藻类（包括活菌）的正常生长需要微量元素，如氮、硅、铁、锌、铜、钴、镁、钾等和多种维生素，因此需定期泼洒氨基维多补（4～10 亩/千克）来补充营养，施肥以 8～10 天比较适宜。同时，如果大量换水会造成藻类没有足够的营养供给，藻类会死亡得更快，藻类和活菌繁殖不良，造成水体不稳定。因此需减少换水，并适当补充营养源，才能保持池塘中藻类稳定，保持池塘中的生态平衡。

五、加强增氧措施

随着养殖时间的增加，污物积累使池塘底部异养菌成为优势菌群，引起池塘底部严重缺氧，进而造成亚硝酸盐、氨氮因氧化不完全而蓄积（发生中毒）；二是池底缺氧，最严重的后果是致病菌——嗜水气单胞菌的恶性增殖，兼之缺氧已经显著降低了水产动物的免疫力，这样就极容易暴发疾病。因此，引发暴发性疾病的温床主要在底质污物。为了把底部污物存量降至最低，溶氧达到足够高，驱除、氧化分解，并为生物降解污物提供广泛接触的条件，采取最有效的手段就是改善水体循环，消除底部缺氧。由于水产动物养殖池塘水体中溶解氧，主要来源是依靠水中浮游植物的光合作用，可在晴天光合作用强烈时开增氧机（约在中午），以便将上层溶解氧送入底层，以补偿底层氧气不足，改善底层水质条件。另一个方法是，在天气闷热、下雨天及平时 24：00～01：00，全池泼洒以过碳酸钠为主要成分的片状增氧剂200～300 克/亩。半夜增氧，利用片状增氧剂的缓慢释放增加底部溶氧，可使致病菌（一般是厌氧菌）受到抑制，又可降低底层氨氮、硫化氢、亚硝酸盐等有害物质对养殖动物的毒性，恢复养殖动物的体质，具有最佳的增氧效果。

六、加强养殖过程中的水质管理

充分利用微生物制剂，加强养殖全程水质管理，是生态健康养殖的主要内容之一。在养殖池塘中形成优势的有益微生物种群，是抑制病害发生最简单有效的措施，又是改良水质、促进水产动物生长和减少抗生素及消毒剂使用最有效的手段。水质改良是无公害生态养殖的基础，要养好一塘鱼，先要养好一塘水。养水是清淤、曝晒与肥水、调水等结合的整个水环境改良过程，而非单纯的消毒、杀虫和换水。因为消毒、杀虫的同时，有可能杀灭有益微生物和浮游动植物，而且还可能对水环境造成污染危害；而换水也不能作为养好一塘水的主要手段。因为，外来水源本身就不好，换进来的水当然也不是好水。因此，养水贵在养而非消毒杀虫与换水。水质管理的关键是控制养殖池塘环境中的两个关键因子：

1. 酸碱度（pH） 酸碱度（pH）是水质的重要指标，它是反映水质状况的一个综合指标。如 pH 升高，说明水中浮游植物光合作用强，水中溶解氧增多；pH 下降，是水质变坏、溶解氧降低的表现。同时，pH 变化又是引起化学成分变化的一个主要因素。如 pH 降低，可使有毒的硫化氢毒性增加，亚硝酸盐毒性增加；pH 过高，又会使有毒的氨氮毒性增加。养殖池塘 pH 以 7.2～8.5 为最适，且日波动范围小于 0.5。当 pH 日波动范围大于 0.8 时，水体中的缓冲能力将大为降低，造成水质突变，给养殖动物造成极大的应激。如果 pH 日波动范围大于 0.8 时，可全池泼洒小苏打（10 千克/亩）和白云石粉（10～15 千克/亩）进行调节。

2. 溶解氧（DO） 溶氧不仅是保证水产养殖动物正常生理功能和健康生长的必需物质，又是改良水质和底质的必需物质，在鱼类养殖的全过程中都必须保持水中有充足的溶解氧。因此，水中溶氧量的多少关系到养殖动物的生长和生存。溶解氧是水产养殖动物的生命要素，水产养殖动物在水中需要呼吸氧气，缺氧可使其浮头，严重缺氧还会造成水产养殖动物死亡。如果溶解氧过低，可立即开动增氧机或充气机，增加水中溶氧。同时，向水中投放高效增氧剂（以过碳酸钠为主要成分的增氧剂），浓度为200～500克/亩，或施放沸石粉、增氧底改等水质改良剂改良底质。

3. 水质调控　水质调控主要是调控池塘水色，保证池塘水体中氨氮、亚硝酸盐、硫化氢等有害物质的含量在最低水平，保持水中 pH 稳定，溶氧充足，从而保证水质稳定，这是养殖鱼类过程中最重要的一点。在养殖全过程中，培养以单胞藻为主的水色和保持适宜的透明度，是非常重要的管理内容。单胞藻繁殖旺盛的水体，不但溶解氧含量高，而且可以稳定水质的物理及化学要素，清除氨态氮等对养殖动物有害的物质，减轻环境中的应激因素。要求水色以硅藻、绿藻等为优势藻相形成的黄绿色、绿色、茶褐色和红棕色为好，透明度控制在 30～40 厘米。同时，应预防透明度急剧变化，控制丝状藻繁殖，防止引发轮虫暴发性繁殖而造成单胞藻大幅度波动，所以需经常检查浮游生物情况。连续阴天、暴雨时均易造成藻类下沉，使底层水体溶解氧含量降低，故应开动增氧机搅动水体。藻相不良或透明度过大时，可及时向养殖池引入其他池塘藻相较好的藻液，并泼洒 0.5 毫克/升光合细菌和生物肥水及补充适量的多种矿物元素，有利于藻相与菌相平衡，稳定水质。

在养殖过程中特别是养殖中后期，由于投饵量增加、残饵增多、养殖动物粪便以及小型生物尸体等长久积聚，底质进一步恶化，极易诱发暴发性疾病滋生。因此，定期、定量使用水质保护剂和底质改良剂，可改善溶解氧，稳定藻相波动，减少 pH 的波动，降低氨氮、硫化氢等有害物质的含量，使水环境保持相对稳定，有效改善水质状况，使水体中有益菌种成为优势种群，抑制有害微生物的生长，从而减少病菌的滋长。可每隔 15～20 天，泼洒生石灰、沸石粉等调控、改善水质和底质，使用量为生石灰10～15 千克/亩或沸石粉 20～30 千克/亩。其次，每 8～10 天用光合细菌、EM 菌、芽孢杆菌等 0.2～0.4 千克/亩交替全池泼洒，并结合在饲料中拌入活菌制剂及时地分解池内有机物，起到改良底质、净化水质作用。

七、加强养殖过程中的危机管理

环境恶变是养殖业最危险的敌人，通常在季节更替、暴雨、台风、连续阴雨和骤冷等情况下最易暴发疾病。对于病原体（细菌、病毒）爆炸增殖的条件是，缺氧（低溶氧）和底质污物蓄积（提供病原体营养），水体载菌（毒）量偏高，对养殖动物产生应激引起抵抗力下降。对于这些因素，应根据天气情况和养殖经验，提前实施危机管理，采取切实有效的防控措施，是饲养管理的精髓。在环境恶变的情况下，实施危机管理需采取的应对措施：

（1）拌喂优质稳定维生素 C，增强养殖动物抗病和抗应激能力。

（2）增加池底溶氧（半夜使用以过碳酸钠为主要成分增氧剂300～500 克/亩），利于增强养殖动物活力，不利于细菌增殖。

（3）连续使用刺激性少的消毒剂，如聚维酮碘、溴氯海因进行消毒，杀灭细菌和病毒，保持水质稳定，这是养殖过程中最重要的一点。

（4）在天气变化或养殖动物生病情况下，一定要降低投饵量，减少残饵和污物，降低病原菌的营养供给。

（5）若降雨量较大，造成水体 pH 下降，应利用雨停的间歇，全池泼洒三宝高稳维生素 C，提高养殖动物的抗应激能力。

（6）如果使用好氧的有益微生物，需注意在使用微生物制剂前头天晚上，每亩用过碳酸钠为主要成分的片状增氧剂。并在使用前 3～4 小时，使用 1 次快速增氧剂并持续开动增氧机，防止池底缺氧。

<h1 style="text-align:center">第三节　池塘养殖鱼类主要
疾病生态可控技术</h1>

一、养殖鱼类病毒性疾病

1. 草鱼出血病

【病原】草鱼呼肠孤病毒（GCRV）。

【流行情况】本病是我国草鱼鱼种培养阶段为害最大的病害之一，主要危害 2.5～15 厘米的草鱼和 1 足龄的青鱼，有时 2 足龄以上的草鱼也患病。主要流行于长江流域和珠江流域各省市，尤以长江中、下游地区为甚。近年来，在华北地区也有发生。流行严重时，发病率达 30%～40%，死亡率可达 50% 左右，严重影响草鱼养殖。每年 6～9 月是此病的主要季节，水温 27℃ 以上最为流行；水温降至 25℃ 以下，病情逐渐消失。病毒的传染源主要是带病毒的草鱼、青鱼以及麦穗鱼等，从健康鱼感染病毒到疾病发生需 7～10 天。一旦发生，常导致急性大批死亡。

【症状】主要症状是病鱼各器官组织有不同程度的充血、出血。病鱼体色暗黑而微红，离群独游水面，反应迟钝，摄食减少或停止。口腔有出血点，下颌、头顶和眼眶四周充血，有的眼球突出，鳃盖、鳍基充血，鳃苍白或紫色，也有的鳃瓣呈鲜红斑点状充血，鳃丝肿胀，多黏液。内部肌肉点状或斑块状充血，严重时全身肌肉呈鲜红色，肠道全部或部分因肠壁充血而呈鲜红色，轻症呈现出血点和肠壁环状充血，鳔壁和胆囊表面常布满血丝，少量病鱼肝、肾、脾因失血而呈灰白色，或有局部出血点。根据病鱼所表现的症状及病理变化，大致可分为以下三种类型：

（1）红肌肉型　病鱼外表无明显的出血症状，或仅表现轻微出血，但肌肉明显充血，严重时全身肌肉均呈红色，鳃瓣则严重失血，出现"白鳃"。这种类型一般在较小的草鱼种（体长7～10厘米）较常见。

（2）红鳍红鳃盖型　病鱼的鳃盖、鳍基、头顶、口腔和眼眶等明显充血，有时鳞片下也有充血现象，但肌肉充血不明显，或仅局部出现点状充血。这种类型一般见于在较大的草鱼种（体长13厘米以上）上出现。

（3）肠炎型　病鱼体表及肌肉的充血现象均不明显，但肠道严重充血。肠道部分或全部呈鲜红色，肠系膜、脂肪、鳔壁等有时有点状充血。肠壁充血时，仍具韧性，肠内虽无食物，但很少充有气泡或黏液，可区别于细菌性肠炎病。这种类型在各种规格的草鱼种中都可见到。

上述三种类型的病理变化可同时出现，亦可交互出现（图7-2）。

图7-2　草鱼出血病各部位病变
（仿汪开毓）

【防治方法】疾病一旦发生，彻底治疗通常比较困难，故强调预防。

（1）彻底清塘，清除池底过多淤泥，并用生石灰，或漂白粉（含有效氯 30%），或漂白粉精（含有效氯 60%）消毒，以改善池塘养殖环境。

（2）严格执行检疫制度，加强饲养管理，保持优良水质，投喂优质饲料，提高鱼体抗病力。

（3）注射疫苗，进行人工免疫。6 厘米以下的鱼种，腹腔注射 10^{-2} 浓度疫苗 0.2 毫升左右；8 厘米以上鱼种为 0.3～0.5 毫升；20 厘米以上的，每尾注射疫苗 1 毫升左右。也可用浸浴法进行人工免疫，即用 0.5% 灭活疫苗＋1.0 毫克/升莨菪碱浸泡鱼种 2～3 小时。

（4）疾病发生后，全池泼洒溴氯海因 0.5～0.6 毫克/升，隔天再泼洒 1 次，效果极好。

（5）口服大黄粉，按每 100 千克鱼体重用 0.5～1.0 千克计算，拌入饲料内或制成颗粒饲料投喂，每天 1 次，连用 3～5 天。

（6）50% 大黄、30% 黄柏、20% 黄芩制成三黄粉，每 50 千克鱼用三黄粉 250 克制成药饵投喂，连用 7 天为一个疗程。

（7）加强饲养管理，进行生态防病，如采用稻田培育草鱼种的方法预防疾病。

2. 鲤春病毒血症

【病原】鲤弹状病毒（*R. carpio*）。

【流行情况】在欧洲广为流行，死亡率可高达 80%～90%，主要危害 1 龄以上的鲤鱼苗，夏花很少感染。春季（水温在 13～20℃）时适宜流行，水温超过 22℃时就不再发病，所以叫鲤春病毒血症。病鱼、死鱼及带病毒鱼是传染源，可通过水传播，人工感染的潜伏期随水温、感染途径、病毒感染量而不同，一般为 1～60 天。15～20℃时，潜伏期为 7～15 天。

【症状】病鱼呼吸缓慢，沉入池底或失去平衡侧游，体色发黑，腹部膨大，眼球突出，肛门红肿，鳃丝颜色变淡并有出血点；腹腔内有积液，肠壁发炎，内脏有出血斑点，肝、脾、肾肿大，颜色变淡；肌肉也有出血斑块，血红蛋白含量减少，血浆中糖原及钙离子浓度降低。

【防治方法】

（1）加强综合预防措施，严格执行检疫制度。

（2）水温提高到 22℃以上。

（3）选育有抗病能力的鱼种放养。

3. 痘疮病（又名鲤痘疮病）

【病原】 鲤疱疹病毒（Herpes～virus cyprini）。

【流行情况】 该病主行流行于欧洲，现在朝鲜、日本及我国的湖北、江苏、云南、四川、河北、东北和上海等地均有发生，大多呈局部散在性流行，大批死亡现象较少见。主要发生在 1 足龄以上鲤，鲫可偶尔发生，同池混养的其他鱼则不感染。该病流行于秋末至春初的低温季节及密养池。水温在 10～15℃时，水质肥沃的池塘和水库网箱养鲤中易发生。当水温升高或水质改善后，痘疮会自行脱落，条件恶化后又可复发。

【症状】 发病初期，病鱼体表出现薄而透明的灰白色小斑状增生物，以后小斑逐渐扩大，互联成片并增厚，形成不规则的玻璃样或蜡样增生物，形似癣状痘疮。背部、尾柄、鳍条和头部是痘疮密集区，严重的病鱼全身布满痘疮，病灶部位常有出血现象（图 7 - 3）。

图 7 - 3 鲤痘疮病石蜡样增生物
（仿江育林）

【防治方法】

（1）严格执行检疫制度，不从患有痘疮病渔场进鱼种，不用患过病的亲鲤繁殖。

（2）流行地区应改养对本病不敏感的鱼类。

（3）做好越冬池和越冬鲤的消毒工作，调节池水 pH，使之保持在 8 左右。

（4）秋末或初春时期，应注重改善水质，或减少养殖密度。

4. 鲤春病毒病

【病原】 鲤春病毒病（SVC）又名鲤鱼鳔炎症，是由一种弹状病毒即鲤春病毒血症病毒引起。

【流行情况】 该病是一种急性传染病。常在鲤科鱼特别是在鲤鱼中流行，水温 15 ～ 22℃ 时此病容易暴发，死亡率高达100％。因此，该病通常于春季暴发，并引起幼鱼和成鱼死亡。由于低水温降低了鲤免疫力，因而成为这种春季流行病的对象。该病潜伏期约 20 天，病毒由水经鳃侵入鲤，通过粪、尿排出体外。无症状的带毒鱼，能持续数周不断地排出病毒。在水温很低时，病毒能在被感染的鲤血液中保持 11 周之久，即呈现持续性的病毒血症时期。此时，吸血的鱼类寄生虫（如鲤虱或水蛭）能从这样的带毒鱼中得到病毒，并传播到健康鲤身上。

【症状】 病鱼体色发黑，离群独游，反应迟钝，易失平衡，头朝下游动，腹部肿大，肛门红肿，皮肤和鳃渗血，无外部溃疡及其他细菌病症状。剖检以出血为主。鲤急性感染时消化道出血，可见到腹水严重带血；鳔严重发炎，鳔壁出血，布满淤斑，并引起鳔壁组织增厚，鳔内腔狭小，鳔内充满血样浆液，继而鳔组织坏死，肾脏也发生病变，最后导致死亡。

【防治方法】

（1）严格执行检疫制度，保持优良水质，投喂优质饲料，提高鱼体抗病力。

（2）疾病发生后，全池泼洒氨基酸碘 0.05 毫克/升，隔天再泼洒 1 次，效果较好。

（3）用 50％大黄、30％黄柏、20％黄芩制成三黄粉，每 50 千克鱼用三黄粉 250 克制成药饵投喂，连用 7 天为一个疗程。

二、养殖鱼类细菌性疾病

1. 养殖鱼类出血性败血症（俗称淡水鱼暴发病）

【病原】该病是我国养鱼史上危害鱼的种类最多、危害鱼的年龄范围最大、流行地区最广、流行季节最长、危害养鱼水域类别最多、造成的损失最大的一种急性传染病。目前这病的名称较多，有叫溶血性腹水病、腹水病、出血性腹水病、出血性疾病等；该病是由嗜水气单胞菌、温和气单胞菌、鲁克氏耶尔森氏菌等细菌感染引起多种淡水养殖鱼类的败血症。

【流行情况】该病感染谱广，几乎遍及所有家鱼。主要危害鲫、鳊、鲢、鳙、鲤、草鱼及鲮、鳜等 2 龄鱼类，发病率达到 60％～100％；死亡率高，可达 80％以上，一般都可达 50％以上。流行范围广，遍及全国。本病尤以养鱼发达地区如湖南、湖北、江苏、浙江、上海、福建、广东、广西、江西等地极为流行，对养鱼生产造成极大损失。主要流行季节长为 4～11 月，6～9 月为发病高峰期。发病水温为 20～37℃，尤以 25～30℃发病率最高。本病主要发生在多年不清塘，塘底淤泥厚，水质恶化，气候变化异常，引起水质突然改变、缺氧等情况下，容易导致病原滋生。

【症状】主要是鱼体各器官组织不同程度的出血或充血。

（1）外表症状　病鱼口腔、头部、眼眶、鳃盖表皮和鳍条基部充血，鱼体两侧肌肉轻度充血，鳃淤血或苍白，随着病情的发展，病鱼体表各部位充血加剧，眼球突出，口腔颌部和下颌充血发红，肛门红肿。

（2）解剖症状　肠道部分或全部充血发红，呈空泡状，很少有食物，肠或有轻度炎症或积水，腹部胀大有淡黄色液体（少数病鱼有冻胶状物），体腔有腹水或多或少。肝组织易碎呈糊状，或呈粉红色水肿，有时脾脏淤血呈紫黑色，胆囊呈棕褐色，胆汁清淡（图7-4）。

图7-4　患出血性败血症的鲫、鳊

【防治方法】

（1）鱼种入池前要用生石灰彻底清塘消毒，池底淤泥过深时应及时清除，生产上常用且效果较好的为生石灰。

（2）鱼种用疫苗药浴，在100千克水体中加1千克疫苗和0.1～0.15克莨菪碱和1‰食盐，浸泡鱼种5～10分钟。

（3）环境改良方面，经常全池泼洒光合细菌0.3～0.4毫克/升或EM菌0.3～0.4毫克/升，以改善池塘水质，消除氨氮、亚硝酸盐、硫化氢等有害气体，净化水质。

（4）在病害流行季节，采用疫苗内服，每千克饲料中添加2克，连喂7天为一个疗程。

（5）发病鱼池必须进行内外相结合的综合治疗方法，首先进行水环境消毒，用溴氯海因全池泼洒，使池中药物浓度为0.4～0.5毫克/升，病重时可隔日再使用1次。同时，每千克饲料中添加氟苯尼考1～2克制成药饵，每天投喂1次，连续4～5天为一个疗程。若病重可延长服药期，直到康复。

（6）用大黄治疗出血病时，先用大黄煎汁后再用20倍0.3％的氨水浸泡一夜，药效可增加20倍。大黄用量为2.5～4

毫克/升。

2. 烂鳃病

【病原】柱状屈桡杆菌或鱼害黏球菌感染引起。

【流行情况】每年4～10月为流行季节，以7～9月最为严重，主要危害草鱼、青鱼种。水温20℃以上开始流行，28～35℃是最流行的温度。水温越高，越容易发生，且病情越严重。当鱼体受伤、放养密度大、水质不良时，可促进其流行。本病常与肠炎、赤皮并发呈并发症。

【症状】病鱼体色发黑，游动缓慢，反应迟钝，或离群独游水面。食欲减退，甚至停食。鳃丝分泌黏液增多，肿胀，成花鳃状，局部因缺血呈灰白色或淡红色，或局部淤血成紫红色或有出血点。鳃的上皮细胞增生，鳃小片愈合。严重者鳃丝溃烂，鳃的上皮细胞坏死脱落，鳃丝软骨外露坏死处往往有细菌和污物黏附，看上去很脏，呈土黄色。严重时中间部分的表皮常被腐蚀成1个圆形或不规则的"透明小窗"，俗称"开天窗"（图7-5）。

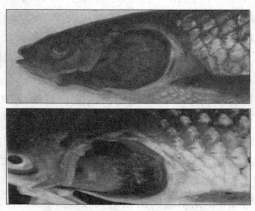

图7-5　患烂鳃病的草鱼鳃部

（仿汪开毓）

【防治方法】治疗该病时，首先要在晚上全池泼洒以过碳酸钠为主要成分的片状增氧剂 300～500 克/亩，可减少因鱼患病呼吸困难而导致大量死亡，然后再进行消毒治疗。

（1）彻底清塘，鱼种下塘前用 2‰～4‰ 的食盐水浸浴 5～10分钟。

（2）定期全池泼洒溴氯海因 0.2～0.3 毫克/升。

（3）发病时也可用五倍子 2～4 毫克/升，磨碎后浸泡过夜全池泼洒；或用大黄氨水液全池泼洒，用 0.3% 的 20 倍大黄重量的氨水浸泡大黄 12～24 小时，药液呈红棕色，带渣全池泼洒，其大黄浓度为 2.5～4 毫克/升。

（4）全池泼洒二氧化氯，浓度为 0.2～0.3 毫克/升。

（5）每 100 千克鱼用穿心莲 0.5 千克（水煮 2 小时）拌饲料投喂，连喂 3～5 天。

3. 白头白嘴病

【病原】由纤维菌属（*Cytophaga* sp.）的一种细菌感染所致。

【流行情况】该病是淡水养殖中夏花培育池中常见的一种严重疾病，青鱼、草鱼、鲢鱼、鳙鱼、鲤鱼等鱼苗和夏花鱼种都可发病，尤其是夏花鱼种，一般鱼苗养殖 20 天后，如不及时分塘，就易发生该病，发病快，来势猛，死亡率高，一日之间能造成数千上万的夏花草鱼死亡。当水质恶化、分塘不及时，缺乏适口饵料时容易发生。该病流行于夏季，5 月下旬开始，6 月为发病高峰，7 月下旬以后少见。全国各地均有，我国长江和西江流域各养鱼地区都有此病发生，尤以华中、华南地区最为流行。

【症状】病鱼自吻端至眼球的一段皮肤色素消退呈乳白色，唇似肿胀，口难以张开而造成呼吸困难。口周边皮肤糜烂，有絮状物黏附其上，故在池边观察水中的鱼有白头白嘴症状。病鱼取出水面，该症状不明显；个别病鱼颅顶充血，出现"红头白嘴"症状；病鱼反应迟钝，漂游下风近岸水面，不久死亡。

【防治方法】

（1）鱼苗放养前要彻底清塘，鱼苗的放养密度要合理。

（2）加强饲养管理，保证鱼苗有充足的适口饵料和良好的水质环境，并应及时分塘。

（3）取新鲜乌蔹莓捣烂，加硼砂全池泼洒，使池水乌蔹莓浓度为 5～7 毫克/升，硼砂浓度为 1.2～1.5 毫克/升，连续使用 3～5 天；或每 100 千克鱼种用乌蔹莓干粉 0.5 千克，拌饵投喂，连用 3～5 天。

（4）同细菌性烂鳃病的防治。

4. 赤皮病

【病原】荧光假单胞菌感染引起。

【流行情况】发病往往与鱼体受伤有关，危害各种养殖品种，一年四季都可发生；该病又称赤皮瘟或擦皮瘟，是草鱼、青鱼的主要疾病之一，鲤、鲫、团头鲂也可感染，全国各养鱼区四季都有流行，以江浙一带最为严重，常与肠炎、烂鳃病并发；传染源是被病原菌污染的水体、工具及带菌鱼。体表被寄生虫寄生受损，也常导致感染。

【症状】病鱼体表充血、出血发炎，鳞片脱落，特别是鱼体两侧和腹部最为明显，部分或全部鳍条基部充血，鳍的末端腐烂，常烂去一段，有的出现蛀鳍；体表病灶常继发水霉感染，鱼的上下颌和鳃盖部分充血，出现块状红斑；有的鳃盖出现"开天窗"，有的鱼肠道亦充血发炎（图 7-6）。

【防治方法】

（1）鱼池彻底清塘消毒，并在扦捕、搬运放养过程中，仔细操作，不要伤及鱼体。

（2）发病季节前，可用生石灰 20～25 毫克/升或溴氯海因 0.3～0.4 毫克/升全池泼洒。

（3）由于此病的病菌除在皮肤、肌肉引起病变外，并浸入血液，因此治疗时必须体内与体外同时用药。因此，在外用同时于

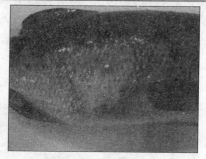

图 7-6　患赤皮病的草鱼
（仿汪开毓）

每千克饲料中添加三黄散 2～3 克，连投 7～10 天为一个疗程。

（4）全池泼洒聚维酮碘 0.3 毫克/升，同时按饲料量的 0.5%～1% 添加投喂氟苯尼考，7～10 天为一个疗程。

（5）每 50 千克鱼用金樱子嫩根（焙干）150 克，金银花 100 克，青木香 100 克，天葵子 50 克，碾粉或煎水去渣拌饵投喂，每 3 天为一个疗程，该法对草鱼赤皮病有良好的治疗效果。

5. 竖鳞病（又称鳞立病、松鳞病、松球病）

【病原】水型点状极毛杆菌感染引起。

【流行情况】该病主要危害鲤、鲫、金鱼、草鱼、鲢等，在我国东北、华中、华东养鱼区常有发生，从较大的鱼种到亲鱼均可受害，在鲤产卵期和越冬期危害严重。一般以 4 月下旬至 7 月上旬为主要流行季节，水温 17～22℃，死亡率一般在 50% 以上，发病严重的鱼池甚至可达到 100% 的死亡率。该病原菌是条件致病菌，发病与鱼体受伤、池水污浊及鱼体抗病力降低有关。

【症状】病鱼鱼体发黑体表粗糙，部分鳞片向外张开像松球，鳞囊内积有半透明或含有血的渗出液，致使鳞片竖立，手指轻压鳞片，渗出液从鳞片下喷射出来，鳞片随之脱落，有时伴有鳍基充血，皮肤轻微发炎，脱鳞处形成红色溃疡；病鱼眼球突出，鳃盖内表皮充血，鳃鲜红并挂泥，鳍严重时背鳍呈破扇状，腹部膨胀，腹腔常积有大量腹水；肠壁明显发红，肠内无食，严重时肠内有脓性物流出。病鱼鳃、肝、脾、肾颜色变淡、贫血，离群独游，游动缓慢，呼吸困难，继而腹部向上，2～3天后死亡（图7-7）。

图7-7　患竖鳞病的鲤鱼鳞片竖起
（仿汪开毓）

【防治方法】

（1）鱼在扦捕、运输放养过程中，注意勿使鱼体受伤。

（2）3%食盐浸洗病鱼10～15分钟。

（3）全池泼洒溴氯海因0.3～0.4毫克/升，同时，每千克饲料中添加氟苯尼考1～2克，连投5～7天为一个疗程。

（4）每亩用 5 千克艾蒿根捣烂＋生石灰 1.5 千克全池泼洒。

6. 肠炎病

【病原】肠型点状产气单胞菌感染引起。

【流行情况】主要危害草鱼、青鱼等各种养殖鱼类，从鱼种到亲鱼都可受害，一般死亡率 50％左右，高的可达 90％以上。水温 18℃以上开始流行，流行高峰为 25～30℃。流行季节 4～9 月，全国主要养鱼区均有发生，常与细菌性烂鳃病、赤皮病并发。此病主要发生在投饵不均、饵料不卫生、清塘不彻底的池塘中，饲料因素往往是重要的诱因。

【症状】病鱼离群独游，鱼体发黑，食欲减退、停食。发病早期肠壁局部充血发炎，肠腔内无食物或仅后段有少量食物，肠内黏液较多；后期全肠呈红色，后肠充血最为明显，肠内无食物，只有淡黄色黏液，肛门红肿。2 龄以上的大鱼，患病严重时腹部膨大、积水，腹壁有红斑，整个肠壁因淤血呈紫红色，肠内黏液多，用手轻压腹部，有脓状黄色黏液从肛门流出。

【防治方法】

（1）彻底清塘消毒，在养殖过程中实行"四消"（鱼体消毒、饲料消毒、工具消毒、食场消毒），"四定"（定时、定量、定质、定位）等预防措施。

（2）投喂新鲜饵料。

（3）疾病发生后，全池泼洒溴氯海因 0.3～0.4 毫克/升，同时，按饲料量的 0.3％～0.5％添加大蒜素，5～7 天为一个疗程。

（4）每千克饲料中添加大蒜素 2～3 克＋千里尖 20 克＋地榆 20 克＋仙鹤草 20 克，连投 3～5 天为一个疗程。

（5）每 50 千克鱼用黄连 5 克，黄柏 2 克，苦木 5 克，金银花 5 克，山楂 5 克，石菖蒲 5 克，鸡内金 3 克，甘草 5 克，共同研细成粉末，将 10 千克青草淋湿，切成 1.6 厘米长，用木棒或竹竿将青草挡在鱼塘一角，将上述药粉趁无风时，撒在青草上面，让鱼连草带药服食，隔天 1 次，连服 3 次即愈。还可选用大蒜、地锦草、铁苋菜、辣蓼、穿心莲和地榆等中草药。

（6）饲料内经常添加免疫多糖和微生物制剂，有助于改善鱼类肠道微生态环境，可大幅度减少肠炎发生率，在每千克饲料内添加黄芪多糖和加酶益生素各 2～3 克，通常连续投喂 3～5 天后。

7. 打印病

【病原】点状气单胞菌点状亚种。

【流行情况】该病主要危害鲢和鳙，从鱼种到亲鱼均可受害，特别是亲鱼更易被感染，严重的发病率可达 80% 以上，病程较长，虽不引起大批死亡，但严重影响鱼的生长、商品价值、亲鱼的性腺发育和产卵，严重的可导致死亡。全国各地都有流行，季节长，一般皆有发生，而以夏秋两季为常见。该病原菌为条件致病菌，当鱼体受伤时易感染发病。

【症状】病鱼病灶主要发生在背鳍和腹鳍以后的躯干部分，其次是腹部两侧，尤以在肛门两侧常见，极少数在鱼体前部，亲鱼病灶无固定部位。患病处先出现圆形、椭圆形红斑，似在鱼体表加盖红色印章，故称"打印病"。随着病情发展，病灶中间鳞片脱落，坏死的表皮腐烂，露出白色真皮，病灶直径逐渐扩大和深度加深，形成溃疡，严重的甚至露出骨骼和内脏。患此病后病鱼痛苦异常，常翘尾于水面奔游，食欲减退，鱼体逐渐瘦弱，头大尾小，体色加深，最终衰竭而死。

【防治方法】

（1）同细菌性烂鳃病的防治。

（2）亲鱼患病时，可用 1‰ 高锰酸钾溶液消毒病灶，再涂抹金霉素或四环素软膏。严重的，每千克鱼肌肉或腹腔注射硫酸链霉素 20 毫克或金霉素 5 毫克。

（3）每亩水面用 2～2.5 千克苦参熬汁，或每立方米水体用五倍子 1～4 克全池泼洒。

三、养殖鱼类真菌性疾病

1. 水霉病

【病原】在我国淡水水产养殖动物的体表及卵上发现的水霉共有 10 多种，其中，最常见的是属于水霉和绵霉两个属的种类，属水霉科。随着春季的到来，气温和水温不断回升。春季开食后，投喂量过大，水产养殖动物排泄物增多，水体有害物质急剧增加而有益菌尚未能满足需求，水质急剧恶化，极易诱发水霉病。而腐烂的尸体或是水产养殖动物的伤口是水霉菌滋生和活跃的理想温床，然后水霉菌的菌丝慢慢生长，侵蚀动物的健康机体使之坏死，因此受伤是该病发生的重要诱因。

【流行情况】全国各养鱼地区均有流行，分布范围极广。水霉、绵霉广泛存在于各种淡水水域，对温度的适应范围广，5～26℃均可生长繁殖，只是不同种类略有不同而已，有的种类甚至在水温 30℃时还可生长繁殖，水霉、绵霉属的繁殖适温为 13～18℃。一年四季都可发生，以早春和晚冬最易发生；春季投放鱼种后、鱼的孵化季节尤其是阴雨绵绵的天气，极易暴发并迅速蔓延，造成大批鱼种和鱼卵的死亡。因此，水霉病是鱼卵和苗种阶段的主要疾病之一，感染后的死亡率与鱼的大小呈负相关，即成鱼较低，鱼种较高，鱼卵的损失最大。

【症状】发病初期，肉眼看不到症状。当肉眼看见时，内菌丝已深入肌肤，外菌丝已向外伸展成灰白色棉毛状附着于鱼休。随着水霉的繁殖生长，患处腐烂加剧，病鱼食欲不振，极度消瘦，逐渐死亡。鱼卵孵化过程中感染时，内菌丝像树根侵入卵膜，外菌丝穿出卵膜呈辐射状，故叫"卵丝病"；浸在水肿如 1 个白色绒球，故又有"太阳籽"之称（图 7 - 8）。

【防治方法】如何有效防治水霉病对水产养殖业的危害，一直以来是专家、药厂、养殖业者不断探索的重要课题，特别是严重发病后的用药治疗。从理论上讲，水霉最适宜在水温偏低的环

图 7 - 8　患水霉病的鲫

境下生长，那么提高水温自然就会相对抑制水霉的增殖，减少鱼类的感染机会，增加病鱼康复率，这看来是最简单有效的方法。但从生产实践来看并不可行，在每年春季鱼类孵化期，自然界的气温和水温都相对偏低或剧烈波动，根本无法预料和掌控，这却给水霉病的暴发提供了最佳客观条件。预防措施：

（1）用生石灰彻底清塘（用量 150～200 千克/亩），杀死水霉孢子

（2）操作时尽量避免鱼体受伤，越冬鱼种放养密度不可过高。

（3）食盐药浴（3％～5％，浸洗鱼体 10～20 分钟）。

（4）硫醚沙星（0.5～1 毫克/升）药浴 3～5 分钟，对鱼和卵防治水霉菌有特效。

早期治疗措施：

（1）已发生水霉病的水休，每亩用旱烟草秆 10 千克，食盐

5～7.5千克，加热水15～20千克浸泡半小时，全池泼酒，每天1次，连续2天。也可采用0.5毫克/升的福尔马林溶液，全池泼酒。

（2）全池泼洒亚甲基蓝2毫克/升或一元二氧化氯0.15～0.2毫克/升，隔天重复1次。

（3）五倍子3～5毫克/升，将五倍子研成粉末，放在铁锅内加10倍水，煮沸2～3分钟，加水稀释后全池泼洒。

（4）每立方米水体中用5～10克菖蒲、10克蓖麻叶和20克松枝叶捣烂后挂袋，让病鱼每天浸浴1～2个小时。

（5）全池泼洒万分之七食盐和万分之七小苏打合剂，浸浴48～72小时。

（6）每立方水体用硫醚沙星0.2～0.3克全池泼洒，每天1次，连用2天。

采取上述方法后第三天，全池泼洒光合细菌0.5～0.8毫克/升和EM菌水剂0.8～1.0毫克/升，连续在池塘中保持1周可有效控制和治疗水霉。

2. 鳃霉病

【病原】血鳃霉与穿梭鳃霉感染引起。

【流行情况】该病在我国广东、广西、湖北、浙江、江苏和辽宁等地均有流行，危害鱼类有草鱼、青鱼、鲭、鲮、银鲴、锦鲤、鳗鲡等，其中，鲮鱼苗最为敏感。流行季节为5～10月，尤以5～7月为甚。当水中有机质含量高、水质恶化时容易发生。该病往往急性暴发，几天内即可大批死亡。鳃霉病的发生，往往是由前期有寄生虫或细菌感染，导致鳃组织损伤后被孢子感染而暴发；而无异常或损伤的正常鳃，鳃霉的孢子无法感染。

【症状】在一定条件下，鳃霉孢子附着于鳃部后，即发育成菌丝，穿入并寄生于鳃薄板的静脉及微血管内，引起血管栓塞，致使病鱼呼吸困难，鳃上黏液分泌亢进，有出血、淤血和缺血斑块，而成"花斑鳃"。病重时鱼高度贫血，整个鳃呈青灰色。病鱼摄食减退，鳃丝部分色发白，鳃小片肿大，粘连。严重时鳃丝缺损，大块鳃片脱落，边缘呈不规则的锯齿状，黏脏，轻压鳃部即流出黏脏黏液。我国鱼类寄生的鳃霉，从菌丝的形态和寄生情况来看，属于两种不同的类型。寄生在草鱼鳃上的鳃霉，菌丝较粗直而少弯曲，分支很少，通常是单枝衍生生长。不进入血管和软骨，仅在鳃小片的组织间生长。寄生在青鱼、鳙、鲮、黄颡鱼鳃上的鳃霉，菌丝较细、壁厚，弯曲成网状，分支特别多，分支沿鳃丝血管或穿入软骨生长，纵横交错，充满鳃丝和鳃小片。

【防治方法】 注意此病不能用氯制剂治疗。

（1）清除池中过多淤泥，并用生石灰或漂白粉彻底消毒。

（2）加强饲养管理，保持水质清洁，定期使用水质底质改良剂，避免水中有机质过多。

（3）每立方米水体用硫醚沙星 0.2～0.3 克全池泼洒，每天1 次，连用 2 天。

3. 卵甲藻病

【病原】 嗜酸性卵甲藻（又叫嗜酸性卵鞭虫）感染引起。

【流行情况】 该病发生在酸性水域中，在 pH 为 5～6.2、水温 22～32℃，放养密度大、缺乏饵料的池中容易暴发。鲤科鱼类均可感染，特别是下塘 15 天左右的鱼苗和刚转入培育冬片的鱼种最易患病。全年都有发生，但以春末至秋季最严重，此病传播快，死亡率高。在江西、广东、福建等省较为流行。

【症状】 发病初期，病鱼在水中拥挤成团，有时环流不息。病鱼体表黏液增多，背鳍、尾鳍及背部出现白点。随着病情的发展，白点逐渐蔓延至尾柄、头部和鳃内，骤看与小瓜虫病的症状相似，仔细观察，可见白点之间有红色血点。显微镜检查白点，卵甲藻不会动，与小瓜虫有明显的区别。后期病鱼呆浮水面，或在水中群集成团，身上白点连接成片，就像囊了一层白粉，故称"打粉病"，最后病鱼瘦弱而大量死亡。病鱼食欲减退，浮于水面，反应迟钝，虫体脱落处皮肤发炎、溃烂，或继发性感染水霉。

【防治方法】

（1）发生过此病的池塘，可用生石灰清池，改善池塘环境，使池水呈碱性。

（2）发病池塘定期全池泼洒生石灰，浓度为 15～20 毫克/升，使池水的 pH 调整到 7 以上，可使嗜酸卵甲藻脱落，适用于室外土池或大鱼池。

（3）将病鱼转移到水质为碱性（pH7.2～8.0）的缸或小池中，病鱼很快痊愈。

（4）投喂水蚤、剑水蚤等动物性食料，最好还要加喂少量芜萍，以增强抗病力。

（5）用碳酸氢钠 10～25 毫克/升浓度全池遍洒，适用于小缸、小池等小水体。

四、养殖鱼类寄生虫病

1. 车轮虫病

【病原】由多种车轮虫和小车轮虫侵入鱼的皮肤和鳃组织而引起。

【流行情况】该病全国各地都有发现，危害各种海、淡水鱼（如草鱼、鲢、鳙、鲤、鲫、鳗鱼等），但主要危害鱼苗、鱼种，以 3 厘米以下的鱼苗、鱼种死亡率最高。一年四季都有发病，以 4～7 月较流行，适宜繁殖的水温为 20～28℃，大量寄生可使苗种大批死亡。

【症状】当车轮虫少量寄生时，外观无明显症状。病鱼患病严重时，体表或鳃上分泌大量黏液，车轮虫较密集的部位，如鳍、头部、体表出现一层层白翳，在水中尤其明显。镜检时可见许多虫体活动时作车轮般转动，形似车轮，故名车轮虫。侵袭鳃部时，常成群地聚集在鳃的边缘或鳃丝缝隙里，破坏鳃组织。危害下塘 10 天左右的鱼苗时，发现成群沿塘边狂游，口腔充塞黏液，嘴闭合困难，不摄食，呈"跑马"现象，鱼体消瘦（图7-9）。

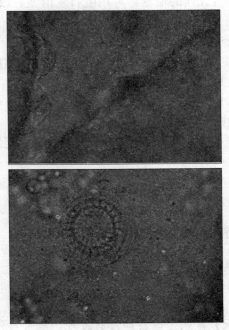

图7-9　显微镜下车轮虫形态

【防治方法】

（1）合理施肥、放养，用生石灰彻底清塘，杀死虫卵和幼虫。

（2）全池泼洒硫酸铜和硫酸亚铁合剂，其用量分别为每立方米水体0.5克和0.2克，效果较好。

（3）用苦楝树枝叶，每亩15～20千克沤水，每7～10天换1次；或每亩用鲜枝叶25～30千克，煎汁全池泼洒，有疗效。

2. 鳃隐鞭虫病

【病原】由鳃隐鞭虫侵入鱼的皮肤和鳃组织而引起。

【流行情况】该病在我国主要养鱼区均有发现，流行于江、浙、两广地区。寄生在青鱼、草鱼、鲢、鳙、鲤、鲫、鳗鱼等淡水鱼鳃上，寄生广泛，没有严格选择性，但仅能使当年草鱼致死，是草鱼夏花鱼种阶段严重病害之一，发病后可在几天内大批死亡。每年5～10月、尤其7～9月较流行，往往是急性型。

【症状】鳃隐鞭虫能破坏鳃小片上皮和产生凝血酶，使鳃小片血管阻塞，鳃呈鲜红，黏液增多。严重时可出现呼吸困难，不摄食，离群独游或靠近岸边，聚集水面，体色暗黑，鱼体消瘦。

【防治方法】同车轮虫病。

3. 斜管虫病

【病原】由斜管虫寄生于鱼的体表和鳃组织而引起。

【流行情况】该病全国各地都有发病。此病对草鱼、青鱼、鲢、鳙、鲫等鱼种危害特别严重，初冬和春季较为适宜繁殖的水温为12～18℃，大量寄生可使苗种大批死亡，20℃以上一般不发生此病。

【症状】鲤斜管虫寄生于鱼鳃、体表，刺激寄主分泌大量黏液，使鱼皮肤表面形成苍白色或淡蓝色的黏液层。鱼呼吸困难，食欲减退，色体发黑消瘦，漂游水面作侧卧状，靠近塘边，不久即死亡（图7-10）。

【防治方法】

（1）全池泼洒硫酸铜和硫酸亚铁合剂，其用量分别为每立方米水体0.5克和0.2克，效果较好。

（2）用0.4～0.5％的福尔马林液、或2～3％的食盐浸洗病鱼5分钟。

（3）用0.7毫克/升络合铜全池泼洒。

4. 鱼波豆虫病

【病原】由鱼波豆虫寄生于鱼的体表而引起。

【流行情况】此病全国各养鱼地区都有流行，广泛寄生于各

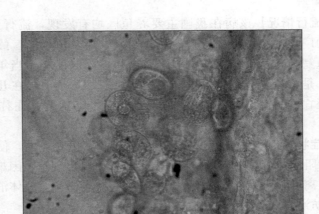

图 7 - 10　显微镜下鳃丝寄生斜管虫形态

种淡水鱼。当过度密养、饵料不足、鱼体瘦弱时，更易引起鱼苗、鱼种大批死亡。发病的季节在冬末和春季，适宜繁殖的水温为 12～20℃，最初 1～2 天有少数死亡，3～4 天后即出现大批死亡。

【症状】鱼体产生过多的黏液，形成灰白色或淡蓝色的黏液层。严重时病鱼丧失食欲，游泳迟钝，鳍条折叠，呼吸困难，感染区充血、出血，鱼体消瘦贫血。垂死的病鱼漂浮水面，呆滞，不久即死亡。当 2 龄以上鲤严重患病时，更有皮肤充血、鳞下积水，形成竖鳞等症状。

【防治方法】同车轮虫病。

5. 小瓜虫病（又称白点病）

【病原】由多子小瓜虫侵入鱼的皮肤、鳍条和鳃组织而引起。

【流行情况】此病全国各地都有流行，是一种危害较大的原虫病，寄生在各种淡水鱼上。从鱼苗到成鱼都可发病，但以夏花阶段和鱼种受害最大，水温 15～25℃是此病的流行季节。

【症状】病鱼皮肤、鳍条或鳃瓣上，肉眼可见布满白色小点状的囊泡，体表黏液增多。病情严重时，鱼体覆盖着一层白色薄膜。病鱼游泳迟钝，漂浮水面，有时边集群绕池，鱼体不断和其他物体摩擦，或跳出水面，不久即成批死亡（图 7 - 11）。

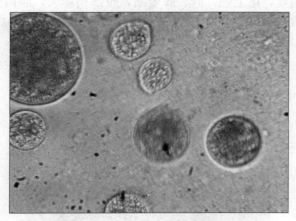

图 7 - 11　显微镜下小瓜虫幼虫形态

【防治方法】

（1）合理施肥、放养，用生石灰彻底清塘，杀死虫卵和幼虫。

（2）每亩（水深 1 米）用大黄 250 克、野菊花 250 克混合加水煮沸，全池泼洒，效果较好。

（3）每亩（水深 1 米）用鲜辣椒粉 250 克、干姜片 100 克，混合加水煮沸，全池泼洒，有疗效。

6. 碘泡虫病

【病原】碘泡虫病有许多种，主要有饼形碘泡虫病、异形碘泡虫病、银鲫碘泡虫病、鲫鱼碘泡虫病、鲮鱼碘泡虫病、野鲤碘泡虫病和鲢碘泡虫病等而引起。

【流行情况】此病全国各地都有流行，对寄主无严格的选择性，主要危害幼鱼，感染率高达 100%，死亡率达 80%。寄生部位亦广，能寄生鱼体各个器官。每年4～8月为流行期。

【**症状**】野鲤碘泡虫病大量寄生于鲤、鲫鳃上时，形成许多灰白色点状或瘤状胞囊；饼形碘泡虫病主要寄生于草鱼肠道，病鱼极度消瘦，尾上翘，肝、脾萎缩，腹部稍膨大，肠内无食物，从肠壁取出少许黏液在显微镜下压片观察，可见大量成熟孢子（图7-12）。

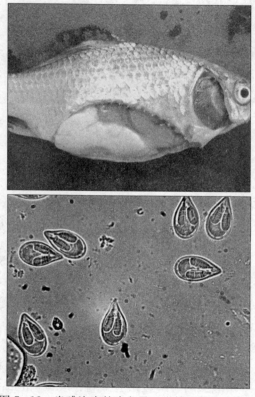

图7-12　患碘泡虫的病鱼及显微镜下碘泡虫形态

【**防治方法**】目前，对孢子虫类治疗尚无有效的办法。

（1）合理施肥、放养，用生石灰彻底清塘，杀死虫卵和幼虫。

（2）用 90％晶体敌百虫全池遍洒，浓度为 0.3 毫克/升。

（3）每 100 千克鱼第 1 天用盐酸氯苯胍 4 克，第 2 天至第 6 天用量减半（2 克），拌饵投喂；或每 50 千克饵料加 30 克晶体敌百虫（90％）拌匀投喂，每天 1 次，连喂 3 天。

7. 单极虫病

【病原】单极虫属在我国已发现 40 余种，有些种类可引起鱼病。常见的种类的有鲤单极虫、鲮单极虫、鲫单极虫和吉陶单极虫等。

【流行情况】长江流域颇为流行。主要在 2 龄以上鲤、鲫中出现，除鲤鱼外，散鳞镜鲤、鲤鲫的杂交种亦常出现，严重时这些鱼都丧失商品价值。流行于 5～8 月。

【症状】虫体寄生于鲤、鲫鳞囊内，以及鼻腔、肠、膀胱等处。鳞片下有单极虫胞囊，呈白色或蜡黄色，胞囊将鱼体两侧的鳞片竖起，几乎覆盖体表，病鱼在水边缓慢游动，最大的胞囊有乒乓球大小。病鱼体弱，体色发黑，游动缓慢，不摄食，终至死亡。吉陶单极虫寄生在鲤、散鳞镜鲤等的肠壁，形成很多胞囊突出于肠腔内，将肠管堵塞涨粗，肠壁变薄而透明，腹腔积水，肝苍白，病鱼逐渐饿死。鲮单极虫寄生在鲤、卿的鳞下，形成许多淡黄色大胞囊，寄生处的鳞片竖起。病鱼极其丑陋，失去商品价值（图 7-13）。

【防治方法】

（1）放养鱼类前，彻底清塘，减少病原感染机会。

（2）每立方米水体用 90％晶体敌百虫 0.5 克进行全池泼洒，1 周后再用 1 次；同时，每 50 千克饲料加食盐 1 千克，拌和均匀，做成药饵，连喂 6～7 天为一个疗程。

8. 指环虫病

【病原】由鳃片指环虫、鳞指环虫、缝指环虫、坏鳃指环虫侵入鱼的皮肤和鳃组织而引起。

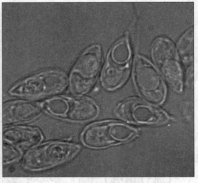

图 7-13　患单极虫病的鲫鱼及显微镜下单极虫形态

【流行情况】该病流行于春末、夏初，适宜水温为 20～25℃，大量寄生可使苗种大批死亡，危害鲢、鳙、草鱼和鲤等。

【症状】指环虫大量寄生时，病鱼鳃丝黏液增多，鳃片全部或部分呈苍白色，鳃部显著浮肿，鳃盖张开，病鱼呼吸困难，游动缓慢（图 7-14）。

【防治方法】

（1）生石灰彻底清塘，杀死虫卵和幼虫。

（2）水温 20～30℃时，用 90％晶体敌百虫 0.2～0.3 毫克/升的浓度全池泼洒。

（3）用敌百虫面碱合剂（晶体敌百虫与面碱比例为 1∶0.6）0.1～0.24 毫克/升全池泼洒。

（4）全池泼洒 5％～10％的甲苯咪唑溶液 0.2～0.3 毫克/升的浓度，效果很好。

9. 三代虫病

【病原】由三代虫侵入鱼的体表和鳃组织而引起。

【流行情况】该病流行于春末、夏初，适宜水温为 20～25℃，大量寄生可使苗种大批死亡，危害鲢、鳙、草鱼和鲤等。

【症状】病鱼皮肤上有一层灰白色黏液，鱼体失去光泽，游

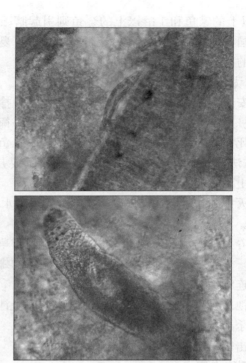

图 7 - 14　寄生于鳃上显微镜下指环虫形态

动极不正常。食欲减退，鱼体消瘦，呼吸困难，游动缓慢。

【防治方法】同指环虫病。

10. 复口吸虫病

【病原】复口吸虫病又称白内障病、瞎眼病、掉眼病。其病原为双穴吸虫的尾蚴和囊蚴。我国发现的有湖北双穴吸虫、倪氏双穴吸虫、匙形双穴吸虫三种。由一些双穴属吸虫的尾蚴和囊蚴，寄生于青鱼、草鱼、鲢、鳙、鲤、鲫等许多种鱼的眼球引起。其终末宿主为鸥鸟，第一中间宿主为锥实螺，第二中间宿主为淡水鱼类。

【流行情况】此病已造成鱼苗、鱼种大批死亡，尤以鲢、鳙为甚。2龄以上的家鱼和1龄以上的金鱼则引起瞎眼、掉眼，影响健康。全国各地均有发生。主要流行季节为春、夏两季。流行地区与鸥鸟的存在密切相关，如湖泊水库。

【症状】大量尾蚴钻入鱼体时，鱼苗脑部充血。病鱼在水中上下往返不安地游泳，或者头部向下、尾部向上地挣扎着。在初感染时，鱼极度不安，继而行动迟缓，身体失去平衡。急性感染可引起大量死亡。慢性感染可导致白内障、瞎眼、鱼体变形等。

【防治方法】目前尚无有效的治疗方法，主要是实行预防，切断其生活史。

（1）消灭中间寄主，用茶粕清塘，每亩（1米水深）50千克杀灭椎实螺。

（2）已养鱼池的池中发现有螺时，可在傍晚将草扎成小捆放入池中诱捕，于第二天清晨将草捆捞出，将附着的螺置于阳光下曝晒致死，连续数天。

（3）如池中已有双穴吸虫的幼虫时，应同时全池遍洒晶体敌百虫数次，杀死水中的幼虫。

（4）枪击鸥鸟。

11. 头槽绦虫病

【病原】由九江头槽绦虫和马口头槽绦虫寄生于鱼体内引起。

【流行情况】危害草鱼、鲤、青鱼、鲢、鳙、鲮、剑尾鱼等多种淡水鱼，尤以草鱼、鲤、鲫的鱼种受害最严重，死亡率可高达90%，这与鱼的食性有关。通常鱼体长超过10厘米时，病情即可缓解，在大鱼中很少寄生。

【症状】当鱼轻度感染时，一般无明显病症；但当严重感染时，病鱼体色发黑，瘦弱，口常开而不摄食，前腹部膨大成胃囊状，较正常的粗3倍左右，虫体阻塞肠道，引发肠炎。剖腹可见肠内显现白色带状绦虫，严重时肠壁穿孔，虫溢出（图7-15）。

【防治方法】

（1）生石灰彻底清塘，杀死虫卵和幼虫。

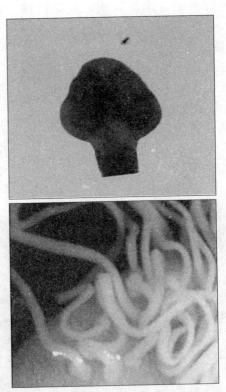

图 7-15　头槽绦虫头节及吸附在宿主鱼肠
　　　　　壁上的头槽绦虫

（2）用 90％晶体敌百虫 0.2～0.3 毫克/升的浓度，全池泼洒。

（3）用 50 克 90％晶体敌百虫与 500 克面粉混合制成药饵进行投喂，按鱼定量投喂，每天 1 次，连续投喂 5～6 天。

（4）发现后，每亩水面可采用秋水仙碱 100 克、毛茛碱 30 克、氨茶碱 10 克、黎芦碱 100 克、生石灰 300 克、苯甲酸 100 克，用适量温水浸泡 7 天后过滤浸出液，并于药液中拌入 2 克漂

白粉，即刻进行泼洒，连泼 3 次，效果极佳。对毛细线虫也
有效。

12. 许氏绦虫病

【病原】 主要由中华许氏绦虫寄生感染引起。

【流行情况】 主要危害鲫及 2 龄以上鲤，流行于 4～8 月。大
量寄生时，可引起病鱼死亡。

【症状】 大量寄生时，肠道被堵，被堵的肠膨大成硬的球
状，并引起肠壁发炎，剖开腹腔，取出肠道，小心剪开肠道，
即可看到充塞在病鱼肠道中的绦虫。病鱼贫血，以至死亡（图
7 - 16）。

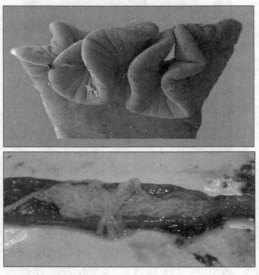

图 7 - 16　中华许氏绦虫头节和患许氏绦虫的鲤肠道

【防治方法】

（1）生石灰彻底清塘，杀死虫卵和幼虫。

（2）每立方米水体用 90% 晶体敌百虫 0.3～0.4 克的浓度全

池泼洒。

（3）每 100 千克鱼用槟榔和南瓜子各 250 克煎汁后拌饵投喂，连投 7 天有一定的疗效。

13. 舌形绦虫病

【病原】由舌状绦虫属和双线绦虫属绦虫的裂头蚴寄生于鱼类的体腔内引起。

【流行情况】危害鲫、鲢、鳙、花鲭、草鱼、翘嘴红鲌、大银鱼、鲤等多种淡水鱼。

引起病鱼慢性死亡，持续时间很长，发病塘的鱼产量很低。

【症状】病鱼腹部膨大，严重时失去平衡，侧游上浮或腹部朝上。剖开鱼腹，可见腹腔内充满大量白色长带状虫，内脏受压、受损，严重萎缩，失去生殖能力，病鱼极度消瘦，严重贫血而死（图 7 - 17）。

图 7 - 17　患舌形绦虫的鲫

【防治方法】由舌状绦虫属和双线绦虫属绦虫的裂头蚴其终末寄主是鸥鸟，细镖水蚤是第一中间寄主，鱼是第二中间寄主。由于至今尚无有效的治疗方法，因此该病有日益严重的趋势。

（1）在较小水体，可用清塘方法杀灭虫卵、幼虫及第一中间寄主，同时驱赶、枪杀终末寄主，可逐渐减轻病情。对病鱼及绦虫应及时捞除，绦虫应进行深埋或煮熟后作为饲料，以防传播。

（2）同许氏绦虫病。

14. 嗜子宫线虫病

【病原】由嗜子宫属的线虫寄生于鱼的鳞片下、鳍等处引起。我国发现的嗜子宫线虫种类较多，主要有：鲤嗜子宫线虫，雌虫寄生于鲤的鳞片下，雄虫寄生于鳔；鲫嗜子宫线虫，寄生于鲫的鳍及其他器官；藤本嗜子宫线虫，雌虫寄生于乌鱼鳍上，雄虫寄生于鳔、肾；黄颡鱼嗜子宫线虫，寄生于黄颡鱼眼眶内和鳍条上。

【流行情况】主要危害 1 龄以上的鲤，全国各地都有发生，主要在长江流域一带。亲鲤因患此病影响性腺发育，严重时往往不能成熟产卵。

【症状】鲤嗜子宫线虫的雌虫虫体寄生于鱼类皮肤下，使鳞片竖起，引起皮肤、肌肉发炎和充血，进而引起水霉菌的继发感染。鲫嗜子宫线虫的雌虫寄生在鲫的尾鳍上，有时可寄生在背鳍和臀鳍。病鱼除生长发育受到一定影响外，一般不致引起死亡。雄虫都寄生在鳔内和腹腔内，细小如发丝，透明无色。患病的鱼食欲减退、消瘦，有虫体寄生的鳞片呈现出红紫色的不规则花纹，揭起鳞片可见到红色虫体。

【防治方法】

（1）生石灰清塘，杀灭幼虫及中间寄主（萨氏中镖水蚤）。

（2）投喂晶体敌百虫药饵。把 90% 的晶体敌百虫，按 250千克鱼种用药 5～7 克，拌入饵中，连续投喂 6 天。

（3）全池泼洒晶体敌百虫 0.5 毫克/升。

（4）每千克饲料中添加晶体敌百虫 0.5～1 克，并另加南瓜子 30～50 克/千克料（煎汁）和三宝维生素 C3～5 克/千克料，连用 5～7 天。

（5）采用中草药治疗。按 50 千克鱼用药总量 290 克（贯众

16份、土荆介5份、苏梗3份、苦楝树根5份混合煎汁），连喂6天。

15. 毛细线虫病

【病原】毛细线虫。

【流行情况】寄生于青鱼、草鱼、鲢、鳙、鲮及黄鳝肠内，主要危害当年鱼种。广东的夏花草鱼及鲮常患此病，在草鱼中又常与九江头槽绦虫病并发。

【症状】毛细线虫以其头部钻入寄主肠壁黏膜层，破坏组织，引起肠壁发炎。患病鱼离群分散于池边，极度消瘦，继之死亡。

【防治方法】同嗜子宫线虫病。

16. 中华鳋病（又称翘尾巴病）

【病原】大中华鳋、鲢中华鳋、鲤中华鳋。幼虫及雄性成虫营自由生活，雌性成虫营寄生生活。

【流行情况】中华鳋有严格的宿主特异性，呈全国性分布。大中华鳋主要危害2龄以上的草鱼，流行于5~9月；鲢中华鳋主要危害鲢、鳙，流行于6~7月。主要危害是影响鱼的呼吸和引起细菌的继发性感染，严重时均会引起死亡。

【症状】当鱼轻度感染时，一般无明显病症；但当严重感染时，可引起鳃丝末端发炎、肿胀、发白，肉眼可见鳃丝末端挂着白色鱼鳋，俗称"鳃蛆病"。病鱼在水中跳跃，打转或狂游，食欲减退，呼吸困难，离群独游，鱼的尾鳍上叶往往露出水面（图7-18）。

【防治方法】

（1）生石灰彻底清塘，杀死虫卵和幼虫。

（2）用90%晶体敌百虫0.2~0.3毫克/升的浓度全池泼洒。

（3）生态防病。可根据寄生虫对寄主的选择性，常发病的鱼池，翌年可不养该品种，改养其他鱼。

17. 锚头鳋病（又称针虫病、蓑衣病）

图 7 - 18　中华鳋形态
(仿黄琪琰)

【病原】由锚头鳋属的甲壳动物，寄生于鱼的皮肤、鳃、鳍、眼、口腔等处引起。在我国发现的有 10 多种，其中，危害较大的有多态锚头鳋，寄生于鳙、鲢、团头鲂等鱼的体表和口腔；鲤锚头鳋寄生于鲤、鲫、鲢、鳙、乌鳢、青鱼等多种鱼类的体表、鳍和眼；草鱼锚头鳋寄生于草鱼的体表、鳍基和口腔。

【流行情况】锚头鳋对淡水鱼的各龄鱼均有危害。该病呈全国性分布，全年都可流行。最适繁殖水温为 20～27℃，危害各种年龄的鱼类，对鱼种的危害更大。有时即使不造成鱼类死亡，但严重影响鱼的生长，或使其失去商品价值。

【症状】锚头鳋以其头角和胸部深深钻入寄主的肌肉组织或鳞片下，但其胸部的大部分和腹部露在外面，造成组织损伤、发炎、溃疡，导致水霉、细菌的继发感染。主体上常附生累枝虫、钟形虫。虫体以血液和体液为食，夺取宿主营养，病鱼表现为焦躁不安，食欲减退，游动迟缓，消瘦，甚至大批死亡。大量感染锚头鳋的鱼体看上去像披着蓑衣一样，又称蓑衣病（图 7 - 19）。

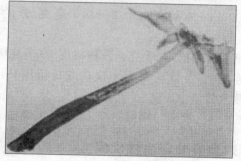

图 7 - 19　患锚头鳋病的鲫及锚头鳋形态

【防治方法】同中华鳋病。

18. 鱼鲺病

【病原】由鱼鲺寄生在鱼体上引起。我国发现的有十几种，常见的有日本鲺，寄生于草鱼、青鱼、鲢、鳙、鲤等鱼的体表和鳃上；喻氏鲺，寄生于青鱼、鲤的体表和口腔；大鲺，寄生于草鱼、鲢、鳙的体表；椭圆尾鲺，寄生于鲤、草鱼的体表；白鲢鲺，寄生于青鱼等的体表及口腔。

【流行情况】鲺病流行很广，特别在广东、广西、福建流行较普遍。一年四季都有发生，江浙一带流行于 4～10 月，长江流域流行于 6～8 月。主要危害鱼种，常引起鱼类并发白皮病、赤皮病，引起鱼种大量死亡。对幼鱼和鱼种危害严重。

【症状】当鱼少量寄生时，病鱼无明显反应；但当寄生较多时，病鱼显出狂游、跳跃等不安状态，并伴有点状的渗血现象。鱼鲺的腹部长有许多倒刺，可以牢固地寄生在鱼体上，在鱼体上不断爬动及取食，撕咬鱼的皮肤，造成许多伤口和出血，吸血时分泌的毒液刺激鱼体。病鱼表现为焦躁不安，急剧狂游和跳跃，食欲减退，消瘦。

【防治方法】

（1）放养前，用生石灰彻底清塘，杀死水中鱼鲺的成虫、虫卵和幼虫。

（2）用 90% 晶体敌百虫 0.2～0.3 毫克/升的浓度，全池泼洒。

（3）每亩用马尾松 10 千克、苦楝树皮 20 千克切碎混合煎汁全池泼洒，连泼 2～3 次，每天 1 次；或每亩用马尾松枝 20 千克，扎成数捆散放塘中预防。

（4）每 500 米² 水面，用樟树叶 12 千克捣烂投入鱼塘中。

五、养殖鱼类非寄生性疾病

1. 肝胆综合征

【病因】

（1）饲料的主料配分与养殖对象的营养标准匹配不合适。饲料投喂过多，或饲料营养不适合鱼类营养需要，如蛋白含量过高、碳水化合物含量偏高、或长期使用动物性脂肪和高度饱和脂肪酸等，导致饲料能量蛋白比过高。

（2）饲料氧化、酸败、发霉、变质，脂肪是十分容易氧化的物质，脂肪氧化产生的醛、酮、酸对鱼有毒，将直接对肝脏造成损害。鲤吃 1 个月后，患瘦背病，肌纤维萎缩、坏死；草鱼、团头鲂、罗非鱼等吃后，极易引发肝胆综合征。若麦麸、玉米、菜籽粕、花生粕等受潮发霉，其产生的黄曲霉素、亚硝基物，对肝脏有很大损害。

（3）养殖密度过大，水体环境恶化，当水中氨氮含量过高时，鱼体内氨的代谢产物难以正常排泄，蓄积于血液之中，易引起鱼类的肝胆疾病的发生。

（4）乱用滥用药物，如长期在饲料中高剂量添加喹乙醇、黄霉素等促生长的药物，或长期低剂量添加呋喃唑酮、氯霉素、磺胺类和四环素族抗生素等，造成鱼类肝脏损害。或乱用滥用外用杀虫灭菌药，如溴氯菊酯、敌敌畏、敌百虫、硫酸铜、敌杀死和林丹等，这类药不仅毒性大、高残留，对水体破坏很大，而且容易蓄积在鱼体内，直接损害鱼体肝脏。

（5）维生素缺乏，如胆碱、维生素 E、生物素、肌醇、维生素 B_1、维生素 B_6 等都参与鱼体内的脂肪代谢，缺乏上述维生素，会造成鱼体内脂肪代谢障碍，导致脂肪在肝脏中积累，诱发肝病。

（6）饲料中含有有毒有害物质，如棉粕（饼）中的棉酚、菜粕中所含的硫葡萄糖甙、劣质鱼粉中的亚硝酸盐等。据报道，当饲料中的游离棉酚和硫葡萄糖甙含量达到 400 毫克/千克时，鲤会产生可观察到的中毒症状，当以棉粕或菜粕作为唯一饲料单独饲喂草鱼时，12 周后草鱼生长速度减缓、停滞，死亡率上升。

（7）水体中含有有毒物质或过量，或长期使用抗生素和化学合成药物以及杀虫剂。

【症状】仅见食欲不振，生长缓慢，饲料报酬低等不易察觉的现象，死亡很少，病理解剖见肝脏表面的脂肪组织积累，或肠管表面脂肪覆盖明显。肝脏色浅或有乌色血点，肝肿大、肝质脆易破、胆囊肿大，有溢胆汁现象，随着肝脏明显肿大，肝色逐渐变黄发白，或呈斑块状黄红白相间，形成明显的"花肝"症状。有的使肝脏局部或大部分变成"绿肝"，常有体表松鳞、腐皮现象，肠道充血发红。

【防治方法】

（1）采取少量多次的方式投喂。

（2）不乱用滥用药，不提倡将药物添加到饲料中长期使用，提倡科学用药。

（3）平时饲料中应添加一些有利于脂肪代谢的物质，如复合维生素 B、维生素 C、维生素 E、氯化胆碱、高力素（黄芪多糖）、活性菌如乳酸杆菌、芽孢杆菌和光合细菌等。

（4）可在饲料中添加适量的钙、磷、铁、钾、铜等无机盐和微量元素，添加量一般为 2％～3％。微生物制剂如复合芽孢 0.5 千克/吨饲料，可有效预防肝胆综合征的发生。

（5）及时更换池水，保持水体理化因子指标正常。尽量使用物理和微生物方法改良水质，可较好地控制毒素对鱼类肝、胆的侵袭，如 EM 菌、芽孢杆菌、光合细菌及生物底改等。

（6）每千克饲料添加乳酸菌 0.5 克、黄芪多糖 0.5～1 克、高稳维生素 C 3～5 克及复合维生素 B_1 1～2 克，连投 10～15 天，有利于肝胆综合征的恢复。

2. 营养和应激引起的出血病

【病因】

（1）维生素 C、维生素 E、维生素 K、维生素 B_2 的缺乏 经过试验证明，饲料中缺乏以上维生素，都会引起鱼类出血。维生素 C 缺乏，会使血管的通透性增大，血管末梢在应激状态下，出现无破损性的皮肤出血。维生素 K 缺乏，会延长血液的凝固时间。一般正规大厂不会有维生素的缺乏，小厂因添加剂管理不善或其他原因，造成维生素失效，最后出现因维生素缺乏而导致出血现象。

（2）喹乙醇、黄霉素的添加 喹乙醇作为抗菌促生长类药物，有明显的促生长作用，能起到类似激素的作用。如大量或长期使用，会产生很强的副作用，如抗应激能力差，鱼体易受伤出血，不耐拉网，运输死亡率高，抗病能力下降。而且，喹乙醇具有累积毒性，幼鱼时喂了含喹乙醇的饲料，其副作用到成鱼阶段才能显现出来。国家已经禁止在水产饲料中添加喹乙醇。黄霉素也有明显的促生长效果，但也会出现抗应激能力下降的现象，尤其是和喹乙醇合用，其毒性会加强。

（3）饲料氧化、霉变、酸败、变质　长期投喂氧化、霉变、酸败和变质的饲料，会直接损害鱼类的肝、胆、肾，造成鱼类体质下降，抗病力和抗应激能力下降，环境的改变极易引起鱼类应激性出血病。

（4）水质恶化　水体环境恶化，当水中氨氮含量过高时，鱼体内氨的代谢产物难以正常排泄，蓄积于血液之中，使鱼的血液呈紫红色，鱼类血液的携氧能力大大下降，一方面直接损害鱼类的肝脏，另一方面降低了鱼类的抗应激能力，直接导致应激性出血病。

（5）拉网应激　夏季水温较高、水质较差时，因拉网操作鱼受惊而剧烈运动，内分泌加强，耗氧增多；而拉网后水质更加恶化，水中溶氧严重不足而出现强烈的应激反应。主要是缺氧、细菌毒素等因素引起神经系统调节机能障碍，毛细血管通透性增高，红细胞通过管壁漏出血管所致。团头鲂抵抗力较差，而活动力较强，更容易出现应激反应。一般在拉网前加强水质调节，进行水体消毒，加量投喂维生素 C 等，可以很好预防。

【症状】拉网、运输中鱼体表各种部位出血、肝肿大，有的甚至造成死亡，常被误诊为草鱼出血病、细菌性败血病等。主要发病鱼有鲤、鲫、团头鲂和草鱼等。

【防治方法】

（1）可长期在饲料配伍时，每吨配合饲料添加乳酸芽孢 50克，提高养殖动物的抗应激能力和免疫力。

（2）为防止应激性鱼病的发生，可在拉网 4～5 个小时前，全池泼洒三宝高稳维生素 C 150～200 克/亩，拉网后全池再泼洒1 次。并在拉网当天 24:00～1:00 全池泼洒以过碳酸钠为主要成分的片状增氧剂，有利于减轻鱼类发生应激性出血病。

3. 气泡病

【病因】由于水体中某些气体达到过饱和状态而引起的疾病。池塘中水体太肥，浮游植物过多，藻类光合作用很强；水温突然升高，施放未发酵的粪肥；底质的分解释放大量甲烷、硫化氢等气体，鱼苗误将小气泡当浮游生物而吞入，引起气泡病；氧气的过饱和；有些地下水含氮过饱和，或地下有沼气，也可引起气泡病。池底腐殖质太多、水温过高时，易产生很多的氨、硫化氢等气体，这些都会使鱼苗患气泡病。

【流行情况】气泡病是目前放养鱼苗大批死亡的元凶之一，在全国大多数地方均已广泛发生，越幼小的个体越敏感，主要危害幼苗，如不及时抢救，可引起幼苗大批死亡，甚至全部死光；较大的个体亦有患气泡病的，但较少见。此病多发生在春末和夏初，鳊对氧饱和度最敏感；草鱼次之；鲢、鳙、鲤、鲫敏感性较差。

【症状】患气泡病鱼的外观症状是，在体表隆起大小不一的气泡，常见于头部皮肤（尤其是鳃盖）、眼球四周及角膜，对光检查上述部位不难发现气泡的存在。患病的鱼最初感到不舒服，在水面做混乱无力流动，不久在体表及体内出现气泡。当气泡不大时，鱼、虾身体失去平衡，尾向下、头向上，时游时停，不久因体力消耗，衰竭而死。若气泡蓄积在眼球内或眼球后方，会引起眼球肿胀，严重时可将眼球向外推挤而突出。

【防治方法】主要针对发病原因，防止水中气体过饱和。

（1）池中腐殖质不应过多，不用未经发酵的肥料。

（2）平时掌握投饲量及施肥量，注意水质，不使浮游植物繁殖过多。

（3）当发现患气泡病时，应立即加注溶解气体在饱和度以下的清水，同时排除部分池水。

（4）若养殖池中浮游生物过多，且正值夏季高水温期，则有必要使用药物去除部分植物性浮游生物，以防止溶氧量过高。

（5）泼洒微生物水质改良剂，以调节藻相平衡、水质肥瘦、底质状况，从而降低发病率。

4. 跑马病

【病因】主要是由于鱼苗缺乏适口饵料及培育池漏水所引起。鱼苗下池后，池水清瘦，池水肥不起来，加之投饵不及时，造成鱼苗（种）成群结队，围绕池边逛游，形似"跑马"现象。雨量过多，洪水流入鱼池，冲淡池水，鱼群集聚在流水处顶水，也会引起"跑马"现象。

【流行情况】跑马病为鱼苗培育至夏花阶段常见疾病之一。主要发生在5～6月，常见于草鱼、青鱼，鲢、鳙较少见。

【症状】鱼苗成群围绕池塘狂游，像"跑马"一样，长时间不停止，鱼苗由于大量消耗体力，使鱼体消瘦，体力枯竭，最后大量死亡。

【防治方法】

（1）主要是解决池中的饵料问题，池中鱼的放养量也不应过密，特别是草鱼、青鱼苗更要注意。鱼苗在饲养10天后，应投喂一些豆饼浆或豆渣等适口的饲料。

（2）发现鱼苗跑马时，可用芦苇从池边向池中隔断鱼苗狂游的路线，并在池边投喂一些豆浆、豆渣、酒糟和蚕蛹之类的饲料，可终止"跑马"。

（3）将夏花鱼种移放到已培育有丰富浮游生物的鱼池中。

5. 泛池

【病因】泛池又叫翻塘，是由于水中缺氧而引起的。主要发生在静止的水体中，尤其在水中腐殖质过多和藻类繁殖过多的情况下，池底腐殖质分解，晚上藻类行呼吸作用消耗氧气；放养密度过大；投饵或施肥过量；天气突然变化，池水温差较大引起鱼浮头。光照不足，浮游植物光合作用弱，水中溶氧减少，得不到补充，导致池鱼缺氧浮头。水质过肥或败坏，有机物耗氧多，若长期没有新水注入，则引起池鱼缺氧浮头，直到泛池。

【症状】出现浮头，长期缺氧可致贫血，生长缓慢，下颌突出。若发现鱼在池中狂游乱窜、横卧水中现象，说明池水严重缺氧。

【防治方法】

（1）降低投饵量，减少残饵和污物。

（2）开增氧机。

（3）增加池底溶氧（半夜使用以过碳酸钠为主要成分的片状增氧剂）300～500 克/亩。

（4）经常使用明矾、水质改良剂等进行水质改良，每亩用明矾 3～5 千克溶水后全池泼洒，促使腐殖质沉淀，避免"水华"和水质败坏。

（5）每亩用黄泥 10 千克，加水调成糊状，再加 8～10 千克的食盐水溶液，拌匀后泼洒全池，使水体中悬浮的酸性物澄清。

（6）鱼浮头时，在鱼类浮头的地方泼洒快速增氧剂（300克/亩）。

参　考　文　献

白遗胜，廖朝兴，徐忠法，等．2007．淡水养殖 500 问［M］．北京：金盾出版社．

陈家长，孟顺龙，胡庚东，瞿建宏，范立民．2010．空心菜浮床栽培对集约化养殖鱼塘水质的影响［J］．生态与农村环境学报．

冯之浚．2004．循环经济导论［M］．北京：人民出版社．

戈贤平．2000．淡水养殖实用技术手册［M］．北京：中国农业出版社．

戈贤平，蔡仁逵．2005．新编淡水养殖技术手册［M］．上海：上海科学技术出版社．

戈贤平．2009．池塘养鱼［M］．北京：高等教育出版社．

戈贤平，刘兴国，何义进，等．2011．大宗淡水鱼高效养殖百问百答［M］．北京：中国农业出版社．

胡庚东，宋超，陈家长，等．2011．池塘循环水养殖模式的构建及其对氮磷去除效果的研究［J］．生态与农村环境学报．

黄朝禧．2005．水产养殖工程学［M］．北京：中国农业出版社．

李爱杰．2005．水产动物营养与饲料［M］．北京：中国农业出版社．

李谷，钟非，成水平，等．2006．人工湿地——养殖池塘复合生态系统构建及初步研究［J］．渔业现代化．

林浩然．2011．鱼类生理学［M］．广州：中山大学出版社．

凌熙和．2003．淡水养殖技术手册［M］．北京：中国农业出版社．

刘建康，何碧梧．1992．中国淡水鱼类养殖学［M］．3 版．北京：科学出版社．

刘兴国，刘兆普，徐皓，等．2010．生态工程化循环水池塘养殖系统［J］．农业工程学报．

刘筠．1993．中国养殖鱼类繁殖生理学［M］．北京：中国农业出版社．

楼允东．1999．鱼类育种学［M］．北京：中国农业出版社．

王武．2001．鱼类增养殖学［M］．北京：中国农业出版社．

王吉桥，赵兴文．2000．鱼类增养殖学［M］．大连：大连理工大学出版社．

汪开毓，耿毅，黄锦炉，等．2011．鱼病诊治彩色图谱［M］．北京：中国农业出版社．

吴伟，陈家长，胡庚东，等．2008．利用人工基质构建固定化微生物膜对池塘养殖水体的原位修复［J］．农业环境科学学报．

谢仲权，赵建民．1999．中草药防治鱼病［M］．北京：中国农业出版社．

杨坚、王伟俊、杨先乐，等．1998．渔药手册［M］．北京：中国科学技术出版社．

战文斌．2006．水产动物病害学［M］．北京：中国农业出版社．

张洁月．1998．池塘养鱼［M］．2版．北京：高等教育出版社．

张扬宗，谭玉钧．1989．中国池塘养学［M］．北京：科学出版社．

中国兽药典委员会．1992．兽药手册［M］．北京：中国农业出版社．

周文宗，覃凤飞．2011．特种水产养殖［M］．北京：化学工业出版社．

朱选才，许兵．1990．鱼病问答300题［M］．上海：上海科学普及出版社．

朱选才．1998．水产动物用药300题［M］．上海：上海科学普及出版社．

图书在版编目（CIP）数据

池塘养鱼配套技术手册/朱健主编．—北京：中
国农业出版社，2013.3（2017.3重印）
（新编农技员丛书）
ISBN 978-7-109-17662-1

Ⅰ.①池⋯　Ⅱ.①朱⋯　Ⅲ.①池塘养殖－鱼类养殖－
技术手册　Ⅳ.①S964.3-62

中国版本图书馆CIP数据核字（2013）第036942号

中国农业出版社出版
（北京市朝阳区麦子店街18号楼）
（邮政编码100125）
责任编辑　林珠英　黄向阳

中国农业出版社印刷厂印刷　新华书店北京发行所发行
2013年5月第1版　2017年3月北京第3次印刷

开本：850mm1168mm 1/32　印张：12.25
字数：320千字
定价：28.00元
（凡本版图书出现印刷、装订错误，请向出版社发行部调换）